高等职业教育精品工程规划教材

数字电子技术理实一体化教程

张惠荣　王国贞　主　编

王丽佳　卢玮琪　副主编

电子工业出版社

Publishing House of Electronics Industry

北京 · BEIJING

内 容 简 介

本书由熟悉数字逻辑电路、组合逻辑电路的分析与应用、触发器的认知、时序逻辑电路的分析与应用、脉冲波形的产生与整形、数模转换器和模数转换器、半导体存储器和可编程逻辑器件、综合实训 8 个单元组成。前 6 个单元各由 5 个模块组成，即学习性工作任务、技能性实训、知识拓展、自我检测题，以及思考题与习题。技能性实训部分安排了若干项目，要求学生按工艺要求装配相应的电路，通过调试排查故障。学生通过本书的学习，既能掌握电子电路的理论知识，又能具备较强的动手能力，真正做到理论联系实际。

本书符合目前高职教育项目导向、任务驱动的课改方向，适用于高职高专院校电气、电子、自动化、通信、计算机、机电一体化、工业机器人等专业的数字电子技术、电子电路基础等课程的教学。此外，本书可以作为技术培训教材，还可作为相关工程技术人员和业余爱好者的参考资料。

图书在版编目（CIP）数据

数字电子技术理实一体化教程 / 张惠荣，王国贞主编 . —北京：电子工业出版社，2020.1

ISBN 978-7-121-29506-5

Ⅰ.①数… Ⅱ.①张… ②王… Ⅲ.①数字电路—电子技术—高等学校—教材 Ⅳ.①TN79

中国版本图书馆 CIP 数据核字（2019）第 271232 号

责任编辑：郭乃明　　特约编辑：田学清
印　　刷：北京虎彩文化传播有限公司
装　　订：北京虎彩文化传播有限公司
出版发行：电子工业出版社
　　　　　北京市海淀区万寿路 173 信箱　邮编　100036
开　　本：787×1 092　1/16　印张：14　字数：355.2 千字
版　　次：2020 年 1 月第 1 版
印　　次：2020 年 1 月第 2 次印刷
定　　价：40.00 元

凡所购买电子工业出版社图书有缺损问题，请向购买书店调换。若书店售缺，请与本社发行部联系，联系及邮购电话：（010）88254888，88258888。

质量投诉请发邮件至 zlts@phei.com.cn，盗版侵权举报请发邮件至 dbqq@phei.com.cn。

本书咨询联系方式：（010）88254561，guonm@phei.com.cn。

前　言

为了更好地适应高职高专教育教学改革和发展的需要，有效地提高教育教学质量，实现培养高技能人才的目标，编者根据长期在电气自动化、工业过程自动化、应用电子、机电一体化、工业机器人等技术领域的实践工作经验及相关专业课程的教学经验，编写了这本以任务驱动为导向和集教、学、做于一体的《数字电子技术理实一体化教程》。

"数字电子技术"既是一门理论性强、覆盖面广的专业基础课，又是一门紧贴实践工作且十分抽象的应用技术，还是一门电子技术方面的入门性质的技术基础课。本书力求使读者通过学习，获得从事与电子技术有关工作的中、高等专门人才必备的基本理论、基本知识、基本技能，并为学习有关后续课程打下一定基础。本书是在编者多年的教学改革与实践的基础上，采用当前教材改革中的一些成功举措并在其基础上进行实践创新而形成的。本书的特点是：理论和实践紧密结合，应用能力与创新能力紧密结合，采用任务驱动教学法，力求强化学生的识图能力及实践动手能力。

全书分为 8 个单元，分别为熟悉数字逻辑电路、组合逻辑电路的分析与应用、触发器的认知、时序逻辑电路的分析与应用、脉冲波形的产生与整形、数模转换器和模数转换器、半导体存储器和可编程逻辑器件、综合实训。前 6 个单元中，每单元均含学习性工作任务、技能性实训和知识拓展 3 个模块。学习性工作任务模块充分体现了学生所学习知识的系统性，使理论与实践的结合更加紧密；技能性实训模块重点培养了学生的应用能力与创新能力；知识拓展模块增强了学生的自学能力和获取新知识的欲望。前 6 个单元都安排了实训项目，要求学生按工艺要求搭接相应的电路，通过调试，来排查故障。此外，前 6 个单元还配有技能训练的考评内容及评分标准，通过考评，可强化学生在实际操作中的规范性，提高学生的职业素养。这使学生既掌握了知识点，又具有了分析故障、排除故障的动手能力，基本达到了培养目标。

本书由河北工业职业技术学院张惠荣、王国贞担任主编，王丽佳、卢玮琪担任副主编，温彬彬和中电投电力工程有限公司杨连志参与编写。张惠荣编写了单元 1、单元 2、单元 8；王国贞编写了单元 4 和附录；王丽佳、温彬彬编写了单元 3 和单元 7；卢玮琪、杨连志编写了单元 5 和单元 6。全书由张惠荣负责统稿。

由于编者水平有限，书中难免存在不足之处，恳请读者批评指正。

编　者

目　　录

单元 1 熟悉数字逻辑电路

学习目的

要知道：数字信号、模拟信号、数制、码制、逻辑函数、代入规则、反演规则、对偶规则、最小项、约束项、与逻辑、或逻辑、非逻辑、与非逻辑、或非逻辑、与或非逻辑、异或逻辑和同或逻辑等；与门、或门、非门、与非门、或非门、与或非门、异或门、同或门、CMOS 传输门、三态门、OD 门和 OC 门等门电路的逻辑功能；推拉式输出电路和高阻状态的含义。

会计算：二进制数、八进制数、十进制数和十六进制数之间的相互转换；8421BCD 码与十进制数的转换。

会应用：逻辑代数的基本公式、基本定律。

会画出：逻辑函数的卡诺图和逻辑图。

会化简：用代数法和卡诺图法化简和变换逻辑表达式。

会转换：真值表、逻辑表达式、卡诺图和逻辑图。

要了解：半导体器件的开关特性；CMOS 和 TTL 电路的结构及工作原理、外特性、主要参数、使用方法和注意事项；线与概念。

 ## 学习性工作任务

任务 1.1 了解数制和码制

1.1.1 数字量和模拟量

观察自然界中的物理量（如温度、湿度、压力、速度、声音、水流量等）不难发现，尽管它们的性质各异，但就其变化规律的特点而言，这些物理量不外乎两大类，即数字量和模拟量。

一些物理量在时间和数量上是离散的，即它们的变化在时间上是不连续的，并且总是发生在一系列离散的瞬间，这一类物理量叫作数字量，表示数字量的信号叫作数字信号，采用数字信号工作的电路叫作数字电路。

例如，在用电路记录从自动生产线上输出的零件数目时，每输出一个零件，电路便收到一个信号，记之为 1。而在没有零件输出时，电路收到的信号是 0，所以不记数。由此可见，零件数目这个信号无论在时间上还是在数量上都是不连续的，因此它是一个数字信号。其最小的数量单位就是 1 个。

还有一些物理量在时间和数值上是连续的，这一类物理量叫作模拟量，表示模拟量的信号叫作模拟信号，采用模拟信号工作的电路叫作模拟电路。

例如，热电偶在工作时输出的电压信号就属于模拟信号，因为在任何情况下被测温度都不可能发生突变，所以测得的电压信号无论在时间上，还是在数量上都是连续的。

1.1.2 数制和码制

1. 数制

在用数字量表示物理量的大小时，一位数码往往不够用，因此经常需要利用进位计数的方法获得多位数码来表示物理量。多位数码中每一位的构成方法及从低位到高位的进位规则称为数制。

在数字电路中经常使用的计数进制除十进制以外，还有二进制、八进制和十六进制。

1）十进制

十进制数有 0～9 十个数码，以 10 为基数。计数时，"逢十进一，借一当十"。不同位置的数码代表的实际大小不同，如

$$156.87=1\times10^2+5\times10^1+6\times10^0+8\times10^{-1}+7\times10^{-2}$$

所以任意一个十进制数 R 均可展开为

$$(R)_{10}=\sum k_i10^i \tag{1-1}$$

式中，k_i 为第 i 位的系数，它可以是 0～9 中的任何一个数码。若整数部分的位数为 n，小数部分的位数为 m，则 i 包含从 0 到 $n-1$ 的所有正整数和从 $-m$ 到 -1 的所有负整数。式（1-1）中的 $(R)_{10}$ 的下标 10 表示 R 是十进制数，也可用字母 D 来表示。

若以 N 取代式（1-1）中的 10，即可得到任意进制（N 进制）数展开式的普遍形式

$$(R)_N=\sum k_iN^i \tag{1-2}$$

式（1-2）中 i 的取值的规定与式（1-1）中 i 的取值的规定相同。N 为计数的基数，k_i 为第 i 位数码的系数，N^i 为第 i 位数码的权。

2）二进制

在二进制数中，每一位仅有 0 和 1 两个数码，计数基数为 2。低位和相邻高位间的进位关系是"逢二进一"。

任意一个二进制数均可展开为

$$(R)_2=\sum k_i2^i \tag{1-3}$$

通过式（1-3）也可计算出二进制数所表示的十进制数的大小，如

$$(110.11)_2=1\times2^2+1\times2^1+0\times2^0+1\times2^{-1}+1\times2^{-2}=(6.75)_{10}$$

式中的下标 2 也可以用字母 B 表示。

3）八进制

八进制数有 0～7 八个数码，以 8 为基数。计数时，"逢八进一，借一当八"。任意一个八进制数均可展开为

$$(R)_8=\sum k_i8^i \tag{1-4}$$

通过式（1-4）可计算出八进制数所表示的十进制数的大小，如

$$(371)_8=3\times8^2+7\times8^1+1\times8^0=(249)_{10}$$

式中的下标 8 也可以用字母 O 表示。

4）十六进制

十六进制数的每一位有十六个不同的数码，分别用 0～9、A（10）、B（11）、C（12）、D（13）、E（14）、F（15）表示。任意一个十六进制数均可展开为

$$(R)_{16}=\sum k_i16^i \tag{1-5}$$

通过式（1-5）可计算出十六进制数所表示的十进制数的大小，如

$$(2A.7F)_{16}=2\times16^1+10\times16^0+7\times16^{-1}+15\times16^{-2}=(42.49609375)_{10}$$

式中的下标 16 也可以用字母 H 表示。

由于目前在微型计算机中普遍采用 8 位、16 位和 32 位的二进制数进行运算，而 8 位、16 位和 32 位的二进制数可以用 2 位、4 位和 8 位的十六进制数表示，所以用十六进制数书写程序十分简便。

2. 数制转换

1）二进制数转换为十进制数

在将二进制数转换为等值的十进制数时，只要将二进制数按权展开并相加，即可得到对应的十进制数。

2）十进制数转换为二进制数

（1）首先，讨论整数的转换。

假定十进制整数为$(S)_{10}$，等值的二进制数为$(k_nk_{n-1}\cdots k_0)_2$，则

$$(S)_{10}=k_n2^n+k_{n-1}2^{n-1}+\cdots+k_12^1+k_02^0$$
$$=2(k_n2^{n-1}+k_{n-1}2^{n-2}+\cdots+k_1)+k_0 \tag{1-6}$$

式（1-6）表明，若将$(S)_{10}$除以 2，则得到的商为$k_n2^{n-1}+k_{n-1}2^{n-2}+\cdots+k_1$，而余数$k_0$，即二进制数的最低位的数码。

同理，将式（1-6）中的商除以 2，得到的新的商可写成

$$k_n2^{n-1}+k_{n-1}2^{n-2}+\cdots+k_1=2(k_n2^{n-2}+k_{n-1}2^{n-3}+\cdots+k_2)+k_1 \tag{1-7}$$

式（1-7）表明，若将$(S)_{10}$除以 2 所得的商再次除以 2，则所得余数k_1，即二进制数的次低位的数码。依此类推，反复将每次得到的商除以 2，就可求得二进制数的每一位。

[例 1-1] 将$(173)_{10}$转换为二进制数。

解：

2	173	⋯⋯⋯⋯⋯⋯⋯⋯⋯	余数 = 1 = k_0
2	86	⋯⋯⋯⋯⋯⋯⋯⋯⋯	余数 = 0 = k_1
2	43	⋯⋯⋯⋯⋯⋯⋯⋯⋯	余数 = 1 = k_2
2	21	⋯⋯⋯⋯⋯⋯⋯⋯⋯	余数 = 1 = k_3
2	10	⋯⋯⋯⋯⋯⋯⋯⋯⋯	余数 = 0 = k_4
2	5	⋯⋯⋯⋯⋯⋯⋯⋯⋯	余数 = 1 = k_5
2	2	⋯⋯⋯⋯⋯⋯⋯⋯⋯	余数 = 0 = k_6
2	1	⋯⋯⋯⋯⋯⋯⋯⋯⋯	余数 = 1 = k_7
	0		

故$(173)_{10}=(10101101)_2$。

（2）其次，讨论小数的转换。

若$(S)_{10}$是一个十进制的小数，则其对应的二进制小数为$(0.k_{-1}k_{-2}\cdots k_{-m})_2$，则

$$(S)_{10} = k_{-1}2^{-1} + k_{-2}2^{-2} + \cdots + k_{-m}2^{-m}$$

将上式两边同乘以 2 可得

$$2(S)_{10} = k_{-1} + (k_{-2}2^{-1} + k_{-3}2^{-2} + \cdots + k_{-m}2^{-m+1}) \tag{1-8}$$

式（1-8）表明，小数$(S)_{10}$乘以 2 所得的乘积的整数部分即 k_{-1}。

同理，将乘积的小数部分再乘以 2 又可得

$$2(k_{-2}2^{-1} + k_{-3}2^{-2} + \cdots + k_{-m}2^{-m+1}) = k_{-2} + (k_{-3}2^{-1} + \cdots + k_{-m}2^{-m+2}) \tag{1-9}$$

即乘积的整数部分就是 k_{-2}。

依此类推，将每次乘以 2 后所得乘积的小数部分再乘以 2，便可求出二进制小数的每一位。

[例 1-2] 将$(0.375)_{10}$转换为二进制数。

解：

```
        0.375
    ×     2        整数
        0.750 …… 0    │
        0.750         │
    ×     2           │
        1.500 …… 1    │
        0.500         │
    ×     2           ↓
        1.000 …… 1
        0.000
```

故$(0.375)_{10} = (0.011)_2$。

3）二进制数转换为八进制数

由于 3 位二进制数恰好有 8 个状态，当把这 3 位二进制数看作一个整体时，它的进位输出正好是逢八进一，所以只要以小数点为界，分别向左右两边以每 3 位二进制数为一组的形式进行分组，不足补 0，就可得到对应的八进制数。

[例 1-3] 将$(11010100.11)_2$化为八进制数。

解： $(11010100.11)_2$

$= (\ 011\quad 010\quad 100\ .\ 110\quad)_2$

$= (\quad 3\quad\ \ 2\quad\ \ 4\ .\ 6\quad\ )_8$

故$(11010100.11)_2 = (324.6)_8$

4）八进制数转换为二进制数

当将八进制数转换为二进制数时，只需将八进制数的每一位用等值的 3 位二进制数代替就行了。

[例 1-4] 将$(473.5)_8$转化为二进制数。

解： $(\quad 4\quad\ \ 7\quad\ \ 3\ .\ 5\quad)_8$

$= (\ 100\quad 111\quad 011\quad .\ 101)_2$

故$(473.5)_8 = (100111011.101)_2$。

5）二进制数转换为十六进制数

由于 4 位二进制数恰好有 16 个状态，当把这 4 位二进制数看作一个整体时，它的进位输出正好是逢十六进一，所以只要以小数点为界，分别向左右两边以每 4 位二进制数为一组的规律进行分组，不足补 0，即可得到对应的十六进制数。

[例 1-5]　将$(111010100.011)_2$化为十六进制数。

解：$(111010100.011)_2$

$\quad =(0001\quad1101\quad0100\,.\,0110)_2$

$\quad =(\quad1\quad\quad D\quad\quad4\quad.\quad6\quad)_{16}$

故$(111010100.011)_2=(1D4.6)_{16}$。

6）十六进制数转换为二进制数

在将十六进制数转换成二进制数时，只需将十六进制数的每一位用等值的 4 位二进制数代替就行了。

[例 1-6]　将$(3FA.5)_{16}$转化为二进制数。

解：$(\quad3\quad\quad F\quad\quad A\quad.\quad5\quad)_{16}$

$\quad =(0011\quad1111\quad1010\,.\,0101)_2$

故$(3FA.5)_{16}=(001111111010.0101)_2$。

7）八进制数、十六进制数与十进制数之间的相互转换

在将八进制、十六进制数转换为十进制数时，可将各位按权展开后相加。在将十进制数转换为八进制数、十六进制数时，可以先将其转换成二进制数，然后再将得到的二进制数转换为等值的八进制数、十六进制数。转换方法上面已经讲过了，此处不再赘述。

3．码制

不同的数码不仅可以表示数量的大小，而且还能表示不同的事件。这些不表示数量大小，只表示不同事件的数码称为代码。

例如，在举行长跑比赛时，为便于识别运动员，通常举办方会给每个运动员编一个号码。显然，这些号码只表示不同的运动员，并没有数量大小的含义。

为便于记忆和处理，人们在编制代码时需要遵循一定的规则，这些规则就叫作码制。

例如，在用 4 位二进制数码表示 1 位十进制数的 0～9 这十个状态时，就有多种不同的码制。通常将这些码制称为二—十进制码制，简称 BCD 码。

BCD 码分为有权码和无权码，表 1-1 列出了几种常见的 BCD 码，它们的编码规则各不相同。表 1-1 中的 8421 码、5421 码、2421 码为有权码，它们都是将完整的 4 位二进制数的 16 个组合舍去 6 个得到的，只不过舍去的具体组合不同。被保留的 10 个组合中的每 1 位都是有位权的，它们的权展开式的计算结果分别对应 10 个阿拉伯数字，所以这种码制也被称为二—十进制码制。表 1-1 中的余 3 码、格雷码为无权码。余 3 码是由 8421 码加 3 得到的，因此不能用权展开式来表示其转换关系。格雷码的特点是相邻的两个码组仅有 1 位不同，因而它常用于模拟量和数字量的转换。模拟量在发生微小变化时可能会引起数字量发生变化，此时格雷码只改变 1 位，这与其他码同时改变两位或多位的情况相比更为可靠，即可减少转换和传输出错的可能性。

表 1-1　几种常见的 BCD 码

BCD 码 十进制码	8421 码	5421 码	2421 码	余 3 码 （无权码）	格雷码 （无权码）
0	0000	0000	0000	0011	0000
1	0001	0001	0001	0100	0001

续表

BCD 码 十进制码	8421 码	5421 码	2421 码	余 3 码 （无权码）	格雷码 （无权码）
2	0010	0010	0010	0101	0011
3	0011	0011	0011	0110	0010
4	0100	0100	0100	0111	0110
5	0101	1000	1011	1000	0111
6	0110	1001	1100	1001	0101
7	0111	1010	1101	1010	0100
8	1000	1011	1110	1011	1100
9	1001	1100	1111	1100	1000

任务 1.2　熟悉逻辑代数

逻辑代数是分析和设计数字逻辑电路的基本数学工具，它是英国数学家乔治·布尔在 19 世纪中叶创立的，因此也叫布尔代数。本单元所讲的逻辑代数就是其在二值逻辑电路中的应用。

在逻辑代数中也用字母表示变量，这种变量称为逻辑变量。在二值逻辑中，每个逻辑变量的取值只有 0 和 1 两种可能。这里的 0 和 1 不表示数量的大小，只代表两种相互对立的逻辑状态，如电灯的亮与灭、开关的闭合与断开、电平的高与低等。

1.2.1　基本逻辑关系和基本逻辑运算

所谓逻辑是指"条件"与"结果"的关系。在数字电路中，输入信号可反映"条件"，输出信号可反映"结果"，因此输入、输出之间存在一定的因果关系，这种关系被称为逻辑关系，它可以用逻辑表达式来描述，所以数字电路又称逻辑电路。

在逻辑代数中，最基本的逻辑关系有 3 种：与逻辑关系、或逻辑关系、非逻辑关系。相应的基本逻辑运算有 3 种：与运算、或运算、非运算。用以实现上述逻辑关系的电路也有 3 种：与门电路、或门电路和非门电路。

长期以来，人们研究了大量的二值性问题，并从中总结了这 3 种基本逻辑运算规律，即

与运算：$0·0=0$，$0·1=0$，$1·0=0$，$1·1=1$；

或运算：$0+0=0$，$0+1=1$，$1+0=1$，$1+1=1$；

非运算：$\bar{0}=1$，$\bar{1}=0$。

其中，"·""+""–"（数字顶部的横线）分别表示逻辑与、或、非运算符号。这些规律的正确性可以通过下面讨论的具体电路得到验证。

1．与逻辑

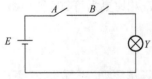

图 1-1　与逻辑电路示意图

在如图 1-1 所示的电路中，只有当两个开关都闭合时，灯才亮；只要有一个开关断开，灯就会灭。如果以开关闭合为条件，灯亮为结果，如图 1-1 所示的电路表示了这样一种因果关系：只有当决定某一种结果（如灯亮）的所有条件（如两开关同时闭合）都具备时这个结果才能发生。这种因果关系称为与逻辑关系，简称与逻辑。

若用 A、B 表示开关的状态，用 1 表示开关闭合，用 0 表示开关断开，用 Y 表示指示灯的状态，用 1 表示灯亮，用 0 表示灯灭，则可以列出以 0、1 表示的与逻辑关系的表，如表 1-2 所示。这种表叫作逻辑真值表，简称真值表。

表 1-2　与逻辑真值表

A	B	Y
0	0	0
0	1	0
1	0	0
1	1	1

表示条件的输入逻辑变量 A、B 与表示结果的输出逻辑变量 Y 的关系，可写成一个逻辑表达式

$$Y=A\cdot B$$

或　　　　　　　　　　　　　　$$Y=AB$$

与逻辑还可以用如图 1-2 所示的图形符号表示，该图形符号也用于表示相应的门电路。由于与逻辑运算和普通代数中的乘法运算相似，所以与逻辑运算又称逻辑乘。在实际应用中，与门的输入端可以有多个。

图 1-2　与逻辑图形符号

2. 或逻辑

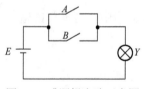

图 1-3　或逻辑电路示意图

在如图 1-3 所示的电路中，两个开关之中只要有一个开关闭合，灯就会亮。同样，若以开关闭合为条件、以灯亮为结果，则如图 1-3 所示的电路所表达的逻辑关系是：在决定某一种结果（如灯亮）的几个条件（如两开关闭合）中，只要具备一个或一个以上的条件，这种结果（灯亮）就会发生。这种条件和结果的关系称为或逻辑关系，简称或逻辑。

或逻辑关系可以根据或运算规律写成或逻辑表达式

$$Y=A+B$$

同理，可画出或逻辑真值表，如表 1-3 所示。或逻辑图形符号如图 1-4 所示。在实际应用中，或门的输入端可以有多个。

表 1-3　或逻辑真值表

A	B	Y
0	0	0
0	1	1
1	0	1
1	1	1

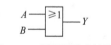

图 1-4　或逻辑图形符号

由于或逻辑运算和普通代数中的加法运算相似，所以或逻辑运算又称逻辑加。值得注意的是，逻辑加运算和普通代数的加法运算并不完全相同。在普通代数二进制加法运算中，1+1=10，但在逻辑加运算中，1+1=1。其主要区别在于前者表示的是数量之和，而后者表示的却是当两个条件都满足时结果能实现的逻辑关系。

3. 非逻辑

在图 1-5 中，当开关闭合时，灯不亮；当开关断开时，灯亮。如果仍以开关闭合为条件，

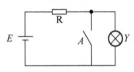

图 1-5　非逻辑电路示意图

以灯亮为结果，则如图 1-5 所示的电路表达的逻辑关系是：只要条件具备了，结果便不发生；而当条件不具备时，结果一定会发生。这种因果关系被称为非逻辑关系，简称非逻辑或逻辑非。

非逻辑表达式为

$$Y = \overline{A}$$

同理，可画出非逻辑真值表，如表 1-4 所示。图 1-6 为非逻辑图形符号。

表 1-4　非逻辑真值表

A	Y
0	1
1	0

图 1-6　非逻辑图形符号

4. 复合逻辑关系

实际问题的逻辑关系往往比与、或、非逻辑复杂得多，不过它们都可以通过将与、或、非三种基本逻辑关系组合来实现。最常见的复合逻辑关系有与非、或非、与或非、异或、同或等。

1）与非逻辑

与非逻辑就是先与后非的逻辑关系，即

$$Y = \overline{AB}$$

表 1-5 为与非逻辑真值表，图 1-7 为与非逻辑图形符号。在实际应用中，与非门的输入端可以有多个。

表 1-5　与非逻辑真值表

A	B	Y
0	0	1
0	1	1
1	0	1
1	1	0

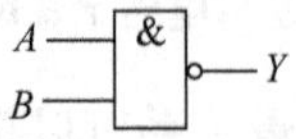

图 1-7　与非逻辑图形符号

2）或非逻辑

或非逻辑就是先或后非的逻辑关系，即

$$Y = \overline{A + B}$$

表 1-6 为或非逻辑真值表，图 1-8 为或非逻辑图形符号。在实际应用中，或非门的输入端可以有多个。

表 1-6　或非逻辑真值表

A	B	Y
0	0	1
0	1	0
1	0	0
1	1	0

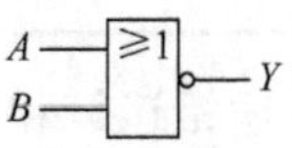

图 1-8　或非逻辑图形符号

3）与或非逻辑

与或非逻辑是先与后或再非的逻辑关系，即

$$Y=\overline{AB+CD}$$

表1-7为与或非逻辑真值表，图1-9为与或非逻辑图形符号。

表1-7 与或非逻辑真值表

A	B	C	D	Y
0	0	0	0	1
0	0	0	1	1
0	0	1	0	1
0	0	1	1	0
0	1	0	0	1
0	1	0	1	1
0	1	1	0	1
0	1	1	1	0
1	0	0	0	1
1	0	0	1	1
1	0	1	0	1
1	0	1	1	0
1	1	0	0	0
1	1	0	1	0
1	1	1	0	0
1	1	1	1	0

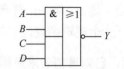

图1-9 与或非逻辑图形符号

4）异或逻辑

当逻辑变量 A 和 B 的状态取值不一致时，逻辑函数 Y 为 1；当 A 和 B 的状态取值一致时，逻辑函数 Y 为 0，这种逻辑关系为异或逻辑。

异或逻辑表达式为

$$Y=\overline{A}B+A\overline{B}=A\oplus B$$

式中，⊕为异或运算符号。

表1-8为异或逻辑真值表，图1-10为异或逻辑图形符号。

表1-8 异或逻辑真值表

A	B	Y
0	0	0
0	1	1
1	0	1
1	1	0

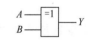

图1-10 异或逻辑图形符号

5）同或逻辑

当 A、B 取值相同时，Y 为 1；当 A、B 取值不同时，Y 为 0，这种逻辑关系为同或逻辑。

同或逻辑表达式为

$$Y=AB+\overline{A}\ \overline{B}=A\odot B$$

式中，⊙为同或运算符号。

表1-9为同或逻辑真值表，图1-11为同或逻辑图形符号。

表 1-9　同或逻辑真值表

A	B	Y
0	0	1
0	1	0
1	0	0
1	1	1

图 1-11　同或逻辑图形符号

由表 1-8 和表 1-9 可知，异或逻辑和同或逻辑互为反函数。同或门无独立产品，通常由异或门和反相器构成。注意，每个异或和同或逻辑运算只允许有两个输入变量。

1.2.2　逻辑函数的表示方法及其相互转换

由上述内容可知，任何逻辑函数都可以用逻辑表达式、逻辑真值表、逻辑图等方法描述。对于同一个逻辑函数，它的几种表示方法是可以相互转换的。

1．已知真值表求逻辑表达式

根据真值表求逻辑表达式的方法是：将真值表中每一组使输出函数值为 1 的输入变量都写成一个乘积项。将这些乘积项中的取值为 1 的变量写成原变量，取值为 0 的变量写成反变量，最后将这些乘积项相加，便可得到逻辑表达式。

[例 1-7]　已知一个奇偶判别函数的逻辑真值表如表 1-10 所示，试写出它的逻辑表达式。

表 1-10　例 1-7 的逻辑真值表

A	B	C	Y
0	0	0	0
0	0	1	0
0	1	0	0
0	1	1	1（$\overline{A}BC$）
1	0	0	0
1	0	1	1（$A\overline{B}C$）
1	1	0	1（$AB\overline{C}$）
1	1	1	0

解：由逻辑真值表可得

$$Y = \overline{A}BC + A\overline{B}C + AB\overline{C}$$

2．已知逻辑表达式求真值表

将输入变量的取值的所有组合状态逐一代入逻辑表达式并算出逻辑函数值，然后将输入变量的取值与逻辑函数值对应地列成表，就能得到对应的逻辑真值表。

[例 1-8]　已知逻辑表达式 $Z = A + \overline{B}C + \overline{A}\,\overline{C}$，求与它对应的逻辑真值表。

解：将输入变量 A、B、C 的各组取值代入逻辑表达式，算出逻辑函数 Z 的值，并对应地填入表 1-11，即该表达式的逻辑真值表。

表 1-11　例 1-8 的逻辑真值表

A	B	C	$\overline{B}C$	$\overline{A}\overline{C}$	Z
0	0	0	0	1	1
0	0	1	1	0	1
0	1	0	0	1	1
0	1	1	0	0	0
1	0	0	0	0	1
1	0	1	1	0	1
1	1	0	0	0	1
1	1	1	0	0	1

3. 已知逻辑表达式求逻辑图

用逻辑图形符号代替逻辑表达式中的运算符号，就可以画出逻辑图了。

[例 1-9]　已知逻辑表达式为 $Y=\overline{A+\overline{B}C}+\overline{A}\,\overline{B}\,\overline{C}+C$，画出对应的逻辑图。

解：将式中所有的与、或、非运算符号用逻辑图形符号代替，并依据运算优先顺序把这些逻辑图形符号连接起来，就得到了如图 1-12 所示的逻辑图。

4. 已知逻辑图求逻辑表达式

逐级写出从输入端到输出端的每个逻辑图形符号对应的逻辑表达式，即可得到对应的逻辑表达式。

[例 1-10]　已知逻辑函数的逻辑图如图 1-13 所示，试求它的逻辑表达式。

解：从输入端 A、B、C 开始，逐个写出每个图形符号输出端的逻辑表达式，得到

$$Z=\overline{(\overline{\overline{B}+C}+\overline{AC})A}$$

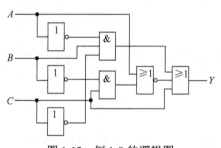

图 1-12　例 1-9 的逻辑图

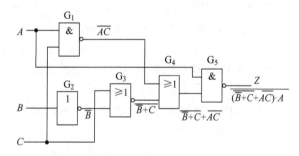

图 1-13　例 1-10 的逻辑图

1.2.3　逻辑代数的基本公式、定律和常用规则

1. 基本公式

1）逻辑常量运算公式

$0 \cdot 0=0$；$0 \cdot 1=0$；$1 \cdot 0=0$；$1 \cdot 1=1$；$0+0=0$；$0+1=1$；$1+0=1$；$1+1=1$；$\overline{1}=0$；$\overline{0}=1$

2）逻辑变量和常量运算公式

$$0 \cdot A=0；\quad 0+A=A；\quad 1 \cdot A=A；\quad 1+A=1$$

2．基本定律

重叠律（自等律）：$AA=A$；$A+A=A$。

互补律：$A\overline{A}=0$；$A+\overline{A}=1$。

还原律：$\overline{\overline{A}}=A$。

交换律：$AB=BA$；$A+B=B+A$。

结合律：$(AB)C=A(BC)$；$(A+B)+C=A+(B+C)$。

分配律：$A(B+C)=AB+AC$；$A+BC=(A+B)(A+C)$。

德·摩根定律（反演律）：$\overline{A \cdot B}=\overline{A}+\overline{B}$；$\overline{A+B}=\overline{A} \cdot \overline{B}$。

吸收律：$A+AB=A$；$AB+A\overline{B}=A$；

$\qquad A(A+B)=A$；$A+\overline{A}B=A+B$；

$\qquad (A+B)(A+C)=A+BC$；

$\qquad AB+\overline{A}C+BC=AB+\overline{A}C$；

$\qquad AB+\overline{A}C+BCD=AB+\overline{A}C$。

在上述定律中，分配律、德·摩根定律、吸收律比较特殊，应该重点学习。

这些定律的正确性可以通过列逻辑真值表的方法加以验证。若等式两边所对应的逻辑真值表相同，则等式就成立。

3．常用规则

1）代入规则

在任何一个逻辑等式中，如果将等式两边的某一变量都用一个逻辑函数代替，则等式仍然成立，这个规则叫代入规则。

[例 1-11]　用代入规则证明德·摩根定律也适用于多变量的情况。

解：已知二变量的德·摩根定律为

$$\overline{AB}=\overline{A}+\overline{B}；\quad \overline{A+B}=\overline{A} \cdot \overline{B}$$

现以$(B \cdot C)$代替左边等式中的B，同时以$(B+C)$代替右边等式中的B，于是得到

$$\overline{ABC}=\overline{A}+\overline{BC}=\overline{A}+\overline{B}+\overline{C}；\quad \overline{A+B+C}=\overline{A} \cdot \overline{B+C}=\overline{A} \cdot \overline{B} \cdot \overline{C}$$

可见，利用代入规则可以扩大等式的应用范围。

2）反演规则

对于任意一个逻辑函数 Y，若将其逻辑表达式中的所有"·"换成"+"，"+"换成"·"，"0"换成"1"，"1"换成"0"，原变量换成反变量，反变量换成原变量，那么得到的结果就是逻辑函数 Y 的反函数，这个规则叫反演规则。

反演规则为求一个逻辑函数的反函数提供了方便。在使用反演规则时需要注意以下两点：

（1）应遵守"先括号、然后乘、最后加"的运算次序。

（2）不属于单个变量的反号应保留不变。

[例 1-12]　求 $Y=\overline{A}B+CD$ 的反函数 $\overline{Y}$。

解：根据反演规则可得

$$\overline{Y}=(A+\overline{B})(\overline{C}+\overline{D})$$

[例 1-13]　求 $Y=\overline{A+B+\overline{C}+\overline{D}+\overline{E}}$ 的反函数 $\overline{Y}$。

解： 依据反演规则可得

$$\overline{Y}=\overline{A}\cdot\overline{\overline{BC}}\cdot\overline{\overline{DE}}$$

3）对偶规则

对于任何一个逻辑表达式 Y，若将其中的 "·" 换成 "+"，"+" 换成 "·"，"0" 换成 "1"，"1" 换成 "0"，则得到一个新的逻辑表达式 Y'，这个 Y' 就叫作 Y 的对偶式。若两个逻辑表达式相等，则它们的对偶式也相等，这就是对偶规则。例如，若 $Y=A(B+C)$，则 $Y'=A+BC$；若 $Y=AB+\overline{C}+D$，则 $Y'=(A+B)\overline{CD}$。

如果要证明两个逻辑表达式相等，那么可以通过证明它们的对偶式相等来完成。有些情况下证明它们的对偶式相等更加容易。

[例 1-14]　试证明 $A+BC=(A+B)(A+C)$。

解： 首先写出等式两边的对偶式，得到

$$A(B+C)\text{ 和 }AB+AC$$

根据分配律可知，这两个对偶式是相等的，即 $A(B+C)=AB+AC$。由对偶规则可确定原来的两式也一定相等，由此证明该等式成立。

1.2.4　逻辑函数的公式化简法

1. 逻辑表达式的标准形式和最简式含义

同一个逻辑函数可以写成不同的逻辑表达式，而这些逻辑表达式的繁简程度又相差甚远。逻辑表达式越简单，它所表示的逻辑关系越明显，同时也越有利于用最少的电子元件实现逻辑电路。因此，对逻辑表达式进行化简是有必要的。

对于给定的逻辑函数，其逻辑真值表是唯一的，但是描述同一个逻辑函数的逻辑表达式却有多种形式。

例如，逻辑表达式为 $Y=A\overline{B}+BC$ 的逻辑函数可以用 5 种逻辑表达式来表示，即

（1）$Y=A\overline{B}+BC$（与或逻辑表达式）；

（2）$Y=\overline{\overline{A\overline{B}+BC}}=\overline{\overline{A\overline{B}}\cdot\overline{BC}}$（与非—与非逻辑表达式）；

（3）$Y=\overline{\overline{A\overline{B}+BC}}=\overline{\overline{A\overline{B}}\cdot\overline{BC}}=\overline{\overline{A}\cdot B+\overline{B}\overline{C}}$（与或非逻辑表达式）；

（4）$Y=\overline{\overline{\overline{A}\cdot\overline{B}+BC}}=(A+B)(\overline{B}+C)$（或与逻辑表达式）；

（5）$Y=(A+B)(\overline{B}+C)=\overline{\overline{(A+B)(\overline{B}+C)}}=\overline{\overline{A+B}+\overline{\overline{B}+C}}$（或非—或非逻辑表达式）。

由上述分析可知，一个逻辑函数可以用不同类型的逻辑表达式来描述，由于逻辑表达式的类型不同，其最简的标准也各不相同，所以哪一种逻辑表达式是最简的也就难以确定。但是在上述不同类型的逻辑表达式中，与或逻辑表达式是比较常见的，同时，与或逻辑表达式可以比较容易地与其他逻辑表达式进行相互转换，因此，本书主要介绍与或逻辑表达式的化简方法。

所谓最简的与或逻辑表达式，是指乘积项最少且每一个乘积项中的变量数也最少的与或逻辑表达式。

2. 常用的公式化简法

公式化简法也叫代数化简法，它是运用逻辑代数的基本公式和基本定律来化简逻辑函数方法。常用的方法有并项法、吸收法、消去法和配项法。

1）并项法

利用 $AB+A\bar{B}=A$ 将两个乘积项合并成一项，合并后消去一个互补的变量，剩下的是两项中的公因子。

[例 1-15] 试化简逻辑函数 $Y=B\bar{C}D+BC\bar{D}+B\bar{C}\,\bar{D}+BCD$。

解：
$$Y=B\bar{C}D+BC\bar{D}+B\bar{C}\,\bar{D}+BCD$$
$$=B(\bar{C}D+C\bar{D})+B(\bar{C}\,\bar{D}+CD)$$
$$=B(C\oplus D)+B(\overline{C\oplus D})$$
$$=B$$

2）吸收法

利用公式 $A+AB=A$ 吸收多余的乘积项。

[例 1-16] 试化简逻辑函数 $Y=AB+AB\bar{C}+ABD+AB(\bar{C}+\bar{D})$。

解：
$$Y=AB+AB\bar{C}+ABD+AB(\bar{C}+\bar{D})$$
$$=AB+AB[\bar{C}+D+(\bar{C}+\bar{D})]$$
$$=AB$$

3）消去法

利用 $A+\bar{A}B=A+B$ 或 $AB+\bar{A}C+BC=AB+\bar{A}C$ 消去多余因子。

[例 1-17] 试化简逻辑函数 $Y=A\bar{B}\,C\bar{D}+\overline{AB}E+\bar{A}C\bar{D}E$。

解：
$$Y=A\bar{B}\,C\bar{D}+\overline{AB}E+\bar{A}C\bar{D}E$$
$$=(A\bar{B})C\bar{D}+(\overline{AB})E+(C\bar{D})(E)\bar{A}$$
$$=A\bar{B}\,C\bar{D}+\overline{AB}E$$

4）配项法

利用 $A+\bar{A}=1$ 或 $A+A=A$ 将逻辑表达式中不能直接利用公式化简的某些项变成两项，然后用公式进行化简。

[例 1-18] 试化简逻辑函数 $Y=A\bar{B}+B\bar{C}+\bar{B}C+\bar{A}B$。

解：
$$Y=A\bar{B}+B\bar{C}+\bar{B}C+\bar{A}B$$
$$=A\bar{B}+B\bar{C}+(A+\bar{A})\bar{B}C+\bar{A}B(C+\bar{C})$$
$$=A\bar{B}+B\bar{C}+A\bar{B}C+\bar{A}\,\bar{B}C+\bar{A}BC+\bar{A}B\bar{C}$$
$$=A\bar{B}+B\bar{C}+\bar{A}C$$

在化简较复杂的逻辑表达式时，往往需灵活、交替、综合地利用多个基本公式和多种方法才能获得比较理想的化简结果。

[例1-19] 试化简逻辑函数$Y=AD+A\overline{D}+AB+\overline{A}C+BD+ACEF+\overline{B}EF+DEFG$。

解：

$$Y=AD+A\overline{D}+AB+\overline{A}C+BD+ACEF+\overline{B}EF+DEFG$$

$$=A+AB+\overline{A}C+BD+ACEF+\overline{B}EF+DEFG \qquad （并项法）$$

$$=A+\overline{A}C+BD+\overline{B}EF+DEFG \qquad （吸收法）$$

$$=A+C+BD+\overline{B}EF+DEFG \qquad （消去法）$$

$$=A+C+BD+\overline{B}EF \qquad （消去法）$$

1.2.5 逻辑函数的卡诺图化简法

利用公式法化简逻辑函数，不仅要掌握逻辑代数的许多公式，而且要掌握一定的技巧。特别是对于公式化简法所得的结果是否是最简式的问题，人们往往较难判断，这给利用公式法化简逻辑函数带来一定困难。

下面介绍的图形化简法也叫卡诺图化简法，利用该方法可以比较简便地得到最简的逻辑表达式。

1. 逻辑函数的最小项

1）最小项定义

在逻辑函数中，如果一个乘积项包含所有变量，而且每个变量都以原变量或是反变量的形式作为一个因子出现一次，那么这样的乘积项就称为这些变量的最小项。

例如，在三变量的逻辑函数中，由3个变量组成的8个乘积项，即$\overline{A}\,\overline{B}\,\overline{C}$、$\overline{A}\,\overline{B}C$、$\overline{A}B\overline{C}$、$\overline{A}BC$、$A\overline{B}\,\overline{C}$、$A\overline{B}C$、$AB\overline{C}$、$ABC$，都符合最小项的定义。因此，这8个乘积项称为3个变量A、B、C的最小项。在n变量的逻辑函数中，有2^n个最小项。

2）最小项的性质

（1）对于每一个最小项，只有一组对应的变量取值可使它的值为1，而当变量取其他各组值时，这个最小项的值为0。

（2）对于变量的任意一组取值，任意两个最小项的乘积为0。

（3）对于变量的任意一组取值，所有最小项之和恒为1。

（4）具有逻辑相邻性的两个最小项可以合并成一项，并且其中一对因子会被消去（若两个最小项只有一个因子不同，则称这两个最小项具有逻辑相邻性）。

3）最小项编号

为了表达方便，可对最小项进行编号。编号的方法是把使最小项的值为1的那一组变量取值当成二进制数，并将其转换成相应的十进制数，所得的十进制数就是该最小项的编号。例如，对于三变量A、B、C的最小项$\overline{A}\,\overline{B}\,\overline{C}$，使它的值为1的变量取值为000，该变量取值对应的十进制数为0，则$\overline{A}\,\overline{B}\,\overline{C}$最小项的编号为"0"，记作$m_0$。同理，$\overline{A}BC$对应的变量取值为010，编号为"2"，记作$m_2$，以此类推。值得注意的是，在规定$n$变量最小项的编号时，变量的排列顺序是十分重要的。例如，把$\overline{A}BC$记作m_3，其中隐含了A是最高位、C是最低位这一排列顺序。

4）最小项表达式

任何一个逻辑函数都可以表示成若干个最小项之和的形式，这样的逻辑表达式称为最小项表达式。

[例 1-20]　将 $Y(A,B,C)=A\overline{B}+BC$ 化为最小项表达式。

解： 利用配项法，将每一个乘积项都变为包含 A、B、C 变量的项，即

$$Y(A,B,C)=A\overline{B}+BC=A\overline{B}(C+\overline{C})+(A+\overline{A})BC$$
$$=A\overline{B}C+A\overline{B}\ \overline{C}+\overline{A}BC+ABC$$
$$=m_5+m_4+m_3+m_7$$
$$=\sum m(3,4,5,7)$$

2. 逻辑函数的卡诺图表示方法

1）表示最小项的卡诺图

将 n 变量的逻辑函数的全部最小项各用一个小方块表示，并使具有逻辑相邻性的最小项在几何位置上也相邻地排列起来，所得到的图形叫作 n 变量最小项的卡诺图。因为这种表示方法是由美国工程师卡诺首先提出的，所以把这种图形叫作卡诺图。

例如，二变量 A、B 的卡诺图中的 4 个小方块表示了 $\overline{A}\ \overline{B}$、$\overline{A}B$、$A\overline{B}$、$AB$ 这 4 个最小项，如图 1-14（a）所示。

为了画图方便，往往不将卡诺图中的最小项一一列出，而是通过在图形左上角标注变量，并在图形左边和上边标注其对应的变量取值来表示最小项。这样每个方块所代表的最小项编号就是其左边和上边的二进制码的数值。有时也可以在每个方块的右下角标出最小项的编号，如图 1-14（b）所示。

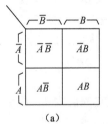
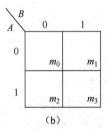

（a）　　　　　　　　　　　　　　　　　　　（b）

图 1-14　二变量卡诺图

卡诺图的组成特点是小方块编号的排列有一定的规则。把具有逻辑相邻性的最小项安排在位置相邻的方块中，如在图 1-14 中，上下、左右之间的最小项都是逻辑相邻项。图 1-15 为三变量、四变量卡诺图。为了使相邻的最小项具有逻辑相邻性，变量的取值不能按 00→01→10→11 的顺序排列，而应以 00→01→11→10 循环码的顺序排列。按上述排列方法进行排列，可以使位置相邻的小方块具有逻辑相邻性，使上下、左右的最小项也具有逻辑相邻性，如图 1-15 所示。

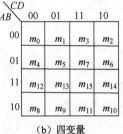

（a）三变量　　　　　　　　　　　　　（b）四变量

图 1-15　三变量、四变量卡诺图

卡诺图形象而又直观地表达了最小项之间逻辑相邻的关系，即在卡诺图中，任何几何位置相邻的最小项，在逻辑上也是相邻的。这是用图形法化简逻辑函数的重要依据。

2）用卡诺图表示逻辑函数

先将逻辑函数化为最小项之和的形式，然后在该形式的逻辑表达式包含的最小项所对应的卡诺图的小方块中填 1，在其余的小方块中填 0，就得到了表示该逻辑函数的卡诺图。也就是说，任何一个逻辑函数都等于它的卡诺图中填入 1 的小方块所对应的最小项之和。

[例 1-21] 用卡诺图表示逻辑函数 $Y=\overline{A}B\overline{C}+A\overline{B}C+AB\overline{C}+ABC$。

解：
$$Y=\overline{A}B\overline{C}+A\overline{B}C+AB\overline{C}+ABC$$
$$=\sum m(2,5,6,7)$$

该逻辑函数的卡诺图如图 1-16 所示。

[例 1-22] 已知逻辑函数的卡诺图如图 1-17 所示，试写出该函数的逻辑表达式。

解： 因为函数 Y 等于卡诺图中填入 1 的那些最小项之和，所以有
$$Y=\overline{A}\,\overline{B}\,\overline{C}\,\overline{D}+\overline{A}\,\overline{B}C\overline{D}+\overline{A}B\overline{C}D+\overline{A}BCD+A\overline{B}\,\overline{C}\,\overline{D}+A\overline{B}C\overline{D}+AB\overline{C}D+ABCD$$
$$=\sum m(0,2,5,7,8,10,13,15)$$

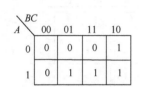

图 1-16　例 1-21 的卡诺图

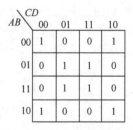

图 1-17　例 1-22 的卡诺图

3．用卡诺图化简逻辑函数

1）合并最小项的规则

（1）若两个最小项相邻，则可将它们合并为一项并消去一对因子，合并后的结果只包含公共因子。

图 1-18（a）和图 1-18（b）为两个最小项相邻的两种情况。

（2）若四个最小项相邻并排列成一个矩形组，则可将它们合并为一项并消去两对因子，合并后的结果只包含公共因子，如图 1-18（c）和图 1-18（d）所示。

（3）若八个最小项相邻并排列成一个矩形组，则可将其合并为一项并消去三对因子，合并后的结果只包含公共因子，如图 1-18（e）所示。

由此可以归纳出合并最小项的一般规则，即如果有 2^n（$n=1,2,\cdots$）个最小项相邻并排列成一个矩形组，则可以把它们合并为一项并消去 n 对因子，合并后的结果仅包含这些最小项的公共因子。

2）卡诺图化简法的步骤

（1）画出逻辑函数的卡诺图。

（2）合并最小项。按合并最小项的规律，将包含 2^n（$n=0,1,2,3\cdots$）个相邻且内部填有 1 的小方块圈起来，即画包围圈，其目的在于合并最小项，消去一些变量。在画包围圈时，包

围圈应尽可能大，即被圈入的小方块应尽可能多，同时圈数应尽可能少。每一个圈对应一个乘积项，圈数越少表明乘积项越少，所用的元件也越少。圈越大，被合并的最小项越多，被消去的变量也越多，则对应的输入端的数量就越少。因此，在化简过程中，若能够画出包含四个相邻小方块的包围圈，则不要分开画成包含两个相邻小方块的包围圈。如果有必要，被圈过的方块可以重复被圈，但其中至少要有一个未被圈过的小方块。

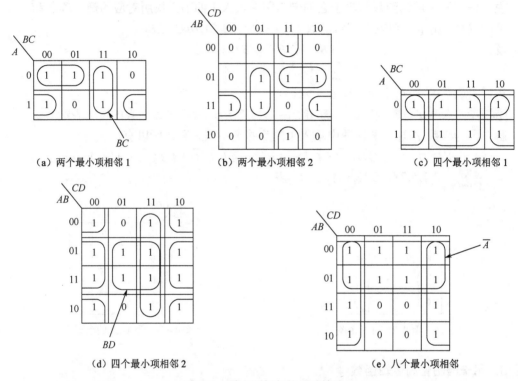

图1-18　最小项相邻的几种情况

[例 1-23] 用卡诺图化简法将下式化为最简与或逻辑表达式。

$$Y=\overline{B}\,\overline{D}+A\overline{B}D+ABCD+\overline{A}\,\overline{B}\,\overline{C}\,D+\overline{A}\,\overline{B}\,C\,\overline{D}$$

解：首先画出 Y 的卡诺图，如图 1-19 所示。然后把可能会合并的最小项圈出，并按照前面所述的原则化简与或逻辑表达式中的乘积项。由图 1-19 可得

$$Y=\overline{B}\,\overline{D}+A\overline{B}+ACD+\overline{A}\,\overline{B}\,\overline{C}\,D$$

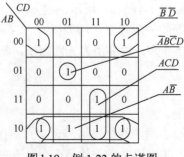

图1-19　例 1-23 的卡诺图

[例 1-24] 用卡诺图化简法将下式化为最简与或逻辑表达式。

$$Y=\sum m (0,2,5,6,7,8,9,10,11,14,15)$$

解：首先画出 Y 的卡诺图，如图 1-20 所示。其次，把可能会合并的最小项圈出，并按照前面所述的原则化简与或逻辑表达式中的乘积项。由图 1-20 可得

$$Y=BC+A\,\overline{B}+\overline{B}\,\overline{D}+\overline{A}\,BD$$

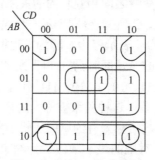

图 1-20 例 1-24 的卡诺图

[例 1-25] 用卡诺图化简法将下式化为最简与或逻辑表达式。

$$Y=A\overline{C}+\overline{A}B+B\overline{C}+\overline{B}\,C$$

解：首先，画出卡诺图，如图 1-21 所示。其次，找出可以合并的最小项，将可能会合并的最小项圈出。由图 1-21（a）和图 1-21（b）可知，有两种可取的合并最小项的方案。如果按如图 1-21（a）所示的方案合并最小项，则得到

$$Y=A\overline{C}+\overline{A}B+\overline{B}\,C$$

如果按如图 1-21（b）所示的方案合并最小项，那么得到

$$Y=A\overline{B}+\overline{A}\,C+B\overline{C}$$

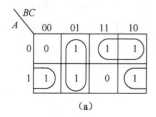　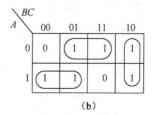

　　　　　　　（a）　　　　　　　　　　　　　　　　　（b）

图 1-21 例 1-25 的卡诺图

例 1-25 中的两个化简结果都符合最简与或逻辑表达式的标准。这说明有时一个逻辑函数的化简结果不是唯一的。

另外，还要补充说明一个问题。以上的例子都是通过合并卡诺图中的 1 来求得化简结果的，但有时也可以通过合并卡诺图中的 0 先求出 $\overline{Y}$ 的化简结果，然后再对 $\overline{Y}$ 求反，从而得到 Y。因为全部最小项之和为 1，所以若将全部最小项之和分成两部分，并将其中一部分（卡诺图中填入 1 的那些最小项）之和记作 Y，则根据 $Y+\overline{Y}=1$ 可知，其余部分（卡诺图中填入 0 的那些最小项）的和必为 $\overline{Y}$。

在多变量逻辑函数的卡诺图中，当 0 的数目远小于 1 的数目时，采用合并 0 的方法会比合并 1 来得简单。此外，在需要将逻辑表达式化为最简的与或非逻辑表达式时，采用合并 0 的方式最为适宜，因为采用该方式得到的结果正是与或非逻辑表达式。如果要得到 $\overline{Y}$ 的化简

结果，那么采用合并 0 的方式更简便。

1.2.6　具有约束项的逻辑函数及其化简

1．约束、约束项和约束条件

约束指的是逻辑函数的各个变量之间相互制约的关系，即输入变量的取值不是任意的。

例如，有三个逻辑变量 A、B、C，它们分别表示一台电动机的正转、反转和停止的命令，$A=1$ 表示正转，$B=1$ 表示反转，$C=1$ 表示停止。因为电动机任何时候只能执行其中的一个命令，所以不允许两个以上（含）的变量同时为 1，即 ABC 的取值只可能是 001、010、100 当中的某一个，而不能是 000、011、101、110、111 中的任何一个。以上内容表明三个变量 A、B、C 之间存在相互制约的关系，这种关系被称为约束。而 A、B、C 被称为一组有约束的变量，由它们所决定的逻辑函数被称为有约束的逻辑函数。

不会出现的变量取值组合所对应的最小项被称为约束项，亦称为随意项、无关项，如 $\overline{A}\,\overline{B}\,\overline{C}$、$\overline{A}BC$、$A\overline{B}C$、$AB\overline{C}$、$ABC$。

由最小项的性质可知，只有其对应的变量取值组合出现时，其值才会为 1，而约束项对应的是不出现的变量取值组合，所以其值总等于 0，即 $\overline{A}\,\overline{B}\,\overline{C}=0$、$\overline{A}BC=0$、$A\overline{B}C=0$、$AB\overline{C}=0$、$ABC=0$。

把由相加的约束项构成的逻辑表达式称为约束条件。因为约束项的值恒为 0，并且无论多少个 0 加起来都等于 0，所以约束条件是一个值恒为 0 的条件等式，即 $\overline{A}\,\overline{B}\,\overline{C}+\overline{A}BC+A\overline{B}C+AB\overline{C}+ABC=0$。

2．具有约束的逻辑函数的化简

对具有约束的逻辑函数，可以利用约束项进行化简，以得到更简单的逻辑表达式。

由于约束项对应的变量取值组合不被允许参与运算，当约束项对应的变量取值组合出现时，可以认为约束项对应的函数值是任意的（既可以看作 1，也可以看作 0），并且它对该逻辑问题的实际输出没有影响。从逻辑代数的角度看，如果把约束项所对应的函数值看作 0，则逻辑表达式不包含这一约束项；如果把约束项所对应的函数值看作 1，则逻辑表达式包含这一约束项。但是，由于约束项对应的取值组合根本不会出现，即加上该项等于加上 0，所以在逻辑表达式中，无论是否加上约束项，都不会影响函数的实际取值。由此可见，在利用公式法化简逻辑函数的过程中，可以根据化简的需要加上或去掉约束项；在利用图形法化简逻辑函数的过程中，可以把某些约束项看作 0，也可以根据合并相邻项的需要，把它当作 1，以得到最简的逻辑表达式。

在卡诺图中用×表示约束项，在化简逻辑函数时既可以认为它是 1，也可以认为它是 0。在逻辑表达式中，用字母 d 和相应的编号来表示约束项。

[例 1-26]　用卡诺图化简具有约束的逻辑函数 $Y=\overline{A}B\overline{C}+\overline{B}\,\overline{C}$，约束条件为 $\overline{A}\,\overline{B}C+AB\overline{C}+ABC=0$。

解：画出 Y 的卡诺图，如图 1-22 所示。求得 $Y=\overline{C}$。

[例 1-27]　用卡诺图化简具有约束的逻辑函数 $Y=\sum m(2,3,4,7,12,13,14)+\sum d(5,6,8,9,10,11)$。

解： 画出函数 Y 的卡诺图，如图 1-23 所示。其中 $\sum d\,(5,6,8,9,10,11)$ 为约束项。由图 1-23 求得

$$Y=B\overline{C}+C\overline{D}+\overline{A}\,C$$

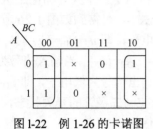

图1-22　例 1-26 的卡诺图

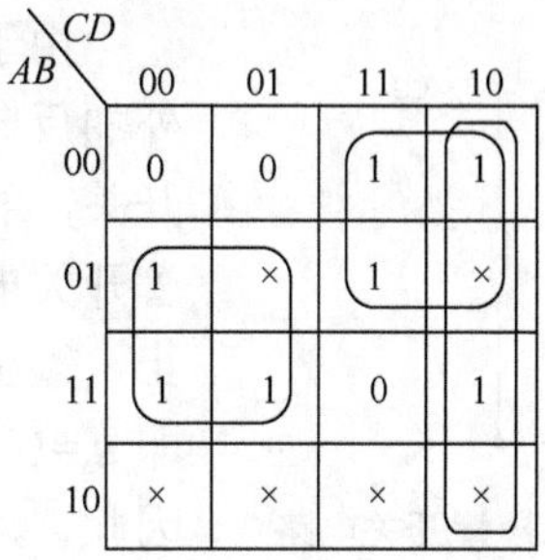

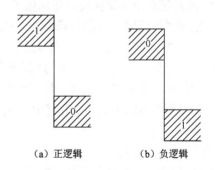

图1-23　例 1-27 的卡诺图

任务 1.3　基本门电路的认知

用以实现基本逻辑运算和复合逻辑运算的单元电路统称门电路。常用的门电路在逻辑功能方面分为与门、或门、非门、与非门、或非门、与或非门、异或门等。

在电子电路中，用高、低电平分别表示二值逻辑的 1 和 0 两种逻辑状态。获得高、低电平的基本原理可以用图 1-24 表示。当开关 S 断开时，输出信号 u_O 为高电平；当 S 接通后，输出信号 u_O 为低电平。开关 S 是由半导体二极管或晶体管组成的，只要能通过输入信号 u_I 控制二极管或晶体管在截止和导通两个状态下工作，就可以起到图 1-24 中开关 S 的作用。

如果以输出的高电平表示逻辑 1，以低电平表示逻辑 0，则这种表示方法被称为正逻辑，如图 1-25 所示。反之，若以输出的高电平表示 0，以低电平表示 1，则这种表示方法被称为负逻辑。此后除非特别说明，本书中一律采用正逻辑。因为在实际工作中只要能区分出来高、低电平就可以知道它所表示的逻辑状态，所以高、低电平都有一个允许的范围。因此，在数字电路中无论是对元件的参数精度的要求还是对供电电源稳定度的要求，都比模拟电路中的要求要低一些。

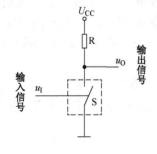

图 1-24　获得高、低电平的基本原理

（a）正逻辑　　　（b）负逻辑

图 1-25　正逻辑与负逻辑

1.3.1　半导体开关元件

1. 二极管开关特性

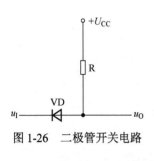

图1-26　二极管开关电路

由于二极管具有单向导电性，即当外加正向电压时导通，当外加反向电压时截止，所以它相当于一个受外加电压极性控制的开关，用它取代图1-24中的开关S，可得到如图1-26所示的二极管开关电路。当输入信号为高电平，即 $u_I=U_{IH}=U_{CC}$ 时，二极管截止，输出信号为高电平，即 $u_O=U_{OH}=U_{CC}$；当输入信号为低电平，即 $u_I=U_{IL}=0$ 时，二极管导通，输出信号为低电平，即 $u_O=U_{OL}\approx0$。因此，可以用 u_I 的高、低电平控制二极管的开关状态，并在输出端得到相应的高、低电平输出信号。

将理想二极管作为开关时，在外加跳变电压的作用下，由导通到截止或由截止到导通都是瞬间完成的，没有过渡过程。但实际情况是，二极管并不会立刻截止，而是经过一个反向恢复过程（通常把二极管从正向导通转为反向截止所经过的转换过程称为反向恢复过程）才进入反向截止状态。反向恢复时间的存在使二极管的开关速度受到了限制。二极管从反向截止转为正向导通所需的时间称为开通时间，这个时间与反向恢复时间相比是很短的。它对开关速度的影响很小，可以忽略不计。

2. 晶体管的开关特性

1）双极型晶体管的开关特性

用NPN型晶体管取代图1-24中的开关S，可得到如图1-27所示的双极型晶体管开关电路。由晶体管的工作原理和特性曲线可知，晶体管可以工作在放大、截止、饱和三个工作区。在开关电路中，晶体管在截止和饱和两个工作区间转换。当基极控制电压 $u_I\leq0$ 时，$u_{BE}\leq0$，$i_B\approx0$，晶体管工作于截止区，其集电极到发射极之间如同断开的开关，此时输出电压

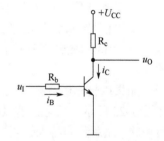

图1-27　双极型晶体管开关电路

$u_O=U_{OH}=U_{CC}$。当 u_I 为正（高电平）时，只要调整参数使 $i_B\geq I_{BS}$（I_{BS} 为晶体管的临界饱和基极电流），发射结和集电结就同为正向偏置，晶体管工作于饱和区，i_C 不随 i_B 的增加而增加，此时集电极和发射极间的饱和压降 $U_{CES}\approx0$，如同开关闭合的情况，输出电压 $u_O=U_{OL}\approx0$。

由上述可知，只要用 u_I 的高、低电平控制晶体管即可使其分别在饱和状态和截止状态下工作，使晶体管处于开关状态，并可在其输出端获得对应的高、低电平。

晶体管的开关过程和二极管一样，饱和与截止两种状态的相互转换需要一定时间才能完成。晶体管的开关时间限制了晶体管开关的速度。开关时间越短，开关速度越高，因此，应设法减小开关时间。

2）场效应晶体管的开关特性

以N沟道增强型绝缘栅场效应管（MOS管）取代图1-24中的开关S就得到了如图1-28所示的MOS管的基本开关电路。当 $u_I=u_{GS}<U_{GS(th)}$ 时，MOS管在截止区工作。输出端输出高电平，即 $u_O=U_{OH}=U_{DD}$。这时MOS管的D和S间相当于一个断开的开关。当 $u_I=u_{GS}>U_{GS(th)}$

且 u_{DS} 较小时，MOS 管在可变电阻区工作。输出端输出低电平，即 $u_O=U_{OL}\approx0$。这时 MOS 管的 D 和 S 间相当于一个闭合的开关。

因此，只要选择的电路参数合理，就可以做到在输入端输入低电平时 MOS 管截止，开关电路输出高电平；而在输入端输入高电平时 MOS 管导通，开关电路输出低电平。

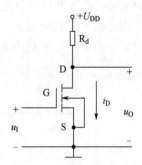

图 1-28　MOS 管的基本开关电路

1.3.2　逻辑门电路

1. 与门电路

输入变量和输出变量之间满足与逻辑关系的电路叫与门电路，简称与门。图 1-29（a）为由二极管组成的与门电路，A、B 为两个输入变量，Y 为输出变量。图 1-29（b）为与门逻辑符号。

（a）由二极管组成的与门电路　　　　　　　　　　（b）与门逻辑符号

图 1-29　与门

设 U_{CC}=5V，两个输入端的高、低电平分别为 U_{IH}=3V，U_{IL}=0，二极管 VD_1、VD_2 的正向导通压降为 0.7V。由图 1-29（a）可知，A、B 中只要有一个是低电平，必有一个二极管导通，使 Y 为 0.7V；只有当 A、B 同时为高电平时，Y 才为 3.7V。在数字电路中，为了研究电路的逻辑功能，人们往往只注意输入与输出之间的逻辑关系。如果规定 3V 以上（含）的电压为高电平，用逻辑 1 表示，0.7V 以下（含）的电压为低电平，用逻辑 0 表示，则可列出真值表，如表 1-12 所示。显然，Y 和 A、B 是与逻辑关系。

表 1-12　图 1-29（a）所示电路的真值表

A	B	Y
0	0	0
0	1	0
1	0	0
1	1	1

2. 或门电路

输入变量和输出变量之间满足或逻辑关系的电路叫或门电路，简称或门。图 1-30（a）为由二极管组成的或门电路，A、B 为两个输入变量，Y 为输出变量。图 1-30（b）为或门逻辑符号。

若输入端的高、低电平分别为 U_{IH}=3V、U_{IL}=0，二极管 VD_1、VD_2 的正向导通压降为 0.7V，

则只要 A、B 当中有一个是高电平，Y 就是 2.3V。只有当 A、B 同时为低电平时，Y 才是 0。如果规定高于 2.3V（含）的电压为高电平，用逻辑 1 表示；而低于 0（含）的电压为低电平，用逻辑 0 表示，则可列出真值表，如表 1-13 所示。显然 Y 和 A、B 之间是或逻辑关系。

（a）由二极管组成的或门电路　　　　　　　　（b）或门逻辑符号

图 1-30　或门

表 1-13　图 1-30（a）所示电路的真值表

A	B	Y
0	0	0
0	1	1
1	0	1
1	1	1

3．非门电路

能实现非逻辑关系的单元电路，叫作非门或反相器。图 1-31（a）为由晶体管组成的非门电路，A 为输入变量，Y 为输出变量。图 1-31（b）为非门逻辑符号。

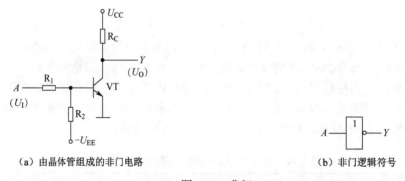

（a）由晶体管组成的非门电路　　　　　　　　（b）非门逻辑符号

图 1-31　非门

仔细观察图 1-27 中给出的晶体管开关电路可发现，在输入信号为高电平时，2708 输出信号为低电平；在输入信号为低电平时，输出信号为高电平。因此，输出端与输入端的电平之间是反相关系，这个电路实际上就是一个反相器电路。

在一些实用的反相器电路中，为了保证在输入低电平时晶体管能可靠地截止，常将电路接成如图 1-31（a）所示的形式。由于接入了电阻 R_2 和负电源-U_{EE}，即使输入的低电平信号稍大于零，它也能使晶体管的基极为负电位，从而使晶体管能可靠地截止，使输出信号为高电平。当输入信号为高电平时，若选择的电路参数合适，即能保证提供给晶体管的基极电流大于临界饱和基极电流，则晶体管在饱和状态下工作，输出信号为低电平。

1.3.3　CMOS 集成逻辑门

目前集成逻辑门电路有两大类：一类是 CMOS 集成逻辑门电路；另一类为 TTL 集成逻辑门电路。CMOS 集成逻辑门电路是由增强型 PMOS 管和增强型 NMOS 管组成的互补对称 MOS 门电路。CMOS 集成逻辑门电路的突出优点是功耗低、抗干扰能力强、结构相对简单、便于大规模集成，因此，它在中、大规模数字集成电路中有着广泛应用。

1. CMOS 反相器

1）电路结构

CMOS 反相器是构成各种 CMOS 集成逻辑门的基本单元电路，其原理电路如图 1-32（a）所示，图 1-32（b）为增强型 MOS 管的转移特性曲线。如图 1-32（a）所示电路由一个增强型 PMOS 管和一个增强型 NMOS 管组成，即它是由两种类型的 MOS 管组成的，而且这两个管总是一个在导通状态下工作，另一个在截止状态下工作，即它们处于所谓互补状态，所以这种结构的电路被称为互补对称式金属氧化物半导体电路，简称 CMOS 电路。其中，NMOS 管 VT_N 为驱动管，PMOS 管 VT_P 为负载管，两管的栅极连在一起作为输入端，两管的漏极连在一起作为输出端，PMOS 管的源极接 $+U_{DD}$，NMOS 管的源极接地。设 $U_{GS(th)P}$ 和 $U_{GS(th)N}$ 分别为 PMOS 管和 NMOS 管的开启电压，一般取 $U_{DD} > U_{GS(th)N} + |U_{GS(th)P}|$，并且 $U_{GS(th)N} = |U_{GS(th)P}|$。

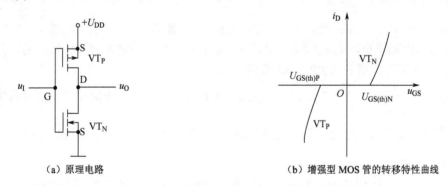

（a）原理电路　　　　　　　　　　　（b）增强型 MOS 管的转移特性曲线

图 1-32　CMOS 反相器的原理电路和增强型 MOS 管的转移特性曲线

2）工作原理

当 u_I 为低电平（$u_I = U_{IL} = 0$）时，VT_N 因 $u_{GSN} = 0 < U_{GS(th)N}$ 而截止，VT_P 因 $u_{GSP} = -U_{DD} < U_{GS(th)P}$ 而导通，所以输出信号为高电平，$u_O = U_{DD} = U_{OH}$。

当 u_I 为高电平（$u_I = U_{IH} = U_{DD}$）时，VT_N 因为 $u_{GSN} = U_{DD} > U_{GS(th)N}$ 而导通，VT_P 因为 $u_{GSP} = 0 > U_{GS(th)P}$ 而截止，所以输出信号为低电平，$u_O = U_{OL} = 0$。可见，输出变量与输入变量之间为非逻辑关系。

由于静态下无论 u_I 是高电平还是低电平，VT_N 和 VT_P 总有一个是截止的，而且截止内阻极高，流过 VT_N 和 VT_P 的静态电流极小，所以 CMOS 反相器的静态功耗极小，这是 CMOS 电路最突出的优点。

3）特性和参数

（1）电压传输特性，是指输出电压随输入电压变化的曲线 $u_O = f(u_I)$。

对于如图 1-32（a）所示的 CMOS 反相器电路，如果 $U_{DD}=10V$，$U_{GS(th)N}=|U_{GS(th)P}|=2V$，则其电压传输特性如图 1-33 所示。

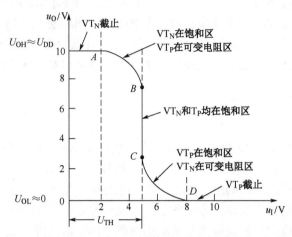

图 1-33　CMOS 反相器的电压传输特性

① 当 $0<u_I<2V$ 时，$u_{GSN}=u_I$，即 $0<u_{GSN}<U_{GS(th)N}=2V$，VT_N 截止，$u_{GSP}=u_I-U_{DD}$，即 $-10V<u_{GSP}<-8V$，VT_P 导通，而且 VT_P 在可变电阻区工作，VT_P 的内阻很小，$u_O≈U_{DD}=10V$。

② 当 $2V<u_I<\frac{1}{2}U_{DD}=5V$ 时，$2V<u_{GSN}<5V$，VT_N 导通，而且 VT_N 在饱和区工作，$-8V<u_{GSP}<-5V$，VT_P 导通，而且 VT_P 仍在可变电阻区工作。因为 u_I 越低，VT_N 的内阻越大，VT_P 的内阻越小，u_O 就越高；反过来，u_I 越高，VT_N 的内阻越小，VT_P 的内阻越大，u_O 就越低，所以当 u_I 逐渐增大时，u_O 缓慢降低。

③ 当 $u_I=\frac{1}{2}U_{DD}=5V$ 时，$u_{GSN}=|u_{GSP}|$，VT_N 和 VT_P 均处于饱和区，二者内阻相等，使 $u_O=\frac{1}{2}U_{DD}$，在该输入电压附近，当 u_I 由低向高变化时，由于两管均处于饱和状态，输出电压将由高电平急剧变为低电平。

④ 当 $5V<u_I<8V$ 时，$5V<u_{GSN}<8V$，VT_N 导通，而且 VT_N 处于可变电阻区，$-5V<u_{GSP}<-2V$，VT_P 导通，而且 VT_P 处于饱和区，随着 u_I 逐渐增大，u_O 逐渐接近于 0。

⑤ 当 $8V<u_I<10V$ 时，$8V<u_{GSN}<10V$，VT_N 导通，而且在可变电阻区，VT_N 的内阻很小，$U_{GS(th)P}=-2V<u_{GSP}<0$，$VT_P$ 截止，$u_O≈0$。

对于门电路来说，输出电压从一个电平翻转到另一个电平的瞬间，所对应的输入电压值称为阈值电压 U_{TH}，也称门槛电压。CMOS 反相器的阈值电压为 $\frac{1}{2}U_{DD}$。

（2）输入端噪声容限。在保证输出高、低电平基本不变的条件下，输入电平的允许波动范围叫作输入端噪声容限。

① 低电平噪声容限，是指在反相器截止并要保证输出的高电平信号不低于高电平下限值时，在输入的低电平信号的基础上可叠加的正向最大干扰电压，用 U_{NL} 表示。

② 高电平噪声容限，是指当反相器导通时，在保证输出的低电平信号不高于低电平上限值的条件下，在输入的高电平信号的基础上可叠加的负向最大干扰电压，用 U_{NH} 表示。

噪声容限越大，说明可叠加的干扰电压值越大，抗干扰能力就越强。

（3）扇出系数 N_O，是指门电路在不影响输出端输出的高、低电平信号的情况下可带同类型门电路的个数，它反映了门电路的最大带负载能力。

2. 其他类型的 CMOS 门电路

1）其他逻辑功能的 CMOS 门电路

在 CMOS 门电路的系列产品中，除反相器外，常用的产品还有或非门、与非门、或门、与门、与或非门、异或门等。

（1）CMOS 与非。

图 1-34 为一个二输入端的 CMOS 与非门电路。图 1-34 中 PMOS 管 VT$_3$ 和 VT$_4$ 是并联的，NMOS 管 VT$_1$ 和 VT$_2$ 是串联的。A、B 为输入变量，Y 为输出变量。

当两个输入变量中有一个为低电平信号或两个同时为低电平信号时，VT$_1$ 与 VT$_2$ 中至少有一个是截止的，而 VT$_3$ 和 VT$_4$ 中至少有一个是导通的，所以输出变量是高电平信号。只有当两个输入变量全为高电平信号时，串联的 VT$_1$ 和 VT$_2$ 同时导通，而 VT$_3$、VT$_4$ 同时截止，输出变量才为低电平。所以，电路的输出变量 Y 和输入变量 A、B 是与非逻辑关系。

$$Y=\overline{AB}$$

（2）CMOS 或非门。

图 1-35 是一个二输入端的 CMOS 或非门电路。图 1-35 中 PMOS 管 VT$_3$、VT$_4$ 是串联的，而 NMOS 管 VT$_1$、VT$_2$ 是并联的。A、B 为输入变量，Y 为输出变量。

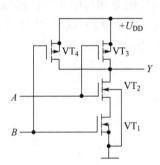

图 1-34　二输入端的 CMOS 与非门

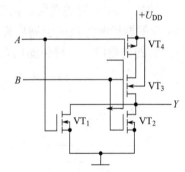

图 1-35　二输入端的 CMOS 或非门

当两个输入变量中有一个变量为高电平信号或两个变量同时为高电平信号时，VT$_1$、VT$_2$ 中至少有一个是导通的，而串联的 VT$_3$、VT$_4$ 中至少有一个是截止的，因此，输出变量为低电平信号；只有当两个输入变量同时为低电平信号时，并联的 VT$_1$、VT$_2$ 同时截止，而 VT$_3$、VT$_4$ 全部导通，输出变量才为高电平。所以，电路的输出变量 Y 和输入变量 A、B 是或非逻辑关系，其逻辑表达式为

$$Y=\overline{A+B}$$

2）带缓冲级 CMOS 门电路

由上可知，两种 CMOS 门（与非门和或非门）电路虽然结构很简单，但也存在严重的不足。首先，它们的输出电阻受输入端状态的影响。其次，输出的高、低电平受输入端数目的影响。输入端数目越多，电路串联的 NMOS 管数目也越多，输出的低电平也越高；而当输入信号全部为低电平时，输入端数目越多，电路并联的 PMOS 管的数目越多，输出的高电平也越高。

为了克服这些缺点，目前生产的 CC4000 系列和 CC74HC 系列 CMOS 电路中均采用带缓冲级的结构，就是在门电路的每个输入端、输出端各增设一级反相器。增加的这些具有标准参数的反相器称为缓冲器。需要注意的是，当输入端、输出端连接缓冲器以后，CMOS 门电路的逻辑功能也发生了变化。图 1-36 为带缓冲级的 CMOS 或非门电路。

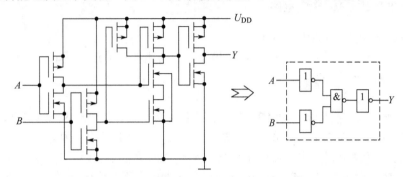

图 1-36　带缓冲级的 CMOS 或非门电路

3）CMOS 传输门和双向模拟开关

（1）CMOS 传输门。

图 1-37 为 CMOS 传输门的电路和逻辑符号。CMOS 传输门是一种传输信号的可控开关电路，其中，一个 PMOS 管的漏极、源极和一个 NMOS 管的漏极、源极分别并联构成传输门的输入端和输出端。两个 MOS 管的栅极分别由反相的信号控制，控制端 C 接 NMOS 管的栅极，$\overline{C}$ 端接 PMOS 管的栅极。由于 MOS 管具有比较低的导通电阻和很高的截止电阻，而且 MOS 管的漏极和源极关于栅极完全对称，所以利用 MOS 管的这些基本特性可以做出接近理想开关的传输门，这种传输门在数字电路中被广泛应用。

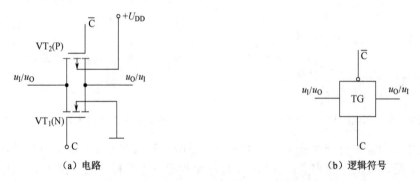

（a）电路　　　　　　　　　　　　　　（b）逻辑符号

图 1-37　CMOS 传输门的电路和逻辑符号

设电源电压 $U_{DD}=10V$，控制信号的 C 端和 $\overline{C}$ 端的高、低电平分别为 10V 和 0V，$U_{GS(th)N}=|U_{GS(th)P}|=3V$。

当控制端 C 加低电平信号、$\overline{C}$ 加高电平信号，而且输入信号的变化范围不超出 $0\sim U_{DD}$ 时，VT_1 和 VT_2 都截止，输入端和输出端之间呈高阻态，相当于开关断开的情况，输入信号不能被传输到输出端，传输门截止。

当控制端 C 加高电平信号、$\overline{C}$ 加低电平信号时，若 $0<u_I<3V$，VT_2 截止，VT_1 导通，导通电阻很低，u_O 能紧跟 u_I 变化，信号能从输入端顺利地被传送到输出端；若 $3V<u_I<7V$，VT_2 和 VT_1 同时导通，总的并联电阻基本保持低电阻不变，u_I 仍能顺利地传送到输出端；若 $7V<u_I<10V$，VT_1 截止，VT_2 导通，u_I 照样能顺利地被传送到输出端。因此，在 C 端加高

电平信号、$\overline{C}$ 端加低电平信号时，在 u_{I} 为 0～10V 的情况下，传输门呈低阻导通状态，传输门导通。

（2）CMOS 模拟开关。

若将 CMOS 传输门和一个反相器组合起来，则可得到 CMOS 模拟开关，如图 1-38 所示。此时，只需一个控制信号就可以控制模拟开关的开关状态。

（a）电路　　　　　　　　　　　　　（b）逻辑符号

图 1-38　CMOS 模拟开关

4）漏极开路的 CMOS 门（OD 门）

在实际应用中，有时需要将几个逻辑门的输出端并联进行线与（当各门的输出均为高电平时，并联输出端为高电平；而当任意一个门为低电平时，并联输出端为低电平）。但是，普通门电路的输出级绝大部分采用互补的工作方式。例如，CMOS 反相器的输出端是不允许直接相连的，因为当一个门的输出信号为低电平，而其他门的输出信号为高电平时，在输出端并联后必将有一个很大的电流流过导通门的场效应管，这个电流的大小远远超过正常的工作电流的大小，从而造成门电路的损坏。解决该问题的方法是将输出级上半部分的 PMOS 管 T_{P} 去掉，使电路变成漏极开路的门电路（OD 门）。图 1-39（a）为 OD 与非门 40107（双 2 输入与非缓冲/驱动器）的逻辑图，它的输出级是一个漏极开路的 NMOS 管，当输出端的低电平信号 $U_{\mathrm{OL}}<0.5\mathrm{V}$ 时，输出级能吸收的最大负载电流可达 50mA。在输入级与输出级分别采用不同的电源电压 U_{DD1} 和 U_{DD2} 的条件下，该电路还可以对输入信号进行高、低电平转换。图 1-39（b）为 OD 与非门的逻辑符号。

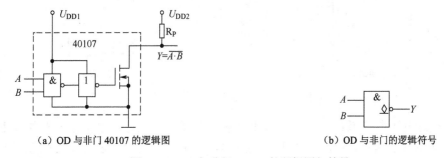

（a）OD 与非门 40107 的逻辑图　　　　　　　　（b）OD 与非门的逻辑符号

图 1-39　OD 与非门 40107 的逻辑图与符号

这种门电路在工作时需要外接上拉电阻 R_{P} 和电源。只要选择的电阻的阻值和电源电压的数值得当，就能够做到既保证输出的高、低电平符合要求，又保证输出端的负载电流不过大。

5）三态输出 CMOS 门电路

三态输出 CMOS 门电路是指逻辑门的输出除了有正常的高、低电平状态，还有第三种状态——高阻状态（或称禁止状态）的门电路，简称 TSL 门（或三态门）。三态门是在普通门电路的基础上增加了控制电路的门电路。

如图 1-40（a）所示的三态门是通过在 CMOS 反相器上增加一对 PMOS 管和 NMOS 管得到的。当控制端的变量 $\overline{EN}$ =1 时，附加管 VT_1' 和 VT_2' 同时截止，输出端呈高阻态；而当 $\overline{EN}$ =0 时，附加管 VT_1' 和 VT_2' 同时导通，反相器正常工作，输出变量 $Y=\overline{A}$。这种 CMOS 三态门的逻辑符号如图 1-40（b）所示，该三态门的输入使能控制端为低电平有效。

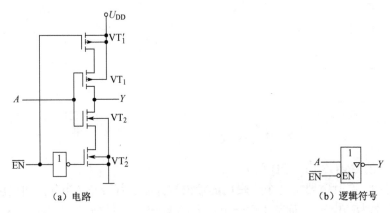

（a）电路　　　　　　　　　　　（b）逻辑符号

图 1-40　CMOS 三态门之一

如图 1-41（a）所示的三态门是在 CMOS 反相器的基础上增加一个 MOS 管和一个与非门形成的。当 EN=0 时，VT_2' 截止，由于这时与非门的输出信号为高电平，VT_1 也截止，所以输出端状态为高阻态；而当 EN=1 时，VT_2' 导通，门电路正常工作，输出变量 $Y=A$，其逻辑符号如图 1-41（b）所示，该三态门的输入使能控制端为高电平有效。

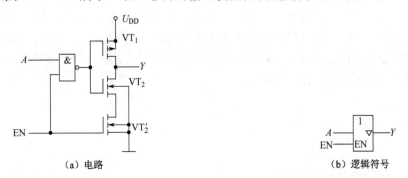

（a）电路　　　　　　　　　　　（b）逻辑符号

图 1-41　CMOS 三态门之二

在计算机或其他数字系统中，为了减少连线的数量，人们往往希望在一根导线上实现分时传送多路不同的信息，这时可采用三态输出门。另外，三态门还可以实现数据的双向传输。

3. CMOS 系列数字集成电路简介

CMOS 系列集成电路主要有 CC4000 系列和 CC54/74HC 系列，CC4000 系列为普通 CMOS；HC 系列为高速 CMOS，CC54HC 系列为军用产品，CC74HC 系列为民用产品。CC4000 系列由于具有功耗低、噪声容限大等特点，已得到广泛应用，但由于其工作速度较慢，使用受到一定的限制；CC54/74HC 系列具有较高的工作速度和驱动能力。

1.3.4 TTL 集成逻辑门

1. TTL 与非门

1）电路结构

图 1-42 为 TTL 与非门电路，因为这种类型的电路的输入端和输出端均为晶体管结构，所以称为晶体管-晶体管逻辑门电路，简称 TTL 门电路。如图 1-42 所示的电路由三部分组成：输入级、中间倒相级和输出级。

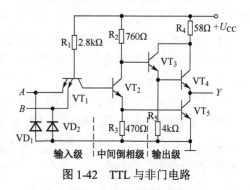

图 1-42 TTL 与非门电路

（1）输入级由 R_1、VT_1、VD_1 和 VD_2 组成，R_1 为基极电阻；VT_1 为多发射极晶体管，在功能上相当于两个晶体管；正极接地的二极管 VD_1 和 VD_2 对输入端负电压有钳位作用。当输入端因干扰而产生的负电压太大时，二极管导通，使输入端电压钳位在-0.7V，由此避免 VT_1 由于流过的电流太大而损坏，即接入二极管保护了输入管 VT_1。而当输入信号为正时，二极管截止，不起作用。

（2）中间倒相级由 VT_2、R_2 和 R_3 组成，它的作用是将输入级送来的信号分成两路输出，一路是 VT_2 的集电极，另一路是 VT_2 的发射极。集电极输出的信号与基极输入的信号反相，而发射极输出的信号则与基极输入的信号同相。

（3）输出级由 VT_3、VT_4、VT_5、R_4 和 R_5 组成。复合管 VT_3、VT_4 和 VT_5 分别由互相反相的 VT_2 的集电极电压和发射极电压来控制，因此复合管 VT_3、VT_4 与 VT_5 的工作状态必然相反，即当 VT_3、VT_4 饱和导通时，VT_5 截止；当 VT_3、VT_4 截止时，VT_5 饱和导通。当 VT_3、VT_4 截止时，输出端和电源之间可看作开路，电路的功耗减少，而当 VT_3、VT_4 导通，VT_5 截止时，输出电流全流向负载，带负载能力提高。人们通常把这种形式的电路称为推拉式输出电路或图腾柱输出电路。

2）工作原理

设 $U_{CC}=5V$，输入信号的高、低电平分别为 $U_{IH}=3.4V$，$U_{IL}=0.3V$。

（1）当两个输入端的信号中有低电平信号（$AB=0$）时，VT_1 对应的发射极必然导通，则 VT_1 的基极电位被钳位在 $U_{B1}=U_{IL}+U_{BE1}=0.3+0.7=1V$，$VT_2$、$VT_5$ 截止。而 VT_1 集电极电流仅是 VT_2 的集电结反向漏电流，其数值非常小，所以 VT_1 处于深度饱和导通状态，$U_{CES1}\approx0$。由于 VT_2 截止，U_{C2} 约为 5V，所以 VT_3、VT_4 导通，这时输出电压为

$$u_O=U_{C2}-U_{BE3}-U_{BE4}=5V-0.7V-0.7V=3.6V=U_{OH}$$

（2）当两个输入端同时为高电平时，假设 VT_1 发射极导通，则 VT_1 的基极电位将为 $U_{IH}+U_{BE1}=3.4V+0.7V=4.1V$，这一电压足以使 VT_1 的集电结正偏，使 VT_2、VT_5 导通。实际上 VT_1 的基极电位钳位在 2.1V，不可能是 4.1V，这时 VT_1 处于倒置工作状态。与此同时，因为 VT_2 导通，所以 U_{C2} 下降为 $U_{BE5}+U_{CES2}=0.7V+0.3V\approx1V$，这一电压不足以使 VT_3、VT_4 的发射结导通，所以 VT_3、VT_4 截止，则输出电压为

$$u_O=U_{CES5}=0.3V=U_{OL}$$

因此，此电路的输出变量与输入变量之间的逻辑关系是与非逻辑关系，即

$$Y=\overline{AB}$$

2. 其他类型的 TTL 门电路

在数字系统中，为了便于实现各种不同的逻辑函数，在 TTL 门电路的定型产品中，除了与非门，还有或非门、与门、或门、与或非门、异或门和反相器等几种常见的类型。尽管它们的功能不同，但输入端、输出端的电路结构均与 TTL 与非门基本相同，所以前面介绍的各种特性和参数对这些门电路同样适用，这里不再赘述。TTL 门电路的逻辑符号与 CMOS 门电路的逻辑符号完全相同。

与 CMOS 门电路中的 OD 门相对应，TTL 门电路中也有集电极开路门电路（简称 OC 门），这种电路也能够实现将输出端线与、转换输出电平及驱动负载电流较大的显示器件等功能。除了 OC 门，TTL 门电路中还有三态输出门，也能输出三种状态，它们的逻辑符号与 CMOS 门电路中的相应符号相同。

3. TTL 系列数字集成电路简介

国产 TTL 数字集成电路分为 54 系列和 74 系列，这两个系列具有完全相同的电路结构和电气性能参数，它们的不同之处在于 54 系列的工作温度为-55～125℃，该系列产品为军用品，而 74 系列的工作温度为 0～70℃，该系统产品为民用品。54 系列和 74 系列的几个子系列用 H、S、LS、AS 等符号表示，H 表示高速系列，S 表示肖特基系列，LS 表示低功耗肖特基系列，AS 表示先进的肖特基系列，它们的主要区别在于开关速度和平均功耗这两个参数。没有这些符号的系列为标准系列。

 技能性实训

实训 1　TTL 集成逻辑门的逻辑功能与参数测试

1. 实训目的

掌握 TTL 集成与非门的逻辑功能和主要参数的测试方法。

2. 实训器材

+5V 直流电源 1 台；数字万用表 1 个；集成门电路芯片 74LS20 1 片；10kΩ 电位器 1 个；1kΩ 电阻 1 个；发光二极管（LED）1 个；面包板 1 块；导线若干。

3. 逻辑状态的测试方法

在数字电路中，测试逻辑状态的方法有很多种，常用的方法有数字万用表（电压表）检测、逻辑笔测试、显示器件显示等。

1）数字万用表检测

使用仪表检测的优点是能检测到待测点电位的具体数值。当检测电位高于或等于标准

高电位时，待测点的逻辑状态为逻辑"1"高电平；当检测电位低于或等于标准低电位时，待测点的逻辑状态为逻辑"0"低电平。

2）逻辑笔测试

在用逻辑笔检测待测点电位时，可通过观察逻辑笔的指示灯亮和灭的情况来确定逻辑状态。当逻辑笔的红灯亮时，待测点的逻辑状态为逻辑"1"高电平；当逻辑笔的绿灯亮时，待测点为逻辑"0"低电平。

3）显示器件显示

使用显示器件显示待测点的逻辑状态的效果较直观，一般可使用 LED 来显示逻辑状态。

4．实训内容

本实训采用双 4 输入与非门 74LS20，即一个集成电路含有两个独立的与非门，每个与非门有四个输入端，其引脚排列如图 1-43 所示。在面包板上合适的位置插好 74LS20 集成电路。

1）与非门的逻辑功能测试

按图 1-44 接线，与非门的四个输入端接逻辑电平开关的输出端，以提供"0"与"1"的电平信号，与非门的输出端接由 LED 组成的逻辑电平显示器的显示端。观察 LED，LED 亮表示输出端的状态为逻辑"1"高电平，LED 不亮表示输出端的状态为逻辑"0"低电平。按表 1-14 的真值表逐个测试集成电路中两个与非门的逻辑功能，并将测量结果填入表 1-14 中。

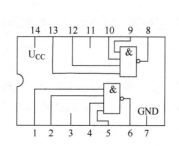

图 1-43　74LS20 的逻辑符号及引脚排列

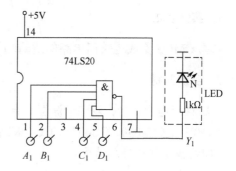

图 1-44　与非门逻辑功能测试电路

表 1-14　真值表

输 入 变 量				输 出 变 量	
A_n	B_n	C_n	D_n	Y_1	Y_2
1	1	1	1		
0	1	1	1		
1	0	1	1		
1	1	0	1		

2）与非门主要参数的测试

利用电压传输特性可得到描述门电路性能的部分参数，如输出端的高电平 U_{OH}、输出端的低电平 U_{OL}、阈值电压 U_{TH}、关门电平 U_{off}（当输出电平为额定高电平的 90% 时，对应的

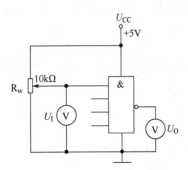

输入电平为关门电平)、开门电平 U_{on}（当输出电平为额定低电平时，允许的最小输入高电平值为开门电平）等。传输特性测试电路如图 1-45 所示。

按图 1-45 接线，调节电位器 R_w，使 U_I 从 0 向高电平变化，逐点测量 U_I 和 U_O 的对应值，并将其记入表 1-15。

图 1-45　传输特性测试电路

表 1-15　74LS20 参数 U_O 测量结果

U_I/V	0	0.2	0.4	0.6	0.8	1.0	1.5	2.0	2.5	3.0	3.5	4.0
U_O/V												

5. 实训报告

（1）记录、整理实训结果，并对结果进行分析。

（2）画出实测的电压传输特性曲线，并从中读出各有关参数值。

实训 2　CMOS 集成逻辑门的逻辑功能与参数测试

1. 实训目的

掌握 CMOS 集成逻辑门电路的逻辑功能和器件的使用规则，以及主要参数的测试方法。

2. 实训器材

+5V 直流电源 1 台；双踪示波器 1 台；连续脉冲源 1 个；数字万用表 1 个；集成门电路芯片 CC4011、CC4030、CC4071、CC4082 各 1 片；100kΩ 电位器 1 个；1kΩ 电阻 1 个；LED 1 个；面包板 1 块；导线若干。

3. 实训内容

本实训所用主要门电路芯片包括 CC4011（四 2 输入与非门）、CC4071（四 2 输入或门）、CC4082（双 4 输入与门）、CC4030（四 2 输入异或门），其引脚排列如图 1-46 所示。

1）门电路逻辑功能测试

验证 CC4011（四 2 输入与非门）、CC4071（四 2 输入或门）、CC4082（双 4 输入与门）及 CC4030（四 2 输入异或门）的逻辑功能，并将测量结果填入自制表格中。

2）与非门主要参数的测试

测试 CC4011 的一个门的传输特性（一个输入端作为信号输入端，另一个输入端处于逻辑高电平状态），测试电路如图 1-47 所示。

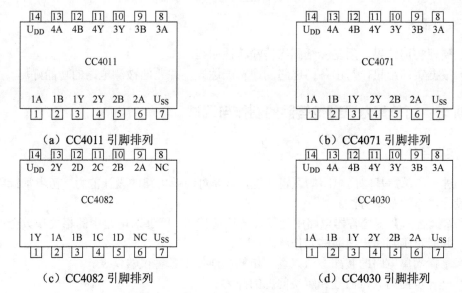

（a）CC4011 引脚排列　　　　　　（b）CC4071 引脚排列

（c）CC4082 引脚排列　　　　　　（d）CC4030 引脚排列

图 1-46　各种 CMOS 门电路的引脚排列

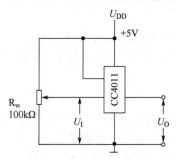

图 1-47　传输特性测试电路

按如图 1-47 所示电路接线，调节电位器 R_w，使 U_I 从 0 向高电平变化，逐点测量 U_I 和 U_O 的对应值，记入表 1-16。

表 1-16　CC4011 参数 U_O 测量结果

U_I/V	0	0.2	0.4	0.6	0.8	1.0	1.5	2.0	2.5	3.0	3.5	4.0
U_o/V												

3）观察与非门、与门、或门对脉冲的控制作用

选用与非门进行测试，并按如图 1-48（a）和图 1-48（b）所示电路接线，将一个输入端接连续脉冲源（频率为 20kHz），用示波器观察两种电路的输出波形，并将其记录下来。

（a）　　　　　　　　　　　　（b）

图 1-48　与非门对脉冲的控制电路

4．实训报告

（1）整理实训结果，用坐标纸画出传输特性曲线。

（2）根据实训结果，写出各门电路的逻辑表达式，并判断被测电路的功能好坏。

实训 3　简单智力竞赛抢答器的制作与调试

1．实训目的

（1）进一步掌握基本门电路的逻辑功能，培养对简单电路的设计能力，初步掌握用基本门电路设计电路的基本方法。

（2）掌握智力竞赛抢答器电路中元器件的连接特点，能够对电路中的相关参数合理地进行测试，并能正确判断出电路的工作状态。

（3）掌握简单电路的装配方法，进一步熟练地使用各种仪器仪表。

（4）进一步提高分析问题和解决问题的能力。

2．实训器材

+5V 直流电源 1 台；数字万用表 1 个；集成门电路芯片 74LS20 2 片；CC4011（或 CC4069）1 片；0.5kΩ 电阻 8 个；LED 3 个；单刀双掷开关 4 个；面包板 1 块；导线若干。

3．实训内容及要求

用门电路组成一个简单的智力竞赛抢答器，并对其进行安装与调试。设有 A、B、C 三人参加抢答，裁判为 D 一人，每人控制一个单刀双掷开关。裁判 D 在允许抢答时给出抢答指令，若 A、B、C 中有一个人先给出答题信号（A、B、C、D 的有效电平为高电平），则代表该答题者的光显示器件发光，其余两人再要求答题无效，他们对应的光显示器件不亮。

若用与非门来实现上述功能，则智力竞赛抢答器的逻辑电路如图 1-49（a）所示，图示电路为 A 先抢答的情况。图 1-49（b）是用 LED 显示抢答者的电路。

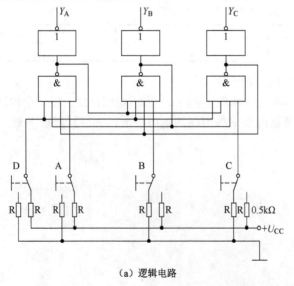

（a）逻辑电路

（b）光显示电路

图 1-49　简单智力竞赛抢答器

4．电路安装与调试

（1）将检测合格的元器件按如图 1-49 所示电路连接并安装在面板上，也可以将其焊接在万能电路板上。

（2）在插接集成电路芯片时，应先校准两排引脚，使之与底板上的插孔对应，然后轻轻用力将电路芯片插上，在确定引脚与插孔吻合后，再稍用力将其插紧，以免集成电路芯片的引脚弯曲、折断或接触不良。

（3）导线应粗细适当，一般选取直径为 0.6～0.8mm 的单股导线，通过使用不同色线来区分导线的不同用途，如电源线用红色、接地线用黑色。

（4）应有次序地进行布线，随意乱接导线容易造成漏接或错接，较好的布线方法是：首先接好固定电平点，如电源线、地线、门电路闲置输入端等；其次，按信号源的顺序从输入到输出依次布线。

（5）在连线时应避免导线过长，避免导线从集成元器件的上方跨越，避免导线多次重叠交错，以利于布线、更换元器件及检查和排除故障。

（6）电路的线路布置应整齐、美观、牢固。水平导线应尽量紧贴底板，竖直方向的导线可沿边框四角敷设，导线转弯时的弯曲半径不能过小。

（7）在安装过程中应细心，防止导线绝缘层被损伤，不能让线头、螺钉、垫圈等异物落入安装电路中，以免造成短路或漏电。

（8）在完成电路安装后，应仔细检查电路连接，确认电路连接无误后再接通电源。

（9）接通电源后，若将 D 控制的开关接低电平，则 3 个 LED 不亮；若将 D 控制的开关接高电平，此时如果 A 控制的开关先接高电平，则 A 对应的 LED 发光，B、C 控制的开关再接高电平，B、C 对应的 LED 不亮；反过来，B 或 C 控制的开关先接高电平时，B 或 C 对应的 LED 会发光，其他选手控制的开关再接高电平将不起作用。如果 LED 没有按以上情况发光，那么说明电路存在故障。

5．考评内容及评分标准

简单智力竞赛抢答器的制作与调试的考评内容及评分标准如表 1-17 所示。

表 1-17　简单智力竞赛抢答器的制作与调试的考评内容及评分标准

步骤	考评内容	评分标准	标准分	扣分及原因	得分
1	画出电路图，并分析其工作原理	（1）各元器件符号正确； （2）各元器件连接正确； （3）原理分析准确 （错一处扣 5 分，扣完为止；教师辅导、学生自查）	20		
2	根据相关参数，对元器件质量进行判别	元器件质量和分类判断正确 （错一处扣 5 分，扣完为止；学生自查、教师检查）	20		
3	根据电路图搭接电路，利用直观法或使用数字万用表分析电路的连接是否正确	（1）电路的连接符合工艺标准； （2）布局规范，走线美观； （3）无断路（脱焊）、短路等错误 （错一处扣 5 分，扣完为止；同学互查、老师检查）	20		

续表

步骤	考 评 内 容	评 分 标 准	标 准 分	扣分及原因	得 分
4	确认电路连接无误后，进行通电测试	（1）操作过程正确； （2）电路工作状态正常 （错一处扣 5 分，扣完为止；教师指导、同学互查）	25		
5	注意安全、规范操作，小组分工，保证质量，完成时间为 90min	（1）小组成员有明确分工； （2）在规定时间内完成该项目； （3）各项操作规范、安全 （成员无分工扣 5 分，超时扣 10 分；教师指导、同学互查）	15		
	教师根据学生对简单智力竞赛抢答器相关的理论知识和技能知识的掌握情况进行综合评定，并指出存在的问题，给出具体改进方案		100		

知识拓展

1. 逻辑状态测试笔

使用逻辑状态测试笔可以方便、直观地检测出逻辑电路的高、低电平，在某些数字电路的调试和维修中，使用逻辑状态测试笔比使用数字万用表、示波器等仪器更加简便有效。逻辑状态测试笔电路如图 1-50 所示。

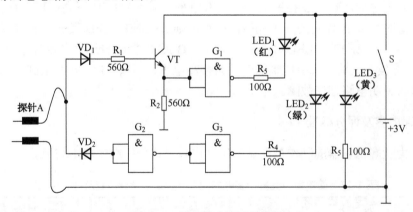

图 1-50　逻辑状态测试笔电路

当测试探针 A 测得高电平信号时，VD_1 导通，VT 的发射极输出高电平信号，经 G_1 反相后输出低电平信号，LED_1 导通且发红光。又因 VD_2 截止相当于 G_2 输入端呈高电平状态，输出低电平信号，G_3 输出高电平信号，LED_2 截止，不发光。

当测试探针 A 测得低电平信号时，VD_2 导通，G_2 输入低电平信号，输出高电平信号，G_3 输出低电平信号，LED_2 导通且发绿光。又因 VD_1 截止，所以 VT 截止，G_1 输入低电平信号，输出高电平信号，LED_1 截止，不发光。

当测试探针 A 测得周期性低速脉冲（如秒脉冲）时，LED_1、LED_2 会交替发光。LED_3 为逻辑状态测试笔电源指示灯，当开关 S 闭合时，LED_3 导通发光。在使用逻辑状态测试笔进行测试时，测试笔的负极与被测电路共地。

2. 光电控制延时节能路灯

目前众多居民小区楼内过道都安装有光电控制延时节能路灯，其电路如图 1-51 所示。它由 CC4001 型四 2 输入或非门构成。路灯 L 串联于桥式整流电源主回路中，其亮灭情况由单向晶闸管 VTH 控制。晶闸管有三个电极，为阳极 a、阴极 k 和控制栅极 g，其工作特性是：在 u_{ak} 为正向电压时，只要对 g 输入正脉冲触发信号（幅度为 1.5～2V），晶闸管就导通，这时即使触发信号消失，晶闸管仍能保持导通，只有当 u_{ak} 过零电压或为负向电压时，晶闸管才截止。通过 VD_1～VD_4 对电源电压进行桥式整流后，再利用 L、R_1、R_2 和 C_1 进行分压，可获得低电压 U_{DD}。若 VTH 不导通，则流过灯丝的电流极小，灯不亮。

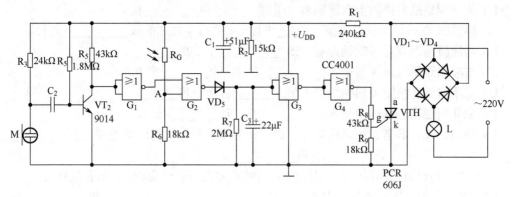

图 1-51 光电控制延时节能路灯电路

白天时，光敏电阻 R_G 的亮阻值约为几千欧，与电阻 R_6 分压后，使 A 点为高电平状态，G_2 被封，这样不管 G_2 的另一个输入端的逻辑状态为 0 还是 1（表示有或无脚步声），G_2 的输出端状态总为 0，而 C_3 电容不存在电压，故为 0 状态，所以 G_4 输出低电平信号，VTH 不导通，L 不亮。

天暗时，光敏电阻 R_G 的暗阻可达几十千欧，与 R_6 分压后，A 点为 0 状态，G_2 被打开。在无脚步声时，对于由 VT_2、R_4 和 R_5 组成的放大电路的集电极电压，在设计时可使之小于 $\frac{1}{2}U_{DD}$，则 G_1 的输出端状态为 1，G_2、G_4 的输出端状态为 0，VTH 仍不导通，L 不亮；当有脚步声时，通过利用驻极体电容 M（俗称咪头）进行声电转换可获得波动信号，波动信号经 C_2 耦合，可使 VT_2 的集电极电压大于 $\frac{1}{2}U_{DD}$，故 G_1 的输出状态为 0，而 G_2 的输入状态全为 0，输出状态为 1，其电压约为 U_{DD}，VD_5 导通，此时 C_3 电压达 U_{DD}，G_3 的输出状态为 0，G_4 的输出状态为 1，经 R_8、R_9 分压后，晶闸管栅极 g 有信号电压，则 VTH 导通，L 亮。当脚步声消失后，G_1 的输出状态为 1，G_2 的输出状态为 0，但由于 C_3 仍为高电平状态，L 仍亮，这时 VD_5 截止，C_3 通过 R_7 放电，信号的传输会延迟一段时间，当 C_3 上的电压小于 $\frac{1}{2}U_{DD}$ 时，G_3 的输出状态为 1，G_4 的输出状态为 0，VTH 在 u_{ak} 过零时截止，L 灭，其延迟时间约为 30s。

自我检测题

一、填空题

1.1 电子电路根据其处理信号不同可以分为_____电子电路和_____电子电路。

1.2 数字电路内部的晶体管（包括单、双极型）主要在_____状态下工作；模拟电路内部的晶体管主要在_____状态下工作。

1.3 十进制整数转换为十六进制数，用除_____取_____法。

1.4 8421BCD 码每 4 位以内按_____进位，4 位与 4 位之间按_____进位。

1.5 与逻辑运算规则可归纳为有 0 出_____，全 1 出_____。

1.6 与非门逻辑运算规则是有_____出 1，全_____出 0。

1.7 或逻辑运算规则可归纳为有 1 出_____，全 0 出_____。

1.8 或非门逻辑运算规则是有_____出 0，全_____出 1。

1.9 除与、或、非基本逻辑运算外，被广泛应用的复合逻辑运算主要还有_____，_____，_____，_____和_____。

1.10 当多种逻辑运算组合在一起时，若同时有与逻辑和或逻辑，其运算次序应_____。

1.11 逻辑函数的表示方法主要有_____、_____、_____和_____等。

1.12 若两个逻辑函数具有相同的_____，则认为该两个逻辑函数相等。

1.13 符合最简与或表达式的条件是_____项数最少，每个乘积项中_____最少。

1.14 n 变量卡诺图有_____个方格，每个方格对应一个_____。

1.15 具有约束项的卡诺图化简时，约束项可以看作_____，也可以看作_____。

1.16 二极管从一种状态转换到另一种状态的转换特性称为二极管的_____特性。

1.17 在三极管非门电路中，三极管主要工作在_____和_____两种工作状态下。

1.18 三极管饱和导通时的 u_{CE} 称为_____压降，小功率硅管 $U_{CES} \approx$_____V。

1.19 OC 门即集电极_____门，在使用时，必须在电源与输出端之间外接_____。OC 门的标志符号是_____。

1.20 OC 门的主要作用有实现_____功能、实现_____转换。

1.21 三态门的输出状态，除高电平、低电平外，还有第三种状态，即_____态，相当于输出端_____。三态门的标志符号是_____。

1.22 TTL 门电路空载时，输出电压与输入电压间的函数关系称为_____特性。

1.23 阈值电压也称为_____电压或_____电压，是输出电压由高电平变为低电平或由低电平变为高电平的_____。

1.24 TTL 门电路的标准工作电压为_____V，CMOS 门电路的电源电压的允许范围为_____V。

1.25 集成门电路引脚排列有一定规律，一般为双列直插式。若缺口向左，则按正视图观察，其引脚编号由小到大按_____时针排列，其中引脚编号最大的是_____，引脚编号为最大编号一半的是_____。

二、选择题

1.26　下列特点中，不属于数字电路的特点的是（　　）。

　（a）电路结构相对较简单　　　　　　（b）内部晶体管主要工作在放大状态

　（c）功耗较低　　　　　　　　　　　（d）便于集成

1.27　下列因素中，不属于数字电路采用二进制数的原因的是（　　）。

　（a）可以代表两种不同状态　　　　　（b）运算规则简单

　（c）便于书写　　　　　　　　　　　（d）便于计算机数据处理

1.28　下列代码中，不属于 BCD 码的是（　　）。

　（a）8421 码　　　（b）余 3 码　　　（c）2421 码　　　（d）ASCII 码

1.29　BCD 码是（　　）。

　（a）二进制码　　　（b）十进制码　　　（c）二—十进制码　　　（d）ASCII 码

1.30　（多选）下列逻辑函数表示方法中，具有唯一性的是（　　）。

　（a）真值表　　　（b）逻辑表达式　　　（c）逻辑电路图　　　（d）卡诺图

1.31　下列选项中不属于卡诺图特点的是（　　）。

　（a）n 变量卡诺图有 2^n 个方格

　（b）每个方格对应一个最小项

　（c）相邻两个方格所代表的最小项只有一个变量不同

　（d）每个方格按最小项的编号的顺序排列

1.32　下述有关卡诺图化简应遵循的规则的说法错误的是（　　）。

　（a）卡诺图内的 1 方格个数必须为 $2n$

　（b）每个卡诺圈中至少有一个 1 方格不属于其他卡诺圈

　（c）不能遗漏任何一个 1 方格

　（d）卡诺圈的个数应尽可能少

1.33　二极管可组成的电路（　　）。

　（a）只能是与门　　　　　　　　　　（b）只能是或门

　（c）与门和或门都不可以　　　　　　（d）与门和或门都可以

1.34　通常能实现"线与"功能的门电路是（　　）。

　（a）OC 门　　　（b）TSL 门　　　（c）TTL 与门　　　（d）74LS 与门

1.35　在 TTL 与（与非）门电路中，多余的输入端可（　　）；TTL 或（或非）门电路中，多余的输入端可（　　）。

　（a）接电源　　　　　　　　　　　　（b）与有用信号输入端并联

　（c）悬空　　　　　　　　　　　　　（d）接地

1.36　测量三态门的高阻态时，得到（　　）的结果是正确的。

　（a）直流电压表指针不动　　　　　　（b）直流电压不高不低

　（c）电阻表指针不动　　　　　　　　（d）直流电流表指针不动

1.37　CMOS 门电路的电压传输特性好体现在（　　）。

　（a）输入电阻高　　　　　　　　　　（b）$U_{TH}=U_{DD}/2$

　（c）高电平趋于 U_{DD}　　　　　　　（d）低电平趋于 0

1.38　与 TTL 门电路相比，CMOS 门电路的优点在于（　　）。

　（a）微功耗　　　（b）高速　　　（c）抗干扰能力强　　　（d）电源电压范围大

思考题与习题

1.39 将下列二进制数转换为十进制数。

(1100101)$_2$　(11001.101)$_2$　(1001.0011)$_2$

1.40 将下列十进制数转换为二进制数：

(43)$_{10}$　(126)$_{10}$　(38.75)$_{10}$　(23.67)$_{10}$

1.41 将下列二进制数分别转换为八进制数和十六进制数。

(111011001.001101)$_2$　(100101.001)$_2$　(1001110.011)$_2$

1.42 将下列十六进制数转换为二进制数。

(3A.4E)$_{16}$　(2B.C)$_{16}$　(5D.01)$_{16}$

1.43 将下列十进制数转换为8421BCD码

(39)$_{10}$　(24.17)$_{10}$　(356.49)$_{10}$

1.44 什么是逻辑函数相等；什么是与逻辑关系、或逻辑关系、非逻辑关系，你能举出一些事例吗？

1.45 列出逻辑函数 $Y=\overline{A}C+\overline{A}B\overline{C}+AC$ 的真值表。

1.46 求下列逻辑函数的反函数和对偶函数。

（1）$Y=AB+C$

（2）$Y=(A+BC)\overline{C}D$

（3）$Y=A\overline{D}+\overline{AC}+\overline{BC}D+C$

1.47 写出图 1-52 中逻辑电路的逻辑表达式。

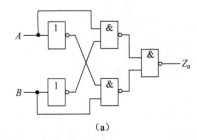 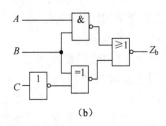

　　　　(a)　　　　　　　　　　　　　　　　　　(b)

图 1-52　题 1.47 图

1.48 利用公式法化简下列逻辑表达式。

（1）$Y=AB(BC+A)$

（2）$Y=(A\oplus B)C+ABC+\overline{A}\,\overline{B}C$

（3）$Y=\overline{\overline{ABC}}(B+\overline{C})$

（4）$Y=ABC+\overline{B}+\overline{A}\,\overline{C}+\overline{A}\,\overline{B}$

1.49 用卡诺图法将下列逻辑函数化为最简与或逻辑表达式。

（1）$Y=A\overline{B}+\overline{B}\,\overline{C}\,\overline{D}+ABD+\overline{A}\,\overline{B}C\overline{D}$

（2）$Y=A\overline{B}C+AC+\overline{A}BC+\overline{B}C\overline{D}$

（3）$Y=(\overline{A}\,\overline{B}+BD)\overline{C}+BD\overline{\overline{AC}}+\overline{D}\,\overline{\overline{A+B}}$

（4）$Y(A,B,C)=\sum m\,(0,2,4,5,6)$

（5）$Y(A,B,C,D)=\sum m\,(0,1,2,3,4,5,8,10,11,12)$

1.50 用卡诺图法将下列具有约束条件的逻辑函数化为最简与或逻辑表达式。

（1）$Y=C\overline{D}\,(A\oplus B)+\overline{A}\,B\overline{C}+\overline{A}\,\overline{C}\,D$，给定的约束条件为 $AB+CD=0$

（2）$Y(A,B,C,D)=\sum m\,(0,1,2,3,6,8)+\sum d\,(10,11,12,13,14,15)$

（3）$Y(A,B,C,D)=\sum m\,(2,4,6,7,12,15)+\sum d\,(0,1,3,8,9,11)$

1.51 试画出图 1-53（a）中各门电路的输出波形，输入变量 A、B 的波形如图 1-53（b）所示。

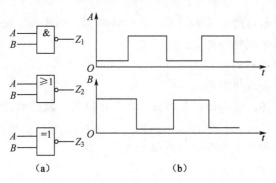

图 1-53　题 1.51 图

1.52 欲将与非门、或非门、异或门作为反相器使用，试问输入端应如何连接？

1.53 CMOS 电路有时会采用图 1-54（a）～（d）所示的扩展功能用法，试分析各图的逻辑功能，写出 $Z_a\sim Z_d$ 的逻辑表达。已知电源电压 $U_{DD}=10\text{V}$，二极管的正向导通压降为 0.7V。

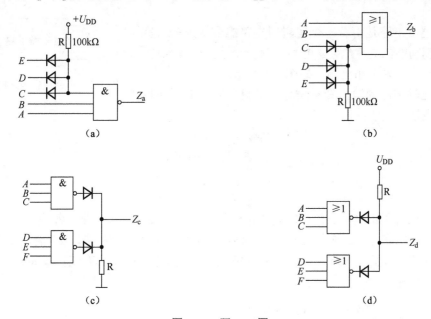

图 1-54　题 1.53 图

单元 2　组合逻辑电路的分析与应用

学习目的

要知道：组合逻辑电路的定义和特点；各种译码器、编码器、全加器、数值比较器、数据选择器、数据分配器的逻辑功能。

会分析：组合逻辑电路的功能。

会设计：简单的组合逻辑电路。

要熟悉：各种译码器、编码器、全加器、数值比较器、数据选择器、数据分配器的工作原理。

要了解：常用的各种集成组合逻辑电路的应用方法。

 学习性工作任务

任务 2.1　组合逻辑电路的分析与设计

组合逻辑电路是由若干个逻辑门电路组合构成的可完成形成逻辑功能的数字电路。它可以有一个或多个输入端，也可以有一个或多个输出端，如图 2-1 所示。

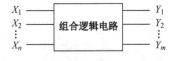

图 2-1　组合逻辑电路的一般框图

组合逻辑电路的输出变量与输入变量之间的关系可用一组逻辑表达式表示：

$$Y_1=F_1(X_1,X_2,\cdots,X_n)$$
$$Y_2=F_2(X_1,X_2,\cdots,X_n)$$
$$\vdots$$
$$Y_m=F_m(X_1,X_2,\cdots,X_n)$$

可见，组合逻辑电路在任一时刻的输出状态仅仅取决于当时电路的各输入状态的组合，而与电路的原状态无关。这是组合逻辑电路在逻辑功能上的显著特点。实现组合逻辑的电路在结构上从输出端到输入端之间不能有反馈通路，而且电路中不含有记忆单元。组合逻辑电路是无记忆电路。

2.1.1　组合逻辑电路的分析方法

分析组合逻辑电路的目的是确定已知电路的逻辑功能，或者检查电路设计是否合理。

组合逻辑电路的分析步骤如下：

（1）根据已知的逻辑图，从输入端到输出端逐级写出逻辑表达式。

（2）利用公式法或卡诺图法化简逻辑表达式。

（3）列出真值表，确定其逻辑功能。

[例 2-1]　分析图 2-2 所示的组合逻辑电路的功能。

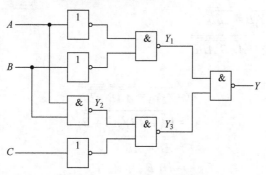

图 2-2　例 2-1 的组合逻辑电路

解：（1）写出逻辑表达式：

$$Y_1=\overline{\overline{A}\;\overline{B}}$$

$$Y_2=\overline{AB}$$

$$Y_3=\overline{\overline{AB}\;\overline{C}}$$

$$Y=\overline{\overline{\overline{AB}\;\overline{C}}\cdot\overline{\overline{A}\;\overline{B}}}$$

（2）化简：

$$Y=\overline{\overline{\overline{AB}\;\overline{C}}\cdot\overline{\overline{A}\;\overline{B}}}$$

$$=\overline{AB}\;\overline{C}+\overline{A}\;\overline{B}$$

$$=\overline{A}\;\overline{C}+\overline{B}\;\overline{C}+\overline{A}\;\overline{B}$$

（3）列真值表，如表 2-1 所示。

表 2-1　例 2-1 的真值表

A	B	C	Y
0	0	0	1
0	0	1	1
0	1	0	1
0	1	1	0
1	0	0	1
1	0	1	0
1	1	0	0
1	1	1	0

由表 2-1 可知，当输入变量 A、B、C 中 1 的个数小于 2 时，输出变量 Y 为 1，否则 Y 为 0。

[例 2-2]　分析如图 2-3 所示的组合逻辑电路的功能。

解：

（1）写出逻辑表达式：

$$Y_1 = \overline{AB}$$

$$Y_2 = \overline{A\,Y_1} = \overline{A\,\overline{AB}}$$

$$Y_3 = \overline{\overline{Y_1}\,B} = \overline{\overline{AB}\,B}$$

$$Y = \overline{Y_2 Y_3} = \overline{\overline{A\,\overline{AB}}\ \overline{\overline{AB}\,B}}$$

图 2-3　例 2-2 的组合逻辑电路

（2）化简：

$$Y = \overline{Y_2 Y_3} = \overline{\overline{A\,\overline{AB}}\ \overline{\overline{AB}\,B}}$$

$$= \overline{\overline{(\overline{A}+AB)(AB+\overline{B})}}$$

$$= \overline{\overline{A}B + AB}$$

$$= A \oplus B$$

（3）从逻辑表达式可以看出，电路具有异或功能。

2.1.2　组合逻辑电路的设计方法

设计组合逻辑电路就是根据给出的实际逻辑问题，求出能实现这一逻辑功能的最简逻辑电路。这里所说的"最简"，是指电路所用的器件数的数量、种类最少，而且器件之间的连线也最少。

设计组合逻辑电路通常可按如下步骤进行：

（1）进行逻辑抽象。

① 首先对逻辑问题进行分析，确定哪些是输入变量、哪些是输出变量，以及它们之间的相互关系。

② 定义逻辑状态的含义。对输入变量和输出变量进行逻辑赋值，即确定什么情况下变量为逻辑 1，什么情况下变量为逻辑 0。

③ 根据给定的因果关系列真值表。

（2）写出逻辑表达式。将真值表转换为对应的逻辑表达式。

（3）将逻辑表达式化简或变换成适当的形式。化简是为了获得最简单的设计结果。如果对电路所用器件的种类有附加的限制，还应将逻辑表达式变换成与器件种类相适应的形式。

（4）画逻辑电路图。根据化简或变换后的逻辑表达式，画出逻辑电路的连接图。

应当指出的是，上述这些步骤并不是固定不变的程序，在实际设计中，应该根据具体情况对其灵活应用。

[例 2-3]　试设计一个三变量多数表决组合逻辑电路（用与非门实现），即在 3 个变量 A、B、C 中，若有 2 个或 3 个变量为"同意"，则表决通过，否则表决不通过。

解：

（1）分析命题。输入变量为 A、B、C，输出变量为 Y。对逻辑变量赋值：A、B、C 为"同意"用 1 表示，A、B、C 为"不同意"用 0 表示；输出变量 $Y=1$ 表示表决通过，$Y=0$ 表示表决不通过。

（2）根据题意列出真值表，如表 2-2 所示。

表 2-2　例 2-3 的真值表

A	B	C	Y
0	0	0	0
0	0	1	0
0	1	0	0
0	1	1	1
1	0	0	0
1	0	1	1
1	1	0	1
1	1	1	1

$$Y=AB+BC+CA=\overline{\overline{AB}\,\overline{BC}\,\overline{CA}}$$

（3）根据真值表，画出三变量逻辑函数的卡诺图，如图 2-4 所示，化简后，再将其变换为与非形式。

（4）画逻辑图，如图 2-5 所示。

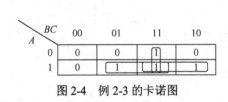

图 2-4　例 2-3 的卡诺图

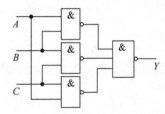

图 2-5　用与非门组成的表决电路的逻辑图

任务 2.2　常用组合逻辑电路的分析

2.2.1　编码器的分析与应用

为了区分一系列不同的事物，将其中的每个事物用一个代码表示，这就是编码的含义。在二值逻辑电路中，信号都是以高、低电平的形式给出的，因此，编码器的逻辑功能就是把输入电路的每一个高、低电平信号编成一个对应的二进制代码。目前经常使用的编码器有普通编码器和优先编码器两类。

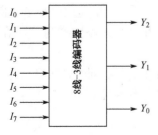

图 2-6　3 位二进制编码器的框图

1. 普通编码器

普通编码器在任何时刻只允许输入一个编码信号，否则其输出将发生混乱；在对某一个输入信号进行编码时，其他输入信号不可提出要求。计算器中的编码器就属于这一类，因此，在使用计算器时，不可同时键入两个及以上的量。二进制编码器是用 n 位二进制数表示 2^n 个信号的编码电路。现以 3 位二进制编码器为例来说明普通编码器的设计方法。

图 2-6 是 3 位二进制编码器的框图，它的输入信号是 $I_0 \sim I_7$，输出信号是 3 位二进制代码 $Y_2Y_1Y_0$。因此，它又可称为 8 线-3 线编码器。输出变量与输入变量的对应关系如表 2-3 所示。

表2-3　3位二进制编码器的真值表

输 入 变 量								输 出 变 量		
I_0	I_1	I_2	I_3	I_4	I_5	I_6	I_7	Y_2	Y_1	Y_0
1	0	0	0	0	0	0	0	0	0	0
0	1	0	0	0	0	0	0	0	0	1
0	0	1	0	0	0	0	0	0	1	0
0	0	0	1	0	0	0	0	0	1	1
0	0	0	0	1	0	0	0	1	0	0
0	0	0	0	0	1	0	0	1	0	1
0	0	0	0	0	0	1	0	1	1	0
0	0	0	0	0	0	0	1	1	1	1

　　因为任何时刻的 $I_0 \sim I_7$ 当中仅有一个取值为 1，即输入变量取值的组合仅有表 2-3 中列出的 8 种状态，所以当输入变量为其他取值时，值为 1 的那些最小项均为约束项。利用这些约束项进行化简，可得到

$$Y_2 = I_4 + I_5 + I_6 + I_7$$
$$Y_1 = I_2 + I_3 + I_6 + I_7$$
$$Y_0 = I_1 + I_3 + I_5 + I_7$$

　　根据上式可画出 3 位二进制编码器的逻辑电路图，如图 2-7 所示。

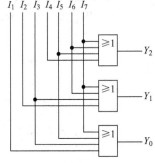

图 2-7　3 位二进制编码器的逻辑电路图

2. 优先编码器

　　在优先编码器电路中，可以同时输入两个及以上的编码信号。不过在设计优先编码器时，设计者已经将所有的输入信号按优先顺序排了队，当几个输入信号同时出现时，编码器只对其中优先权最高的一个进行编码。

　　例如，旅客列车分为特别快速旅客列车、直通旅客快车和普通速度列车 3 种，它们的优先顺序是特别快速旅客列车的优先级别最高，直通旅客快车的优先级别次之，普通速度列车的优先级别最低。显然，在同一时刻下，只能有一趟列车从车站开出，即只能给出一个开车信号。上述要求可以通过设计一个优先编码器来满足。

　　假如用 A、B、C 分别代表特别快速旅客列车、直通旅客快车、普通速度列车 3 个车次，设请求开出用 1 表示，不请求开出用 0 表示。用 Y_1、Y_2、Y_3 分别表示特别快速旅客列车、直通旅客快车、普通速度列车开出的信号，用 1 表示允许列车开出，用 0 表示不允许列车开出。根据 3 个车次的优先顺序可列出真值表，如表 2-4 所示。

　　由真值表可以看出，每次只能有一个车次收到开出信号，当几个车次同时请求开出时，总是优先级别高的车次被选中。根据真值表可写出开出信号的逻辑表达式，为

$$Y_1 = A\bar{B}\,\bar{C} + A\bar{B}C + AB\bar{C} + ABC = A$$
$$Y_2 = \bar{A}B\bar{C} + \bar{A}BC = \bar{A}B = \overline{\overline{A} + \overline{B}}$$
$$Y_3 = \bar{A}\,\bar{B}C = \overline{A + B + \bar{C}}$$

表 2-4　列车优先编码器真值表

输 入 变 量			输 出 变 量		
A	B	C	Y_1	Y_2	Y_3
0	0	0	0	0	0
0	0	1	0	0	1
0	1	0	0	1	0
0	1	1	0	1	0
1	0	0	1	0	0
1	0	1	1	0	0
1	1	0	1	0	0
1	1	1	1	0	0

上述逻辑表达式对应的列车优先编码器逻辑电路图如图 2-8 所示。由图可看出,优先编码器的工作原理很简单,即当优先级别高的车次请求开出时,优先编码器将封锁所有比该车次的优先级别低的车次的开出信号。

常用的集成优先编码器有 10 线-4 线和 8 线-3 线两种,74LS148 为 8 线-3 线优先编码器,74LS147 为 10 线-4 线优先编码器。

1) 8 线-3 线二进制优先编码器 74LS148

图 2-9 为 74LS148 的引脚排列图,表 2-5 为 74LS148 的真值表。$\overline{I}_0 \sim \overline{I}_7$ 端为输入端,$\overline{S}$ 端是使能输入端,$\overline{Y}_0 \sim \overline{Y}_2$ 端是 3 个输出端,$\overline{Y}_S$ 端和 $\overline{Y}_{EX}$ 端是用于扩展功能的输出端。

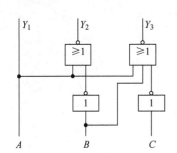

图 2-8　列车优先编码器逻辑电路图

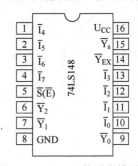

图 2-9　74LS148 的引脚排列图

在表 2-5 中,输入信号 $\overline{I}_0 \sim \overline{I}_7$ 为低电平有效,$\overline{I}_7$ 的优先级别最高,$\overline{I}_0$ 的优先级别最低。即只要输入信号 $\overline{I}_7 = 0$,不管其他输入端的信号是 0 还是 1,输出端只对信号 $\overline{I}_7$ 编码,而且对应的输出信号为反码有效,输出信号 $\overline{Y}_2 \overline{Y}_1 \overline{Y}_0 = 000$。

$\overline{S}$ 端为使能输入端,当 $\overline{S}$ 端的输入信号为 0 时,编码器工作,当 $\overline{S}$ 端的输入信号为 1 时,编码器不工作。$\overline{Y}_S$ 端为使能输出端。当 $\overline{S}$ 端的输入信号为 0 时,如果输入端 $\overline{I}_0 \sim \overline{I}_7$ 有信号输入,那么 $\overline{Y}_S$ 端的输出信号为 1;如果输入端 $\overline{I}_0 \sim \overline{I}_7$ 无信号输入,那么 $\overline{Y}_S$ 端的输出信号为 0。$\overline{Y}_{EX}$ 端为扩展输出端,当 $\overline{S}$ 端的输入信号为 0 时,只要有编码信号,$\overline{Y}_{EX}$ 端就是低电平状态。

用 74LS148 优先编码器进行多级连接可以实现扩展功能,如用两块 74LS148 优先编码器可以扩展得到一个 16 线-4 线优先编码器,如图 2-10 所示。

由图 2-10 可以看出,当高位片 74LS148(1)的输入信号 $\overline{S} = 0$ 时,可以对高位输入信号 $\overline{A}_8 \sim \overline{A}_{15}$ 编码,此时高位片的输出信号 $\overline{Y}_S = 1$,低位片 74LS148(2)的输入信号 $\overline{S} = 1$,低位片禁止编码。但若信号 $\overline{A}_8 \sim \overline{A}_{15}$ 都是高电平信号,即均无编码请求,则高位片的输出信号

$\overline{Y}_S=0$，即低位片的输入信号 $\overline{S}=0$，此时允许低位片对输入信号 $\overline{A}_0 \sim \overline{A}_7$ 编码。显然，高位片的编码优先级别高于低位片的编码优先级别。

表 2-5　74LS148 优先编码器的真值表

输 入 信 号									输 出 信 号				
$\overline{S}$	$\overline{I}_0$	$\overline{I}_1$	$\overline{I}_2$	$\overline{I}_3$	$\overline{I}_4$	$\overline{I}_5$	$\overline{I}_6$	$\overline{I}_7$	$\overline{Y}_2$	$\overline{Y}_1$	$\overline{Y}_0$	$\overline{Y}_S$	$\overline{Y}_{EX}$
1	×	×	×	×	×	×	×	×	1	1	1	1	1
0	1	1	1	1	1	1	1	1	1	1	1	0	1
0	×	×	×	×	×	×	×	0	0	0	0	1	0
0	×	×	×	×	×	×	0	1	0	0	1	1	0
0	×	×	×	×	×	0	1	1	0	1	0	1	0
0	×	×	×	×	0	1	1	1	0	1	1	1	0
0	×	×	×	0	1	1	1	1	1	0	0	1	0
0	×	×	0	1	1	1	1	1	1	0	1	1	0
0	×	0	1	1	1	1	1	1	1	1	0	1	0
0	0	1	1	1	1	1	1	1	1	1	1	1	0

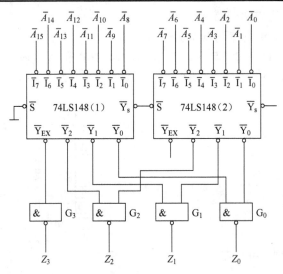

图 2-10　16 线-4 线优先编码器

2）二—十进制优先编码器 74LS147

图 2-11 为 10 线-4 线优先编码器 74LS147 的引脚排列图，该编码器又称二—十进制优先编码器。表 2-6 为 74LS147 优先编码器的真值表。74LS147 有 9 个输入端 $\overline{I}_1 \sim \overline{I}_9$，它们为低电平有效，$\overline{I}_9$ 端的优先级别最高，$\overline{I}_1$ 的优先级别最低。$\overline{Y}_0 \sim \overline{Y}_3$ 端是该编码器的 4 个输出端，也是低电平有效，即反码输出。由于当没有有效信号输入时，该编码器的输出信号为 1111，相当于 $\overline{I}_0$ 为有效的输入信号，所以信号 $\overline{I}_0$ 没有相应的引脚。

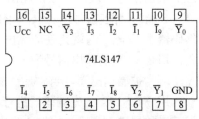

图 2-11　74LS147 的引脚排列图

表 2-6　74LS147 优先编码器的真值表

输 入 信 号									输 出 信 号			
$\bar{I_1}$	$\bar{I_2}$	$\bar{I_3}$	$\bar{I_4}$	$\bar{I_5}$	$\bar{I_6}$	$\bar{I_7}$	$\bar{I_8}$	$\bar{I_9}$	$\bar{Y_3}$	$\bar{Y_2}$	$\bar{Y_1}$	$\bar{Y_0}$
1	1	1	1	1	1	1	1	1	1	1	1	1
×	×	×	×	×	×	×	×	0	0	1	1	0
×	×	×	×	×	×	×	0	1	0	1	1	1
×	×	×	×	×	×	0	1	1	1	0	0	0
×	×	×	×	×	0	1	1	1	1	0	0	1
×	×	×	×	0	1	1	1	1	1	0	1	0
×	×	×	0	1	1	1	1	1	1	0	1	1
×	×	0	1	1	1	1	1	1	1	1	0	0
×	0	1	1	1	1	1	1	1	1	1	0	1
0	1	1	1	1	1	1	1	1	1	1	1	0

2.2.2　译码器的分析与应用

译码器的逻辑功能是将每个输入的二进制代码译成对应的高、低电平输出信号。因此，译码是编码的反操作。常用的译码器电路有二进制译码器、二—十进制译码器和显示译码器等。

1．二进制译码器

1）工作原理

二进制译码器的输入信号为 n 位二进制代码，其输出信号为 2^n 个与输入代码一一对应的高、低电平信号。所以这种译码器也称为 n 线-2^n 线译码器。

例如，若要设计一个 2 线-4 线译码器（2 位二进制译码器），则令其输出端为低电平有效，设二进制代码 A_1、A_0 为两个输入变量，$\bar{Y_0}$、$\bar{Y_1}$、$\bar{Y_2}$、$\bar{Y_3}$ 为四个输出变量。根据译码器功能，可列出其真值表，如表 2-7 所示。

表 2-7　2 线-4 线译码器真值表

输 入 变 量		输 出 变 量			
A_1	A_0	$\bar{Y_3}$	$\bar{Y_2}$	$\bar{Y_1}$	$\bar{Y_0}$
0	0	1	1	1	0
0	1	1	1	0	1
1	0	1	0	1	1
1	1	0	1	1	1

由真值表可得逻辑表达式

$$\bar{Y_0} = \overline{\bar{A_1}\,\bar{A_0}} = \overline{m_0}$$

$$\bar{Y_1} = \overline{\bar{A_1}A_0} = \overline{m_1}$$

$$\bar{Y_2} = \overline{A_1\bar{A_0}} = \overline{m_2}$$

$$\bar{Y_3} = \overline{A_1A_0} = \overline{m_3}$$

由此可以看出，$\bar{Y_0}\sim\bar{Y_3}$ 是 A_1、A_0 这两个变量的全部最小项的译码输出值，所以这种译码器也叫作最小项译码器。根据逻辑表达式可画出其逻辑图，如图 2-12 所示。

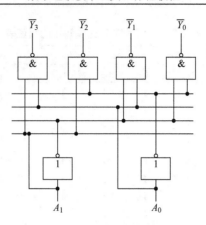

图 2-12　2 线-4 线译码器逻辑图

如果译码器采用输出端为高电平有效的规定，那么其真值表和逻辑电路都将有所不同。例如，设计一个输出高电平有效的 3 线-8 线二进制译码器，其真值表如表 2-8 所示。由真值表所得的输出逻辑表达式为

$$Y_0 = \overline{A_2}\,\overline{A_1}\,\overline{A_0} = m_0$$
$$Y_1 = \overline{A_2}\,\overline{A_1}A_0 = m_1$$
$$Y_2 = \overline{A_2}A_1\overline{A_0} = m_2$$
$$Y_3 = \overline{A_2}A_1A_0 = m_3$$
$$Y_4 = A_2\overline{A_1}\,\overline{A_0} = m_4$$
$$Y_5 = A_2\overline{A_1}A_0 = m_5$$
$$Y_6 = A_2A_1\overline{A_0} = m_6$$
$$Y_7 = A_2A_1A_0 = m_7$$

表 2-8　3 线-8 线二进制译码器真值表

输　入　变　量			输　出　变　量							
A_2	A_1	A_0	Y_7	Y_6	Y_5	Y_4	Y_3	Y_2	Y_1	Y_0
0	0	0	0	0	0	0	0	0	0	1
0	0	1	0	0	0	0	0	0	1	0
0	1	0	0	0	0	0	0	1	0	0
0	1	1	0	0	0	0	1	0	0	0
1	0	0	0	0	0	1	0	0	0	0
1	0	1	0	0	1	0	0	0	0	0
1	1	0	0	1	0	0	0	0	0	0
1	1	1	1	0	0	0	0	0	0	0

常用的集成 3 线-8 线译码器 74LS138 的真值表如表 2-9 所示。由表 2-9 可知，该译码器有 6 个输入端，除了有 3 个代码输入端，还有 3 个控制输入端 S_1、$\overline{S}_2$、$\overline{S}_3$，这 3 个输入端也称片选端，可在译码器进行扩展或级联时使用。当 S_1 端的输入信号为 1 且 $\overline{S}_2$ 端和 $\overline{S}_3$ 端的输入信号均为 0 时，译码器处于工作状态，否则译码器不工作。

表2-9 3线-8线译码器74LS138的真值表

输入信号					输出信号							
S_1	$\overline{S}_2+\overline{S}_3$	A_2	A_1	A_0	$\overline{Y}_7$	$\overline{Y}_6$	$\overline{Y}_5$	$\overline{Y}_4$	$\overline{Y}_3$	$\overline{Y}_2$	$\overline{Y}_1$	$\overline{Y}_0$
0	×	×	×	×	1	1	1	1	1	1	1	1
×	1	×	×	×	1	1	1	1	1	1	1	1
1	0	0	0	0	1	1	1	1	1	1	1	0
1	0	0	0	1	1	1	1	1	1	1	0	1
1	0	0	1	0	1	1	1	1	1	0	1	1
1	0	0	1	1	1	1	1	1	0	1	1	1
1	0	1	0	0	1	1	1	0	1	1	1	1
1	0	1	0	1	1	1	0	1	1	1	1	1
1	0	1	1	0	1	0	1	1	1	1	1	1
1	0	1	1	1	0	1	1	1	1	1	1	1

2）二进制译码器的应用

（1）译码器的功能扩展。利用译码器的使能端可以方便地扩展译码器的容量。图 2-13 为用两片 74LS138 扩展得到的 4 线-16 线译码器。当输入信号 D_3=0 时，高位片 74LS138（2）禁止，低位片 74LS138（1）工作，输出信号 $\overline{Z}_0 \sim \overline{Z}_7$ 由输入的二进制代码 $D_2D_1D_0$ 决定；当输入信号 D_3=1 时，低位片禁止，高位片工作，输出信号 $\overline{Z}_8 \sim \overline{Z}_{15}$ 由输入的二进制代码 $D_2D_1D_0$ 决定，从而实现了 4 线-16 线译码器的功能。

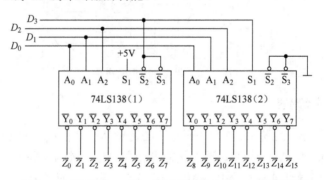

图 2-13 用两片 74LS138 扩展得到的 4 线-16 线译码器

（2）用译码器实现组合逻辑函数。在 3 线-8 线译码器 74LS138 中，当 S_1 端的输入信号为 1、$\overline{S}_2$ 端及 $\overline{S}_3$ 端的输入信号为 0 时，若将 A_2、A_1、A_0 作为 3 个输入逻辑变量，则 8 个输出端 $\overline{Y}_0 \sim \overline{Y}_7$ 的输出变量组合是 3 个输入变量的全部最小项 $\overline{m}_0 \sim \overline{m}_7$，利用附加门电路将这些最小项适当地组合起来，便可得到任何形式的三变量组合逻辑函数。

同理可扩展到 n 变量，由于 n 位二进制译码器的输出信号组合给出了 n 变量的全部最小项，所以将 n 变量二进制译码器和或门（当译码器输出为高电平有效时）或者与非门（当译码器输出为低电平有效时）组合，就可以获得任何形式的输入变量数不大于 n 的组合逻辑函数。

[例 2-4] 试用 3 线-8 线译码器 74LS138 实现下列多输出组合逻辑函数。

$$Z_1=A\overline{C}+\overline{A}BC+A\overline{B}C$$
$$Z_2=BC+\overline{A}\,\overline{B}C$$
$$Z_3=\overline{A}B+A\overline{B}C$$
$$Z_4=\overline{A}B\overline{C}+\overline{B}\,\overline{C}+ABC$$

解： 首先将给定逻辑表达式变换成最小项之和的形式，得到

$$Z_1=AB\overline{C}+A\overline{B}\ \overline{C}+\overline{A}BC+\overline{A}\overline{B}C=m_3+m_4+m_5+m_6$$

$$Z_2=ABC+\overline{A}BC+\overline{A}\ \overline{B}C=m_1+m_3+m_7$$

$$Z_3=\overline{A}BC+\overline{A}B\overline{C}+A\overline{B}C=m_2+m_3+m_5$$

$$Z_4=\overline{A}B\overline{C}+A\overline{B}\ \overline{C}+\overline{A}\ \overline{B}\ \overline{C}+ABC=m_0+m_2+m_4+m_7$$

令 74LS138 的输入端 A_2 的输入变量为 A，输入端 A_1 的输入变量为 B，输入端 A_0 的输入变量为 C，它的各输出变量就是各输入变量最小项的反函数形式，因此，逻辑表达式可变换为

$$Z_1=\overline{\overline{m_3}\cdot\overline{m_4}\cdot\overline{m_5}\cdot\overline{m_6}}=\overline{\overline{Y_3}\cdot\overline{Y_4}\cdot\overline{Y_5}\cdot\overline{Y_6}}$$

$$Z_2=\overline{\overline{m_1}\cdot\overline{m_3}\cdot\overline{m_7}}=\overline{\overline{Y_1}\cdot\overline{Y_3}\cdot\overline{Y_7}}$$

$$Z_3=\overline{\overline{m_2}\cdot\overline{m_3}\cdot\overline{m_5}}=\overline{\overline{Y_2}\cdot\overline{Y_3}\cdot\overline{Y_5}}$$

$$Z_4=\overline{\overline{m_0}\cdot\overline{m_2}\cdot\overline{m_4}\cdot\overline{m_7}}=\overline{\overline{Y_0}\cdot\overline{Y_2}\cdot\overline{Y_4}\cdot\overline{Y_7}}$$

这样在 74LS138 之后接与非门就可以实现逻辑函数了，具体接法如图 2-14 所示。

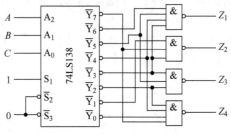

图 2-14　例 2-4 的逻辑电路

2．二—十进制译码器

二—十进制译码器（也称 BCD 码译码器）的逻辑功能是将输入的 10 个 BCD 码译成 10 个高、低电平输出信号。二—十进制译码器的设计方法与二进制译码器的设计方法相同，只不过二—十进制译码器有 4 个输入端、10 个输出端，输入代码"0～9"有对应的输出，输入代码"10～15"为伪码，没有与之对应的输出。当输入代码为伪码时，10 个输出端均输出非有效电平。74LS42 是一种典型的二—十进制译码器，图 2-15 为 74LS42 的引脚图，表 2-10 为 74LS42 的真值表。

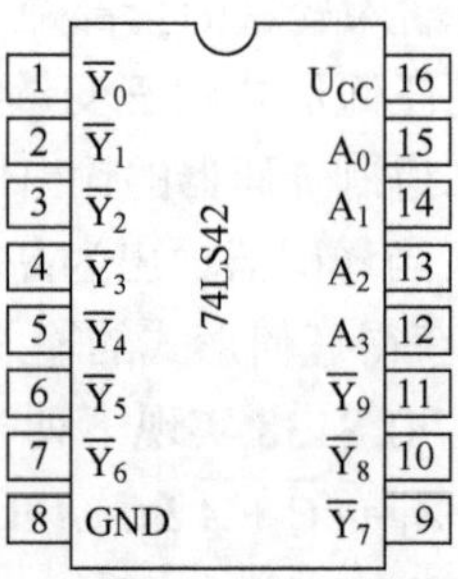

图 2-15　74LS42 的引脚图

表 2-10　74LS42 的真值表

十进制数	输入信号				输出信号									
	A_3	A_2	A_1	A_0	$\overline{Y}_0$	$\overline{Y}_1$	$\overline{Y}_2$	$\overline{Y}_3$	$\overline{Y}_4$	$\overline{Y}_5$	$\overline{Y}_6$	$\overline{Y}_7$	$\overline{Y}_8$	$\overline{Y}_9$
0	0	0	0	0	0	1	1	1	1	1	1	1	1	1
1	0	0	0	1	1	0	1	1	1	1	1	1	1	1
2	0	0	1	0	1	1	0	1	1	1	1	1	1	1
3	0	0	1	1	1	1	1	0	1	1	1	1	1	1
4	0	1	0	0	1	1	1	1	0	1	1	1	1	1
5	0	1	0	1	1	1	1	1	1	0	1	1	1	1
6	0	1	1	0	1	1	1	1	1	1	0	1	1	1
7	0	1	1	1	1	1	1	1	1	1	1	0	1	1
8	1	0	0	0	1	1	1	1	1	1	1	1	0	1
9	1	0	0	1	1	1	1	1	1	1	1	1	1	0
伪	1	0	1	0	1	1	1	1	1	1	1	1	1	1
	1	0	1	1	1	1	1	1	1	1	1	1	1	1
	1	1	0	0	1	1	1	1	1	1	1	1	1	1
	1	1	0	1	1	1	1	1	1	1	1	1	1	1
码	1	1	1	0	1	1	1	1	1	1	1	1	1	1
	1	1	1	1	1	1	1	1	1	1	1	1	1	1

3．显示译码器

数字测量仪表和各种数字系统常常需要将数字、字母、符号等直观地显示出来。这些元器件一方面供人们直接读取测量和运算结果，另一方面用于监视数字系统的工作情况。能够显示数字、字母、符号的元器件称为数字显示电路。数字显示电路是许多数字设备不可缺少的组成部分，它通常由译码器、驱动器和显示器等部分组成。

1）七段字符显示器

为了直观地显示十进制数码，目前七段字符显示器被广泛采用，该字符显示器也称七段数码管。这种字符显示器是由七段可发光的线段拼合而成的，它以十进制数码直观地表示出数字系统的运行数据，如图 2-16 所示。

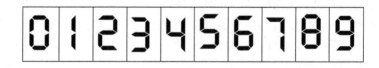

（a）分段布置图　　　　　　　　　　　　　（b）发光段组合图

图 2-16　七段字符显示器

常见的七段字符显示器有半导体数码管、液晶显示器、荧光显示器及气体放电管显示器等，其中半导体数码管的应用最广泛。半导体数码管的每段都是一个 LED，因此，它也叫作 LED 数码管或 LED 七段显示器，如图 2-17 所示。为了使数码管能将数码表示的数显示出来，必须利用译码器将数码译出，然后利用驱动器点亮对应的发光段。

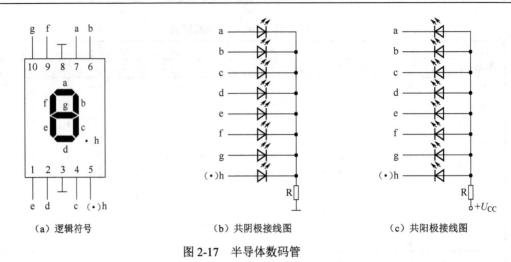

（a）逻辑符号　　　　　　　　（b）共阴极接线图　　　　　　　（c）共阳极接线图

图 2-17　半导体数码管

半导体数码管的主要优点是工作电压低、体积小、寿命长、响应时间短、可靠性高、亮度较高。其发光颜色由于所用材料的不同，有红色、绿色、黄色等多种颜色；其缺点是工作电流比较大。

2）七段显示译码器74LS48

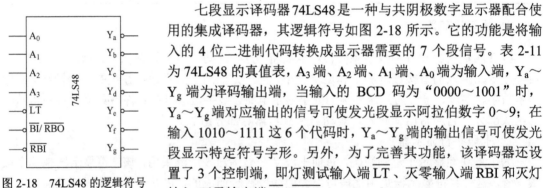

图 2-18　74LS48 的逻辑符号

七段显示译码器74LS48是一种与共阴极数字显示器配合使用的集成译码器，其逻辑符号如图 2-18 所示。它的功能是将输入的 4 位二进制代码转换成显示器需要的 7 个段信号。表 2-11 为 74LS48 的真值表，A_3端、A_2端、A_1端、A_0端为输入端，$Y_a \sim Y_g$ 端为译码输出端，当输入的 BCD 码为 "0000～1001" 时，$Y_a \sim Y_g$ 端对应输出的信号可使发光段显示阿拉伯数字0～9；在输入 1010～1111 这 6 个代码时，$Y_a \sim Y_g$ 端的输出信号可使发光段显示特定符号字形。另外，为了完善其功能，该译码器还设置了 3 个控制端，即灯测试输入端$\overline{LT}$、灭零输入端$\overline{RBI}$ 和灭灯输入/灭零输出端$\overline{BI} / \overline{RBO}$ 。

（1）灯测试输入端$\overline{LT}$ 。当$\overline{BI}$端的输入信号为 1、$\overline{LT}$ 端的输入信号为 0 时，无论其他输入端的状态如何，输出端 $Y_a \sim Y_g$ 的信号均为高电平，数码管 7 段全亮，由此可以检测显示器的 7 个发光段的好坏，所以$\overline{LT}$ 端称为灯测试输入端。

（2）灭零输入端$\overline{RBI}$ 。当$\overline{LT}$端的输入信号为 1，$\overline{RBI}$ 端的输入信号为 0 且输入信号 $A_3A_2A_1A_0=0000$ 时，显示器不显示 "0"，即 $Y_a \sim Y_g$ 端全部输出低电平信号。若输入端输入其他数码，则显示器正常显示。只有当$\overline{RBI}$ 端的输入信号为 1 时，输出端才输出 "0" 的 7 段显示码，所以$\overline{RBI}$ 端称为灭零输入端。

（3）灭灯输入/灭零输出端$\overline{BI} / \overline{RBO}$ 。这是一个双功能的输入/输出端。当该端口作为输入端被使用时，它为灭灯输入控制端$\overline{BI}$ 。只要$\overline{BI}$ 端的灭灯控制信号为 0，无论其他输入端的信号为何值，输出端 $Y_a \sim Y_g$ 均输出低电平信号，显示器不显示字形；当该端口作为输出端被使用时，它为灭零输出端$\overline{RBO}$ 。当$\overline{LT}$ 端的信号为 1、$\overline{RBI}$ 称的信号为 0、输入信号 $A_3A_2A_1A_0=0000$ 时，在字形 "0" 不被显示（熄灭）的同时，输出端$\overline{RBO}$ 的信号为 0，则说明该译码器处于灭零状态。将$\overline{RBO}$ 和$\overline{RBI}$ 配合使用，可以实现显示器在显示多位数时的 "无效 0 消隐" 功能。图 2-19 给出了有灭零控制功能的 8 位数码显示系统图。

表 2-11　74LS48 的真值表

输入信号						输入/输出信号	输出信号						
$\overline{LT}$	$\overline{RBI}$	A_3	A_2	A_1	A_0	$\overline{BI}/\overline{RBO}$	Y_a	Y_b	Y_c	Y_d	Y_e	Y_f	Y_g
1	1	0	0	0	0	1	1	1	1	1	1	1	0
1	×	0	0	0	1	1	0	1	1	0	0	0	0
1	×	0	0	1	0	1	1	1	0	1	1	0	1
1	×	0	0	1	1	1	1	1	1	1	0	0	1
1	×	0	1	0	0	1	0	1	1	0	0	1	1
1	×	0	1	0	1	1	1	0	1	1	0	1	1
1	×	0	1	1	0	1	0	0	1	1	1	1	1
1	×	0	1	1	1	1	1	1	1	0	0	0	0
1	×	1	0	0	0	1	1	1	1	1	1	1	1
1	×	1	0	0	1	1	1	1	1	0	0	1	1
1	×	1	0	1	0	1	0	0	0	1	1	0	1
1	×	1	0	1	1	1	0	0	1	1	1	0	0
1	×	1	1	0	0	1	0	1	0	0	0	1	1
1	×	1	1	0	1	1	1	0	0	1	0	1	1
1	×	1	1	1	0	1	0	0	0	1	1	1	1
1	×	1	1	1	1	1	0	0	0	0	0	0	0
×	×	×	×	×	×	0	0	0	0	0	0	0	0
1	0	0	0	0	0	0	0	0	0	0	0	0	0
0	×	×	×	×	×	1	1	1	1	1	1	1	1

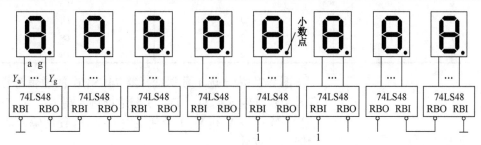

图 2-19　有灭零控制功能的 8 位数码显示系统图

2.2.3　数据选择器的分析与应用

数据选择器就是根据地址控制信号,从多路输入数据中选择其中的某一路数据来输出。它的基本功能相当于一个单刀多掷开关,如图 2-20 所示。数据选择器通过开关的转换,选择输入信号中的一个信号,将其传送到输出端。常用的数据选择器的类型有 4 选 1、8 选 1 和 16 选 1 等。

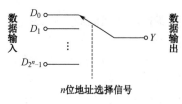

图 2-20　数据选择器示意图

1. 数据选择器的工作原理

图 2-21 为 4 选 1 数据选择器的逻辑图和逻辑符号,表 2-12 为其真值表。其中,A_1、A_0 为控制数据准确传送的地址输入信号,$D_0 \sim D_3$ 为供选择的电路并行输入信号,$\overline{G}$ 为选通端或使能端的信号,该信号为低电平有效。

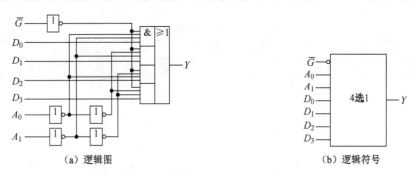

（a）逻辑图　　　　　　　　　（b）逻辑符号

图 2-21　4 选 1 数据选择器的逻辑图和逻辑符号

当 $\overline{G}$ =1 时，数据选择器不工作，禁止数据输入；当 $\overline{G}$ =0 时，数据选择器正常工作，允许数据输入。

根据如图 2-21（a）所示的逻辑图可写出 4 选 1 数据选择器的输出逻辑表达式

$$Y=(\overline{A_1}\,\overline{A_0}\,D_0+\overline{A_1}\,A_0\,D_1+A_1\overline{A_0}\,D_2+A_1A_0D_3)G$$

表 2-12　4 选 1 数据选择器的真值表

地址输入信号		使能控制信号	输出信号
A_1	A_0	$\overline{G}$	Y
×	×	1	0
0	0	0	D_0
0	1	0	D_1
1	0	0	D_2
1	1	0	D_3

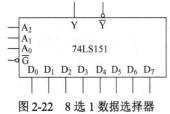

图 2-22　8 选 1 数据选择器
74LS151 的逻辑符号

图 2-22 为 8 选 1 数据选择器 74LS151 的逻辑符号。它有 8 个数据输入端 $D_0 \sim D_7$，3 个地址输入端 A_2、A_1、A_0，2 个互补输出端 Y 和 $\overline{Y}$，1 个使能输入端 $\overline{G}$，使能输入信号 $\overline{G}$ 为低电平有效。

2. 数据选择器的应用

（1）数据选择器的功能扩展。数据选择器作为一种集成元器件，其规模最大的类型是 16 选 1 数据选择器。若要得到更大规模的数据选择器，则可以采用通道扩展的方法。

用两片 74LS151 和 3 个门电路组成的 16 选 1 数据选择器的逻辑图如图 2-23 所示。16 选 1 数据选择器的地址输入端有 4 位，最高位信号 A_3 的输入可以通过将两片 8 选 1 数据选择器的使能端通过非门相接来实现，低 3 位的地址输入端由两片 74LS151 的地址输入端相连而成。当 A_3=0 时，由图 2-23 可知，低位片 74LS151（1）工作，它根据地址控制信号 $A_3A_2A_1A_0$ 在数据 $D_0 \sim D_7$ 中选择输出信号进行输出；当 A_3=1 时，高位片 74LS151（2）工作，它根据 $A_3A_2A_1A_0$ 在 $D_8 \sim D_{15}$ 中选择输出信号进行输出。

（2）实现组合逻辑函数。由数据选择器的输出逻辑表达式可知，该式与逻辑函数的最小项表达式基本一致，只是它多了一个因子 D_i。如果令 D_i=1，那么与之对应的最小项 m_i 将包含在 Y 的逻辑表达式中；如果令 D_i=0，那么与之对应的最小项 m_i 将不包含在 Y 的逻辑表达式中，所以对于一个组合函数，可以根据它的最小项表达式借助数据选择器来实现它。

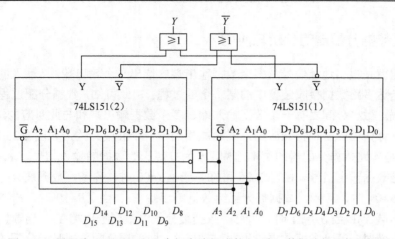

图 2-23　用两片 74LS151 和 3 个门电路组成的 16 选 1 数据选择器的逻辑图

[例 2-5]　试用数据选择器实现逻辑函数 $L=AB+BC+AC$。

解：（1）首先将函数变换为最小项表达式

$$L=AB+BC+AC$$
$$=ABC+AB\overline{C}+\overline{A}BC+A\overline{B}C$$
$$=m_3+m_5+m_6+m_7$$

（2）由于 L 为三变量函数，所以选择 8 选 1 数据选择器来实现该函数。

（3）对地址输入端的信号、数据输入端的信号赋值，使 A_2 端的信号为 A，A_1 端的信号为 B，A_0 端的信号为 C，D_3 端、D_5 端、D_6 端、D_7 端的信号为 1，D_0 端、D_1 端、D_2 端、D_4 端的信号为 0。

画出逻辑图，如图 2-24（a）所示。

本例中的逻辑函数 $L=AB+BC+AC$ 也可以用 4 选 1 数据选择器来实现。如果将信号 A、B 输入地址输入端，并使 A_1 端的信号为 A，A_0 端的信号为 B，则

$$L=AB+BC+AC$$
$$=AB+ABC+\overline{A}BC+ABC+A\overline{B}C$$
$$=AB+\overline{A}BC+A\overline{B}C$$
$$=AB\cdot 1+\overline{A}B\cdot C+A\overline{B}\cdot C$$

令 D_3 端的信号为 1，D_0 端的信号为 0，D_1 端、D_2 端的信号为 C，其逻辑图如图 2-24（b）所示。

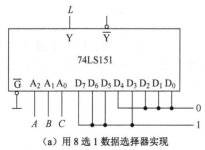

（a）用 8 选 1 数据选择器实现

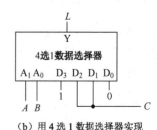

（b）用 4 选 1 数据选择器实现

图 2-24　例 2-5 的逻辑图

2.2.4 数据分配器的分析与应用

数据分配就是根据地址信号从多个数据输出端中选出一个输出端,把输入的一位数据 D 由此输出端送达多路数据接收装置中的某一个的过程。由此可知,数据分配过程是数据选择过程的逆过程。数据分配器有一个数据输入端、多个数据输出端和与此对应的地址信号端。数据分配器是译码器的一种特殊应用,其功能相当于一个波段开关,如图 2-25 所示。

图 2-26 是 4 路数据分配器的逻辑结构,S 为被传送的数据的输入信号,A、B 是地址信号,$Y_0 \sim Y_3$ 是数据输出信号。由图 2-26 可知,当 AB=00 时,$Y_0=S$,数据被分配给数据输出端 Y_0;当 AB=01 时,$Y_1=S$,数据被分配给数据输出端 Y_1;当 AB=10 时,$Y_2=S$,数据被分配给数据输出端 Y_2;当 AB=11 时,$Y_3=S$,数据被分配给数据输出端 Y_3。当数据被分配给某一路数据输出端时,其余各路数据输出端均输出 0,即数据分配采用唯一分配的方式。

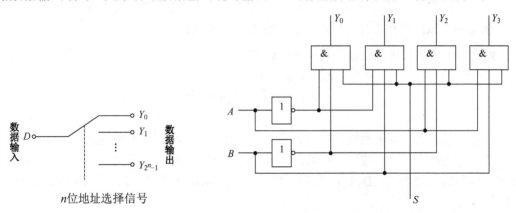

图 2-25　数据分配器示意图　　　　　图 2-26　4 路数据分配器的逻辑结构

根据分配器的原理可知,具有使能端的二进制译码器可以实现数据分配的功能。例如,令 74LS138 译码器的使能端 $\overline{S_2}$、$\overline{S_3}$ 的输入信号为 0,将输入数据 D 从 S_1 端输入,并将 A_2 端、A_1 端、A_0 端作为地址端,使输出端 $\overline{Y_0} \sim \overline{Y_7}$ 的状态不变,就可以得到一个 8 路数据分配器。

数据分配器在计算机中的应用十分广泛,数据传送的最终地址及传送的方式都可以通过数据分配器来选择。另外,由数据分配器和数据选择器构成的数据传送系统可实现多路数字信号的分时传送,从而减少传送线数。

2.2.5 加法器的分析与应用

计算机等数字系统经常需要进行加、减、乘、除运算,其中加法运算是最基本的运算,其他各种运算都可以通过加法运算来实现。加法器根据所实现的逻辑功能的不同,可分为半加器和全加器。

1．半加器

如果不考虑来自低位的进位,那么两个 1 位二进制数相加的运算叫作半加运算。实现半加运算的电路叫作半加器。

根据二进制加法运算规则可以列出半加器的真值表，如表 2-13 所示。其中，A 和 B 分别为被加数和加数，S 为相加的和，C 为向相邻高位的进位。

表 2-13　半加器的真值表

输 入 变 量		输 出 变 量	
A	B	S	C
0	0	0	0
0	1	1	0
1	0	1	0
1	1	0	1

由真值表可直接写出输出逻辑表达式

$$S=\overline{A}B+A\overline{B}=A \oplus B$$

$$C=AB$$

用一个异或门和一个与门组成的半加器的逻辑图如图 2-27（a）所示，图 2-27（b）为半加器的逻辑符号。

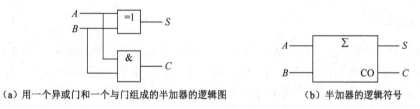

　（a）用一个异或门和一个与门组成的半加器的逻辑图　　　　　　（b）半加器的逻辑符号

图 2-27　半加器

2．全加器

不仅考虑两个 1 位二进制数 A_i 和 B_i 相加，而且考虑来自相邻低位的进位数 C_{i-1} 的运算称为全加运算。实现全加运算的电路叫作全加器。

根据二进制加法运算规则可列出 1 位全加器的真值表，如表 2-14 所示。其中，A_i 和 B_i 分别为被加数和加数，C_{i-1} 为相邻低位的进位，S_i 为本位的和，C_i 为向相邻高位的进位。

表 2-14　1 位全加器的真值表

输 入 变 量			输 出 变 量	
A_i	B_i	C_{i-1}	S_i	C_i
0	0	0	0	0
0	0	1	1	0
0	1	0	1	0
0	1	1	0	1
1	0	0	1	0
1	0	1	0	1
1	1	0	0	1
1	1	1	1	1

由真值表写出逻辑表达式

$$S_i = \overline{A_i}\,\overline{B_i}\,C_{i-1} + \overline{A_i}\,B_i\,\overline{C_{i-1}} + A_i\,\overline{B_i}\,\overline{C_{i-1}} + A_i B_i C_{i-1}$$
$$= \overline{A_i \oplus B_i}\,C_{i-1} + (A_i \oplus B_i)\,\overline{C_{i-1}}$$
$$= A_i \oplus B_i \oplus C_{i-1}$$
$$C_i = \overline{A_i}\,B_i C_{i-1} + A_i\,\overline{B_i}\,C_{i-1} + A_i B_i\,\overline{C_{i-1}} + A_i B_i C_{i-1}$$
$$= (A_i \oplus B_i)C_{i-1} + A_i B_i$$

全加器的逻辑图和逻辑符号如图 2-28 所示。

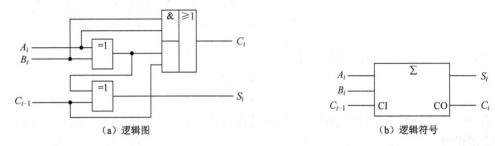

(a) 逻辑图　　　　　　　　　　　　　(b) 逻辑符号

图 2-28　全加器的逻辑图和逻辑符号

3. 多位数加法器

半加器和全加器只能实现 1 位二进制数相加，而实际情况中更多的是多位二进制数相加，这就要用到多位数加法器。能够实现多位二进制数加法运算的电路称为多位数加法器。根据相加的方式的不同，可将其分为串行进位加法器和超前进位加法器。

1) 串行进位加法器

当两个多位数相加时，它们的每一位都是带进位相加的，因而该运算必须使用全加器。只要依次将低位全加器的进位输出端接到高位全加器的进位输入端，就可以得到多位数加法器了。

图 2-29 是根据上述原理接成的 4 位串行进位加法器。因为多位数中的每一位相加都需要一个全加器，所以 4 位串行进位加法器共需要 4 个全加器，其中每一位的本位进位输出端都要接到相邻高位的进位输入端。也就是说，每一位的相加结果都必须在低一位的进位产生以后才能建立起来，因此，这种结构的电路叫作串行进位加法器。

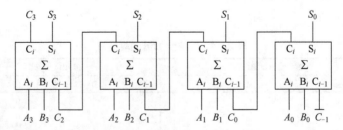

图 2-29　4 位串行进位加法器

串行进位加法器的优点是电路比较简单，缺点是运算速度比较慢。例如，4 位数相加的加法运算需要经过 4 个全加器的传输延迟时间，位数越多，传输延迟时间越长。但由于其电路结构比较简单，所以在对运算速度要求不高的设备中，这种加法器仍不失为一种可取的电路。

2）超前进位加法器

为了克服串行时位加法器的运算速度慢的缺点，超前进位加法器被设计出来。其主要设计思想是设法将高位的进位输入信号 C_i 经判断后直接给出，由表 2-14 可知，当 $A_i \oplus B_i = 1$ 且 $C_{i-1} = 1$ 或 $A_i B_i = 1$ 时，会有进位输出信号产生，即

$$C_i = A_i B_i + (A_i \oplus B_i) C_{i-1}$$

图 2-30 为 4 位二进制超前进位加法器 74LS283 的逻辑符号。与串行进位加法器相比，超前进位加法器的运算时间较短，但其电路更加复杂。一片 74LS283 只能完成 4 位二进制数的加法运算，若将多片 74LS283 进行级联，则可以增加加法运算的位数。

3）加法器的应用

加法器除了能够实现二进制数的算术运算，在有些场合中还可用于实现组合逻辑函数。如果要实现的逻辑函数能化成输入变量与输入变量或者输入变量与常量在数值上相加的形式，那么这时用加法器实现这个组合逻辑函数比用门电路实现要简单得多。

[例 2-6]　设计一个代码转换电路，将 8421BCD 码转换为余 3 码。

解：根据余 3 码的编码规律，对应于同一个十进制数的余 3 码 $Y_3 Y_2 Y_1 Y_0$ 总比 8421BCD 码 $DCBA$ 多 0011（十进制的 3），故有

$$Y_3 Y_2 Y_1 Y_0 = DCBA + 0011$$

因此，用一片 4 位加法器 74LS283 便可实现题目要求的代码转换电路，如图 2-31 所示。

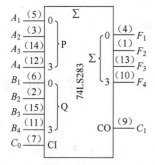

图 2-30　4 位二进制超前进位加法器
74LS283 的逻辑符号

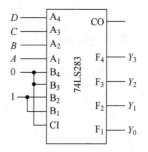

图 2-31　例 2-6 的代码转换电路

2.2.6　数值比较器的分析与应用

数字系统经常需要对两个数字量进行比较，例如，一个数控恒温系统被要求恒温于某一温度 B，若实际温度 A 低于 B，则该系统须继续升温；当 $A = B$ 时，系统须维持原有温度；若实际温度 A 高于 B，则系统停止加热，即切断电源。这里需要先将温度转换成数字信号，然后对其进行比较，再根据比较结果控制执行系统，确定是接通电源还是切断电源。这种用来比较两个数字的逻辑电路称为数值比较器。

1．1 位数值比较器

设计比较两个 1 位二进制数 A 和 B 的大小的数字电路，输入变量是两个比较数 A 和 B，输出变量 $F_{A>B}$、$F_{A<B}$、$F_{A=B}$ 分别表示 $A>B$、$A<B$ 和 $A=B$ 3 种比较结果，其真值表如表 2-15 所示。

表 2-15　1 位数值比较器的真值表

输 入 变 量		输 出 变 量		
A	B	$F_{A>B}$	$F_{A<B}$	$F_{A=B}$
0	0	0	0	1
0	1	0	1	0
1	0	1	0	0
1	1	0	0	1

根据真值表写出逻辑表达式

$$F_{A>B}=A\,\overline{B}$$
$$F_{A<B}=\overline{A}\,B$$
$$F_{A=B}=AB+\overline{A}\,\overline{B}=\overline{A\overline{B}+\overline{A}B}$$

根据逻辑表达式画出逻辑图，如图 2-32 所示。

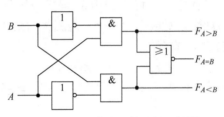

图 2-32　1 位数值比较器的逻辑图

2．多位数值比较器

在比较两个多位数的大小时，必须自高而低地逐位比较，而且只有在高位相等时，才需要比较低位。

例如，A、B 是两个 4 位二进制数 $A_3A_2A_1A_0$ 和 $B_3B_2B_1B_0$，在进行比较时应首先比较 A_3 和 B_3。如果 $A_3>B_3$，那么不管其他几位数码各为何值，都有 $A>B$。反之，若 $A_3<B_3$，则不管其他几位数码为何值，都有 $A<B$。如果 $A_3=B_3$，那么就必须通过比较下一位（A_2 和 B_2）来判断 A 和 B 的大小。依此类推，定能比出结果。

图 2-33 是 4 位数值比较器 CC14585 的逻辑图。图中的 $Y_{(A<B)}$、$Y_{(A=B)}$ 和 $Y_{(A>B)}$ 是最终的比较结果，$A_3A_2A_1A_0$ 和 $B_3B_2B_1B_0$ 是两个相比较的 4 位数的输入信号。$I_{(A<B)}$、$I_{(A=B)}$ 和 $I_{(A>B)}$ 是扩展端的信号，这几个端口可在进行片间连接时使用。由逻辑图可写出输出逻辑表达式为

$$Y_{(A<B)}=\overline{A}_3 B_3+(A_3\odot B_3)\,\overline{A}_2 B_2+(A_3\odot B_3)\,(A_2\odot B_2)\,\overline{A}_1 B_1+(A_3\odot B_3)\,(A_2\odot B_2)\,(A_1\odot B_1)\,\overline{A}_0 B_0$$
$$+(A_3\odot B_3)\,(A_2\odot B_2)\,(A_1\odot B_1)\,(A_0\odot B_0)\,I_{(A<B)}$$
$$Y_{(A=B)}=(A_3\odot B_3)\,(A_2\odot B_2)\,(A_1\odot B_1)\,(A_0\odot B_0)\,I_{(A=B)}$$
$$Y_{(A>B)}=\overline{Y_{(A<B)}+Y_{(A=B)}+\overline{I_{(A>B)}}}=\overline{Y_{(A<B)}+Y_{(A=B)}}$$

在比较两个 4 位数时，将 $I_{(A<B)}$ 对应的扩展端接低电平信号，同时将 $I_{(A=B)}$ 和 $I_{(A>B)}$ 对应的扩展端接高电平信号；在比较两个 4 位以上的二进制数时，需要将两片以上的 CC14585 组合成位数更多的数值比较电路。下面通过一个简单的例子来介绍扩展接法。

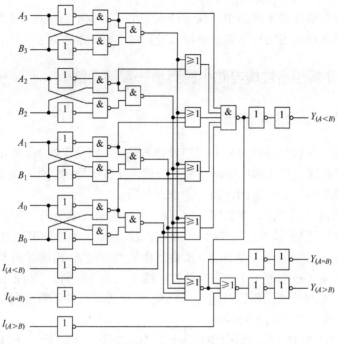

图 2-33　4 位数值比较器 CC14585 的逻辑图

[例 2-7]　试用两片 CC14585 组成一个 8 位数值比较器。

解：根据多位数比较的规则，被比较的数值的大小在高位相等时取决于低位的比较结果。而且在 CC14585 中，只有当两个输入的 4 位数相等时，输出信号才由信号 $I_{(A<B)}$ 和 $I_{(A=B)}$ 决定。因此，在将两个数的高 4 位 $C_7C_6C_5C_4$ 和 $D_7D_6D_5D_4$ 输入 CC14585（2）的输入端，并将低 4 位 $C_3C_2C_1C_0$ 和 $D_3D_2D_1D_0$ 输入 CC14585（1）的输入端时，只需把 CC14585（1）的输出端 $Y_{(A<B)}$ 和 $Y_{(A=B)}$ 接到 CC14585（2）的扩展端 $I_{(A<B)}$ 和 $I_{(A=B)}$ 就行了。

在 CC14585 中，信号 $Y_{(A>B)}$ 是利用 $Y_{(A<B)}$ 和 $Y_{(A=B)}$ 得到的，因此在扩展连接时，只需输入低位比较结果 $I_{(A<B)}$ 和 $I_{(A=B)}$。而 $I_{(A>B)}$ 并未用于产生输出信号 $Y_{(A>B)}$，它仅仅是一个控制信号。当 $I_{(A>B)}$ 为高电平信号时，电路允许信号 $Y_{(A>B)}$ 输出，而当 $I_{(A>B)}$ 为低电平信号时，信号 $Y_{(A>B)}$ 保持为低电平信号。因此，在正常工作时应使扩展端 $I_{(A>B)}$ 处于高电平状态。这样就得到了如图 2-34 所示的电路。

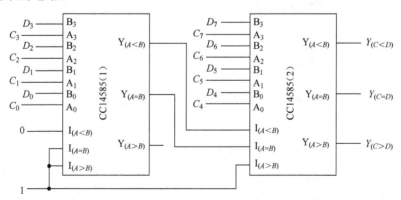

图 2-34　由两片 CC14585 组成的 8 位数值比较器

在目前生产的数值比较器产品中，部分产品采用了其他电路结构。因为电路结构不同，所以它们的扩展输入端的用法也不完全一样，使用时应注意加以区别。

任务 2.3　了解组合逻辑电路中的竞争—冒险现象

2.3.1　竞争—冒险现象的概念

上文在讲述组合逻辑电路的分析方法和设计方法时，假设了输入、输出处于稳定的逻辑状态，即假定信号在通过导线和门电路时没有延迟，并且信号的变化都是立即完成的。事实上，信号的变化都需要一定的时间，即传输延迟时间。

首先看两个最简单的例子。在如图 2-35（a）所示的与门电路中，在稳态下，无论 $A=1$、$B=0$ 还是 $A=0$、$B=1$，输出信号皆为 $Y=0$。但是当输入信号 A 从 1 跳变为 0、B 从 0 跳变为 1 时，B 首先上升到 $U_{\mathrm{IL(max)}}$ 以上，这样 A、B 将在极短的时间 Δt 内同时高于 $U_{\mathrm{IL(max)}}$，于是门电路的输出端便产生了极窄的 $Y=1$ 的尖峰脉冲（或称为电压毛刺），如图 2-35（a）所示（在画波形时考虑了门电路的传输延迟时间）。显然，这个尖峰脉冲不符合门电路在稳态下的逻辑功能，所以它是系统内部的一种噪声。

同样地，在如图 2-35（b）所示的或门电路中，在稳态下，无论 $A=0$、$B=1$ 还是 $A=1$、$B=0$，输出信号都是 $Y=1$。但如果 A 从 1 变成 0 的时刻和 B 从 0 变成 1 的时刻略有差异，而且在 A 下降到 $U_{\mathrm{IH(min)}}$ 时 B 尚未上升到 $U_{\mathrm{IH(min)}}$，那么 A、B 将在短暂的 Δt 时间内同时低于 $U_{\mathrm{IH(min)}}$，并使输出端产生极窄的 $Y=0$ 的尖峰脉冲。这个尖峰脉冲同样也是违背稳态下的逻辑关系的噪声。

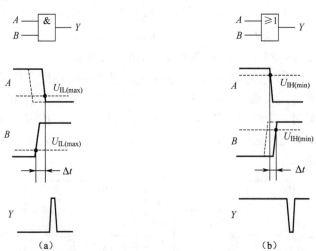

图 2-35　由于竞争现象产生的尖峰脉冲

门电路的两个输入信号同时向相反的逻辑电平跳变（一个从 1 变为 0，另一个从 0 变为 1）的现象叫作竞争现象。

应当指出的是，有竞争现象时电路中不一定都会产生尖峰脉冲。例如，在如图 2-35（a）所示的与门电路中，如果在 B 上升到 $U_{\mathrm{IL(max)}}$ 之前 A 已经降到了 $U_{\mathrm{IL(max)}}$ 以下（见图中虚线），那么输出端不会产生尖峰脉冲。同理，在如图 2-35（b）所示的或门电路中，若在 A 下降到

$U_{\text{IH(min)}}$ 之前 B 已经上升到 $U_{\text{IH(min)}}$ 以上（见图中虚线），则输出端也不会有尖峰脉冲产生。

如果图 2-35 中的与门和或门是复杂数字系统中的两个门电路，A、B 是经过不同的传输途径到达的信号，那么在设计时往往难以准确知道 A、B 到达次序的先后，以及它们在上升时间和下降时间中的细微差异。因此只能说，只要存在竞争现象，输出端就有可能出现违背稳态下逻辑关系的尖峰脉冲。

由于竞争现象的存在，电路输出端可能产生尖峰脉冲的现象叫作竞争—冒险现象。

由前面可知，若竞争现象引起冒险现象，则输出端会出现一个宽度仅为时差 Δt 的尖峰脉冲，这个尖峰脉冲给数字系统带来的危害性要视负载电路的性质而定，若负载是大惯性部件，如仪表、继电器、接触器，则尖峰脉冲的影响不太大，若负载是对窄脉冲信号十分敏感的部件，如下一单元所要讲到的触发器，则尖峰脉冲会造成错误的触发，使负载电路发生误动作。对于此情况，设计者应在设计时采取措施加以避免。

2.3.2　竞争—冒险现象的识别方法

1．代数法判断

（1）首先观察逻辑表达式中是否存在某变量的原变量和反变量，即首先判断是否存在竞争现象，因为只有存在竞争现象，才可能产生冒险。

（2）若存在竞争现象，则消去逻辑表达式中不存在竞争的变量，仅留下有竞争能力的变量。若得到 $Y=A+\overline{A}$ 或 $Y=A\overline{A}$，则说明存在冒险现象。

[例 2-8]　判断 $Y=AB+\overline{A}C$ 是否存在冒险现象。

解：首先观察表达式，A 变量存在竞争现象，为观察 A，消去变量 B、C，步骤如下。

令：$BC=00$ 时，$Y=0$；$BC=01$ 时，$Y=\overline{A}$；$BC=10$ 时，$Y=A$；$BC=11$ 时，$Y=A+\overline{A}$。

可见，在 $B=C=1$ 时，改变 A 变量的状态可使冒险现象产生。

2．用实验的方法判断

在电路输入端输入所有可能发生的状态变化的波形，观察输出端是否有尖峰脉冲。这个方法比较直观可靠。

3．使用计算机辅助分析手段判断

通过在计算机上运行数字电路的模拟程序，能够迅速查出电路是否由于竞争—冒险现象输出尖峰脉冲。目前可供选用的这类程序已有很多。

4．用卡诺图法判断

凡是在函数卡诺图中存在相切而不相交的包围圈（方格群）的逻辑函数都存在着竞争—冒险现象。

例如，在判断 $Y_{\text{a}}=AB+\overline{A}C$ 和 $Y_{\text{b}}=(A+B)(\overline{B}+C)$ 是否存在竞争—冒险现象时，通过观察它们的卡诺图可知，卡诺图中都存在着相切而不相交的方格群，如图 2-36 所示，所以两式均存在竞争—冒险现象。

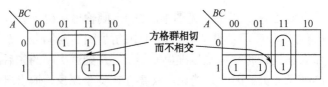

图 2-36　Y_a 和 Y_b 对应的卡诺图

2.3.3　消除竞争—冒险现象的方法

1．接入滤波电容

由于竞争—冒险现象产生的干扰尖峰脉冲一般都很窄，所以在有可能产生干扰脉冲的逻辑门的输出端与地之间并联一个几百皮法的滤波电容，就可以把干扰脉冲吸收掉。此法简单可行，但它会破坏输出波形边沿，在对输出波形要求较严格的情况下不宜采用。

2．引入选通脉冲

利用选通脉冲封锁输出冒险脉冲的逻辑门，使冒险脉冲不能输出。当冒险脉冲消失后，选通脉冲才将有关的逻辑门打开，允许其正常输出。

3．修改逻辑设计

修改逻辑设计有时是消除竞争—冒险现象较理想的办法。产生竞争—冒险现象的主要原因是某些逻辑门中存在着两个输入信号同时向相反的方向变化的情况。若修改逻辑设计，使任何时刻下的每一个逻辑门的输入端都只有一个变量改变取值，这样所得的逻辑电路就不可能因这个原因而产生竞争—冒险现象。

例如，对于例 2-8 中的逻辑函数，在 $B=C=1$ 时，改变 A 变量的状态可使竞争—冒险现象产生。若将此逻辑表达式改写成 $Y=AB+\overline{A}C+BC$，即加入冗余项 BC，那么这样得到的新逻辑函数就没有竞争—冒险现象了，这是因为当 $B=C=1$ 时，$Y=1$。

冗余项在数字电路中是可有可无的无关项，它存在与否并不影响逻辑函数的值，但利用它可化简逻辑函数、消除竞争—冒险现象，从而组成新的逻辑电路，因此它在数字电路设计中经常被采用。

逻辑电路中的竞争—冒险现象在高频工作时造成的影响较为严重，所以应认真对待该现象。对于用电位触发或工作频率较低的情况，一般不用考虑竞争—冒险现象的影响，电路可以正常工作。

 技能性实训

实训 1　多数表决器电路的设计与制作

1．实训目的

（1）掌握组合逻辑电路的设计与测试方法。

（2）能用基本门电路设计和制作简单组合逻辑电路。

（3）能完成组合逻辑电路的安装、调试与检测。

（4）进一步提高分析问题和解决问题的能力。

2．实训器材

+5V 直流电源 1 台；数字万用表 1 个；集成门电路芯片 74LS20 2 片；1kΩ 电阻 5 个；LED 1 个；单刀双掷开关 4 个；面包板 1 块；导线若干。

3．实训内容及要求

用与非门设计一个 4 人表决组合逻辑电路。设 4 人的选择情况为 A、B、C、D，同意为 1，不同意为 0；表决结果为 Z，当有 3 人或 3 人以上同意时，表决通过，通过为 1，否决为 0。因此，A、B、C、D 为输入变量，Z 为输出变量。根据题意列出的 4 人表决器的真值表如表 2-16 所示，再将结果填入卡诺图表 2-17 中。

表 2-16　4 人表决器的真值表

输入变量	A	0	0	0	0	0	0	0	0	1	1	1	1	1	1	1	1
	B	0	0	0	0	1	1	1	1	0	0	0	0	1	1	1	1
	C	0	0	1	1	0	0	1	1	0	0	1	1	0	0	1	1
	D	0	1	0	1	0	1	0	1	0	1	0	1	0	1	0	1
输入变量	Z	0	0	0	0	0	0	0	1	0	0	0	1	0	1	1	1

表 2-17　4 人表决器的卡诺图表

AB ＼ CD	00	01	11	10
00	0	0	0	0
01	0	0	1	0
11	0	1	1	1
10	0	0	1	0

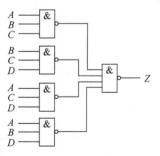

图 2-37　4 人表决器的逻辑电路

由卡诺表得出逻辑表达式，并将其化为与非—与非表达式，即

$$Z=ABC+BCD+ACD+ABD=\overline{\overline{ABC}\cdot\overline{BCD}\cdot\overline{ACD}\cdot\overline{ABD}}$$

最后画出 4 人表决器的逻辑电路，如图 2-37 所示。

4．电路安装与调试

（1）将检测合格的元器件按如图 2-37 所示的电路连接安装在面板上，也可以将其焊接在万能电路板上。

（2）在插接集成电路芯片时，应先校准两排引脚，使之与底板上插孔对应，然后轻轻用力将集成电路芯片插上，在确定引脚与插孔吻合后，再稍用力将其插紧，以免集成电路芯片的引脚弯曲、折断或接触不良。

（3）导线应粗细适当，一般选取直径为 0.6～0.8mm 的单股导线，通过使用不同色线来区分它们的不同用途，如电源线用红色，接地线用黑色。

（4）应有次序地进行布线，随意乱接导线容易造成漏接或错接，较好的布线方法是：首先，接好固定电平点，如电源线、地线、门电路闲置输入端等，其次，按信号源的顺序从输入到输出依次布线。

（5）在连线时应避免导线过长，避免导线从集成元器件的上方跨越，避免导线多次重叠交错，以利于布线、更换元器件及检查并排除故障。

（6）电路的线路布置应整齐、美观、牢固。水平导线应尽量紧贴底板，竖直方向的导线可沿边框四角敷设，导线转弯时的弯曲半径不能过小。

（7）在安装过程应细心，应防止导线绝缘层被损伤，不能让线头、螺钉、垫圈等异物落入安装电路中，以免造成短路或漏电。

（8）在完成电路安装后，应仔细检查电路连接，确认电路连接无误后再接通电源。

（9）在 A、B、C、D 对应的输入端应分别输入高电平信号和低电平信号，高电平状态可通过将输入端与电源相接来实现，低电平状态可通过接地实现。完成电路安装后，验证输出结果能否实现 4 人表决器功能。

（10）在调试过程中要做好绝缘保护，避免人体与带电部位直接接触。调试结束后，必须关断电源。

5．考评内容及评分标准

多数表决器电路的设计与制作的考评内容及评分标准如表 2-18 所示。

表 2-18　多数表决器电路的设计与制作的考评内容及评分标准

步骤	考评内容	评分标准	标准分	扣分及原因	得分
1	画出电路图，并分析其工作原理	（1）各元器件符号正确； （2）各元器件连接正确； （3）原理分析准确 （错一处扣 5 分，扣完为止；教师辅导、学生自查）	20		
2	根据相关参数，对元器件质量进行判别	元器件质量和分类判断正确 （错一处扣 5 分，扣完为止；学生自查、教师检查）	20		
3	根据电路图搭接电路，并利用直观法或使用数字万用表分析电路的连接是否正确	（1）电路的连接符合工艺标准； （2）布局规范，走线美观； （3）无断路（脱焊）、短路等错误 （错一处扣 5 分，扣完为止；同学互查、老师检查）	20		
4	确认电路连接无误后，进行通电测试	（1）操作过程正确； （2）电路工作状态正常 （错一处扣 5 分，扣完为止；教师指导、同学互查）	25		
5	注意安全、规范操作，小组分工，保证质量，完成时间为 90min	（1）小组成员有明确分工； （2）在规定时间内完成该项目； （3）各项操作规范、安全 （成员无分工扣 5 分，超时扣 10 分；教师指导、同学互查）	15		
	教师根据学生对多数表决器相关的理论知识和技能知识的掌握情况进行综合评定，并指出存在的问题，给出具体改进方案		100		

实训 2　译码器和数码显示器的逻辑功能测试

1．实训目的

（1）掌握译码器和数码显示器的逻辑功能及测试方法。

（2）掌握译码器和数码显示器的使用方法。

2．实训器材

直流稳压电源 1 台；数字万用表 1 个；集成门电路芯片 74LS138 2 片、74LS48 1 片、LC5011 1 片；1kΩ 电阻 7 个、510Ω 电阻 7 个；LED 8 个；单刀双掷开关 7 个；面包板 1 块；导线若干。

3．实训内容

1）74LS138 译码器逻辑功能测试

将译码器使能端 S_1、$\overline{S_2}$、$\overline{S_3}$ 及地址端 A_2、A_1、A_0 分别接至逻辑电平开关输出端，将 8 个输出端 $\overline{Y_7} \sim \overline{Y_0}$ 连接在逻辑电平显示器的 8 个输入端上，拨动逻辑电平开关，测试 74LS138 的逻辑功能。

2）4 线—16 线译码器逻辑功能测试

用两片 74LS138 组合成一个 4 线-16 线译码器，并对其进行逻辑功能测试，其电路如图 2-38 所示。

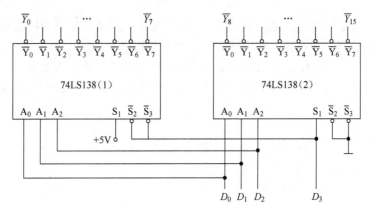

图 2-38　由两片 74LS138 组成的 4 线-16 线译码器

3）搭接显示译码器

将七段显示译码器 74LS48 和共阴极数码管 LC5011 搭接可以得到显示 0～9 共 10 个数字的译码器数字显示电路。

（1）将七段显示译码器 74LS48 和共阴极数码管 LC5011 插入面包板中，按如图 2-39 所示的显示译码实训电路搭接电路。

（2）检查显示译码器的好坏，使灭灯输入/灭零输出端 $\overline{BI}/\overline{RBO}$ 的状态为 1，灯测试输入端 $\overline{LT}$ 的状态为 0，其余为任意状态，这时数码管各段应全部被点亮，否则说明显示译码器是坏的。再使灭灯输入/灭零输出端 $\overline{BI}/\overline{RBO}$ 的状态为 0，这时如果数码管全灭，就说明显示译码器良好。

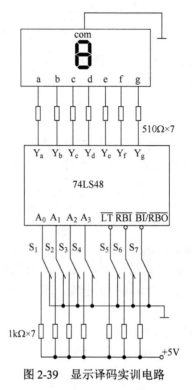

图 2-39 显示译码实训电路

（3）将 A_3～A_0 端接至拨动开关，将 $\overline{LT}$ 端、灭零输入端 $\overline{RBI}$ 分别接高电平信号，改变拨动开关的逻辑状态，在不同的输入状态下，观察数码管显示的字形，并将其记录下来。

（4）使 $\overline{LT}$ 端的信号为 1，在 $\overline{BT}/\overline{RBO}$ 端接一个发光二极管，在 $\overline{RBI}$ 端的状态为 1 和 0 的情况下，改变拨动开关的逻辑状态，使 A_3～A_0 端的输入信号为 0000，观察显示译码器的灭零功能。

4．实训报告

（1）画出实训电路，记录实训结果。
（2）对实训结果进行分析、讨论。

实训 3 数字显示器的制作

1．实训目的

（1）进一步掌握编码器、显示译码器的逻辑功能。
（2）掌握数字显示器电路中元器件的连接特点，能够对电路中的相关参数进行合理测试，并能正确判断出电路的工作状态。
（3）掌握简单电路的装配方法，进一步熟练使用各种仪器仪表。
（4）进一步提高分析问题和解决问题的能力。

2．实训器材

+5V 直流电源 1 台；数字万用表 1 个；集成门电路芯片 74LS147、74LS04、74LS48 各 1 片；共阴极数码管 LC5011 1 个；1kΩ 电阻 9 个、510Ω 电阻 7 个；单刀双掷开关 9 个；面包板 1 块；导线若干。

3．实训内容及要求

数字显示器由编码电路、反相电路和显示译码电路 3 部分组成，其参考电路图如图 2-40 所示。编码电路由 74LS147、逻辑电平开关 S_1～S_9 和限流电阻组成。反相电路采用 74LS04，其作用是将优先编码器 74LS147 输出的 8421BCD 反码转换为原码形式的 8421BCD 码。显示译码电路由七段显示译码器 74LS48、限流电阻及共阴极数码管组成，其作用是将编码器输出的 8421BCD 码以数字的形式显示出来。

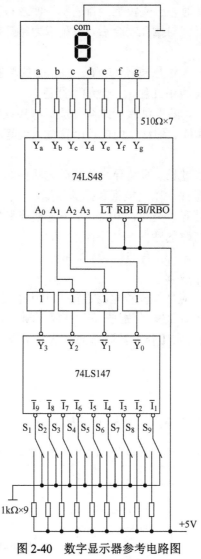

图 2-40　数字显示器参考电路图

电路安装前，需要对各个元器件进行检测。检测半导体数码管的方法较多，这里介绍一个简便易行的方法。将3V电池的负极引出线固定在半导体数码管的公共阴极上，使正极引出线依次接触笔画的正极。当这一根引线接触到某一笔画的正极时，对应的笔画就会显示出来。检测优先编码器74LS147的方法为，用逻辑电平测试优先编码器74LS147，将所有的输入端接逻辑电平开关，将输出端接 LED 显示器，按逻辑功能表对编码器输入相应的输入信号，验证其功能是否正确。集成反相器74LS04内含6个独立的非门，可选择使用其中的任意4个非门。对于该反相器而言，检测方法是，将输入端接逻辑电平开关，测试输出端的逻辑电平值是否与输入端的逻辑电平值符合反相关系。

4．电路安装与调试

（1）将检测合格的元器件按如图2-40所示电路连接安装在面板上，也可以将其焊接在万能电路板上。

（2）在插接集成电路芯片时，应先校准两排引脚，使之与底板上插孔对应，然后轻轻用力将电路芯片插上，在确定引脚与插孔吻合后，再稍用力将其插紧，以免集成电路芯片的引脚弯曲、折断或接触不良。

（3）导线应粗细适当，一般选取直径为 0.6～0.8mm 的单股导线，通过使用不同色线来区分它们的不同用途，如电源线用红色、接地线用黑色。

（4）应有次序地进行布线，随意乱接导线容易造成漏接或错接。较好的布线方法是：首先，接好固定电平点，如电源线、地线、门电路闲置输入端等；其次，按信号源的顺序从输入到输出依次布线。

（5）在连线时应避免导线过长，避免导线从集成元器件的上方跨越，避免导线多次重叠交错，以利于布线、更换元器件，以及检查和排除故障。

（6）电路的线路布置应整齐、美观、牢固。水平导线应尽量紧贴底板，竖直方向的导线可沿边框四角敷设，导线转弯时的弯曲半径不能过小。

（7）在安装过程应细心，应防止导线绝缘层被损伤，不能让线头、螺钉、垫圈等异物落入安装电路中，以免造成短路或漏电。

（8）在完成电路安装后，应仔细检查电路连接，确认电路连接无误后再接通电源。

（9）当按下逻辑开关 S_1～S_9 时，分别使 74LS147 的输入端 $\bar{I}_1$～$\bar{I}_9$ 输入低电平信号（其余为高电平信号），如果电路正常工作，数码管会依次显示数字 1～9。若数码管不能正确显示数字，则电路存在故障。

5．考评内容及评分标准

数字显示器的制作的考评内容及评分标准如表2-19所示。

表 2-19　数字显示器的制作的考评内容及评分标准

步骤	考评内容	评分标准	标准分	扣分及原因	得分
1	画出电路图,并分析其工作原理	（1）各元器件符号正确； （2）各元器件连接正确； （3）原理分析准确 （错一处扣 5 分，扣完为止；教师辅导、学生自查）	20		

续表

步骤	考评内容	评分标准	标准分	扣分及原因	得分
2	根据相关参数，对元器件质量进行判别	元器件质量和分类判断正确 （错一处扣 5 分，扣完为止；学生自查、教师检查）	20		
3	根据电路图搭接电路，并利用直观法或使用数字万用表分析电路的连接是否正确	（1）电路的连接符合工艺标准； （2）布局规范，走线美观； （3）无断路（脱焊）、短路等错误 （错一处扣 5 分，扣完为止；同学互查、老师检查）	20		
4	确认电路连接无误后，进行通电测试	（1）操作过程正确； （2）电路工作状态正常 （错一处扣 5 分，扣完为止；教师指导、同学互查）	25		
5	注意安全、规范操作，小组分工，保证质量，完成时间为 90min	（1）小组成员有明确分工； （2）在规定时间内完成该项目； （3）各项操作规范、安全 （成员无分工扣 5 分，超时扣 10 分；教师指导、同学互查）	15		
	教师根据学生对数字显示器的相关理论知识和技能知识的掌握情况进行综合评定，并指出存在的问题，给出具体改进方案		100		

 知识拓展

1．常用国标和国外逻辑电路符号对照表

常用国标和国外逻辑电路符号对照表如表 2-20 所示。

表 2-20　常用国际和国外逻辑电路符号对照表

名称	国标符号	曾用符号	国外流行符号	名称	国标符号	曾用符号	国外流行符号
与门	&			传输门	TG	TG	
或门	≥1	+		双向模拟开关	SW	SW	
非门	1			半加器	Σ CO	HA	HA
与非门	&			全加器	Σ CI CO	FA	FA
或非门	≥1	+		基本 RS 触发器	S Q R Q̄	S Q R Q̄	S Q R Q̄
与或非门	& ≥1	+		同步 RS 触发器	1S Q C1 1R Q̄	S Q CP R Q̄	S Q CK R Q̄

续表

名称	国标符号	曾用符号	国外流行符号	名称	国标符号	曾用符号	国外流行符号
异或门	=1	⊕		边沿 D 触发器 （上升沿）	S 1D C1 R Q Q̄	D CP Q Q̄	D S Q CK R D Q̄
同或门	=	⊙		边沿 JK 触发器 （下升沿）	S 1J C1 1K R Q Q̄	J CP K Q Q̄	J S Q CK K R D Q̄
集电极开路的与门	&			三态输出的非门	1 EN		

2. 路灯检测电路

某工厂厂区有 50 盏路灯，图 2-41 为该厂配电值班室的路灯检测电路逻辑图。将数据选择器的数据输入端 D_i 作为各盏灯检测信号输入端，选择器的最后一级输出端驱动显示器件，人们可通过显示器的亮、熄判断灯的好坏。

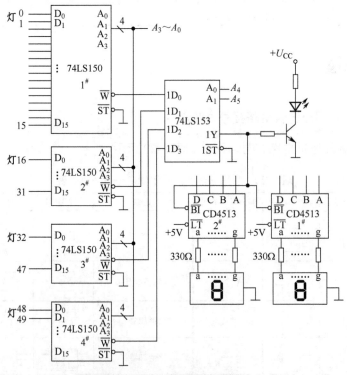

图 2-41　路灯检测电路逻辑图

在每盏灯的回路中串联一个采样电阻，并且在电阻两端并联 5V 稳压管和限流电阻，由稳压管电压向检测电路提供检测信号，当灯好时，检测信号会输出 5V 电压，当灯坏时，检测信号的输出电压为零。

因为被检测的灯有 50 盏，所以需要 5 片数据选择器，其中 4 片用于完成第一级筛选，1 片用于对第一级选择的结果进行第二级筛选。第一级筛选需要用到 4 片 16 选 1 数据选择器（可选用 74LS150），第二级筛选需要用到 1 片 4 选 1 数据选择器（可选用 74LS153）。

数据选择器地址码为 $A_5A_4A_3A_2A_1A_0$（$2^6>50$），可由五十进制的计数器输出端提供（可用二进制计数器芯片 74LS163 构成五十进制计数器），只要启动计数器，就可以巡回检测路灯的情况。为了值班人员查看方便，计数频率不宜过高，同时，计数状态要通过两位数码管显示，利用 CD4513 二—十进制译码器译码，并控制数码显示器（可用十进制计数器芯片 74LS160 构成五十进制计数器，使其提供 CD4513 显示译码器的输入 BCD 码，使数码显示器显示损坏的路灯号）。

第一级的 4 片 16 选 1 选择器的输入地址码均为 $A_3\sim A_0$；第二级 4 选 1 数据选择器的地址码为 A_5A_4。LED 用来指示损坏的路灯。若某路路灯损坏，则该路输入端 D_i 的信号为 0，与 D_i 端相接的数据选择器的输出端 $\overline{W}$ 的信号为 1，第二级数据选择器的输出端 Y 的信号为 1，LED 亮，同时电路根据第二级地址码 A_5A_4 判断 4 片 74LS150 中哪一片的输出端 $\overline{W}$ 的信号为 1 及输入信号为 0 的输入端所对应的灯号，而且 CD4513 显示译码器的灭灯输入端 $\overline{BI}$ 可使数码管显示损坏的路灯号。反之，若无灯损坏，各路输入端 D_i 的信号均为 1，则 $\overline{W}$ 端的信号为 0，Y 端的信号为 0，LED 不亮，此时 $\overline{BI}$ 端的信号为 0，数码管灭，不显示数字。

自我检测题

一、填空题

2.1 数字电路任一时刻的稳态输出只取决于该时刻输入信号的组合，而与这些输入信号作用前的电路原来的状态无关，则该数字电路称为_____逻辑电路。

2.2 给定组合逻辑电路，求出与其对应的逻辑表达式，确定其逻辑功能的过程，称为组合逻辑电路的_____。

2.3 用低电平代表逻辑 1，高电平代表逻辑 0，这种逻辑体制称为_____逻辑。

2.4 用二进制代码表示数字、符号或某种信息的过程称为_____。

2.5 将给定的代码转换为相应的输出信号或另一种形式的代码的过程称为_____。

2.6 编码器一般可分为_____编码器和_____编码器；按编码形式可分为_____编码器和_____编码器；按编码器编码输出位数可分为_____编码器、_____编码器和_____编码器。

2.7 编码器 74LS148 的输出信号 $\overline{Y_2}\ \overline{Y_1}\ \overline{Y_0}$ 为_____码形式，111 相当于_____。

2.8 半导体数码管按内部 LED 的连接方式可分为共_____型和共_____型。

2.9 对于共阳极半导体数码管，应选用输出_____电平的显示译码器。

2.10 能够从多路数据中选择一路进行传输的电路称为_____。

2.11 2^n 选 1 数据选择器有_____地址码，最多可以实现_____个变量地址组合逻辑函数。

2.12 数据选择器的类型有_____选 1、_____选 1、_____选 1 和_____选 1 等。

2.13 能够比较两组数字大小的数字电路称为＿＿＿＿＿＿＿＿。

2.14 串行加法器的优点是＿＿＿＿＿＿＿＿，缺点是＿＿＿＿＿＿＿＿。

2.15 门电路输入端的两个互补输入信号同时向＿＿＿＿＿＿＿的现象称为竞争现象。

2.16 若逻辑函数的卡诺图中有相邻的卡诺圈＿＿＿＿＿＿＿＿，则该逻辑函数存在竞争现象。

2.17 门电路由于竞争现象产生错误输出（尖峰脉冲）的现象称为＿＿＿＿＿＿。

2.18 为了消除组合逻辑电路中的竞争—冒险现象，人们常用＿＿＿＿＿＿＿＿＿＿＿和
＿＿＿＿＿＿＿＿＿的方法。

二、选择题

2.19 组合逻辑电路分析方法的一般步骤有（多选）（　　　）。
　　（a）逐级写出每个门电路的逻辑表达式
　　（b）化简输出端的逻辑表达式
　　（c）列出真值表
　　（d）根据真值表，分析和确定电路的逻辑功能

2.20 若要对 50 个编码输入信号编码，则输出编码位数至少为（　　　）个。
　　（a）5　　　　　　　　　　　　　　　　（b）6
　　（c）10　　　　　　　　　　　　　　　　（d）50

2.21 若编码器的编码输出位数为 4 位，则它最多可对（　　　）个输入信号编码。
　　（a）4　　　　　　　　　　　　　　　　（b）8
　　（c）16　　　　　　　　　　　　　　　　（d）32

2.22 74LS148 输入输出端线数为（　　　）。
　　（a）输入 2，输出 4　　　　　　　　　　（b）输入 4，输出 2
　　（c）输入 3，输出 8　　　　　　　　　　（d）输入 8，输出 3

2.23 74LS138 输入输出端线数为（　　　）。
　　（a）输入 2，输出 4　　　　　　　　　　（b）输入 4，输出 2
　　（c）输入 3，输出 8　　　　　　　　　　（d）输入 8，输出 3

2.24 16 选 1 数据选择器的地址输入端至少应有（　　　）位。
　　（a）2　　　　　　　　　　　　　　　　（b）4
　　（c）8　　　　　　　　　　　　　　　　（d）16

2.25 8 路数据分配器的地址输入端至少应有（　　　）位。
　　（a）2　　　　　　　　　　　　　　　　（b）3
　　（c）4　　　　　　　　　　　　　　　　（d）8

2.26 8 选 1 数据选择器的数据输入端有（　　　）个。
　　（a）2　　　　　　　　　　　　　　　　（b）3
　　（c）4　　　　　　　　　　　　　　　　（d）8

2.27 2^n 选 1 数据选择器最多能实现（　　　）个变量地址组合逻辑函数。
　　（a）$n-1$　　　　　　　　　　　　　　（b）n
　　（c）$n+1$　　　　　　　　　　　　　　（d）2^n

2.28 半加器有（　　　）；全加器有（　　　）。

  (a) 2 个输入端，2 个输出端

  (b) 2 个输入端，3 个输出端

  (c) 3 个输入端，2 个输出端

  (d) 3 个输入端，3 个输出端

2.29 全加器与半加器的区别为（   ）。

  (a) 不包含异或运算

  (b) 加数中包含来自低位的进位

  (c) 无进位

  (d) 有进位

 思考题与习题

2.30 组合逻辑电路有什么特点？分析组合逻辑电路的目的是什么？分析方法是什么？

2.31 试分析图 2-42 中各电路的逻辑功能。

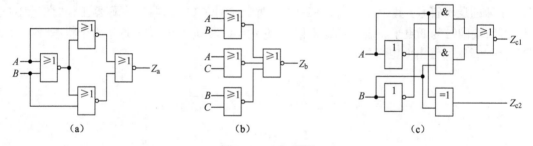

图 2-42 2.31 题图

2.32 组合逻辑电路设计的任务是什么？设计步骤是什么？

2.33 试分别用与非门和异或门设计一个三变量奇校验电路，当输入的三个变量中有奇数个变量为 1 时，该电路的输出变量为 1，否则为 0。

2.34 试用 4 位全加器将 8421 码变成余 3 码。

2.35 试设计一个全减器电路，输入变量有被减数 A、减数 B、低位来的借位数 C（它们都是 1 位二进制数），输出变量为差 D 及向高位送出的借位数 E。

2.36 在举重比赛中有 A、B、C 三名裁判，A 为主裁判，当两名以上裁判（必须包括 A 在内）认为运动员上举杠铃合格，按动电钮可发出裁决合格信号，请设计该逻辑电路。

2.37 设计一个逻辑不一致电路，要求当四个输入逻辑变量取值不一致时，电路输出为 1，取值一致时，输出为 0。

2.38 试用 8 选 1 数据选择器 74LS151 组成下列单输出逻辑函数的电路。

（1） $Y=AC+\overline{A}B\overline{C}+\overline{A}\ \overline{B}C$

（2） $Y=A\overline{C}D+\overline{A}\ \overline{B}CD+BC+B\overline{C}\ \overline{D}$

2.39 试用 3 线-8 线译码器 74LS138 和门电路产生如下多输出逻辑函数（画出接线图）。

$$\begin{cases} Y_1 = AC \\ Y_2 \equiv \overline{A}\overline{B}C + A\overline{B}\overline{C} + BC \\ Y_3 = \overline{B}\overline{C} + AB\overline{C} \end{cases}$$

2.40 试写出图2-43对应的输出函数Y的逻辑表达式。

2.41 试写出图 2-44 对应的输出函数 Y_1 和 Y_2 的逻辑表达式。

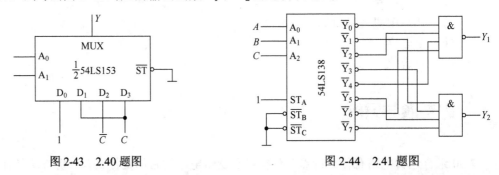

图 2-43　2.40 题图　　　　　　　　　图 2-44　2.41 题图

2.42 画出用两片 4 线-16 线译码器（54154）组成 5 线-32 线译码器的接线图。图 2-45 为 54154 的逻辑符号。其中 $\overline{ST}_A$ 端和 $\overline{ST}_B$ 端为两个控制端（片选端）。译码器工作时应使 $\overline{ST}_A$ 端、$\overline{ST}_B$ 端同时为低电平状态，当输入信号 $A_3A_2A_1A_0$ 为 0000～1111 这十六个状态时，输出端 $\overline{Y}_0 \sim \overline{Y}_{15}$ 依次输出低电平信号。

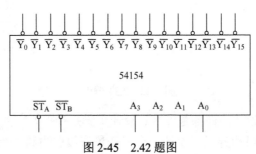

图 2-45　2.42 题图

单元 3　触发器的认知

学习目的

要知道：RS 触发器、JK 触发器、D 触发器的电路结构、工作原理和触发方式。
要掌握：RS 触发器、JK 触发器、D 触发器、T 触发器和 T′ 触发器的逻辑功能。
会测试：RS 触发器、JK 触发器、D 触发器、T 触发器和 T′ 触发器逻辑功能。
会写出：RS 触发器、JK 触发器、D 触发器、T 触发器和 T′ 触发器的特性方程。
会转换：各种不同功能的触发器之间的相互转换。

 学习性工作任务

　　各种复杂的数字电路不但需要对二值信号进行算术运算和逻辑运算，还经常需要将这些信号和运算结果保存起来。为此，这些数字电路需要使用具有记忆功能的基本逻辑单元。能够存储 1 位二值信号的基本单元电路统称为触发器。

　　触发器具有两个基本特点：

　　（1）具有两个能自行保持的稳定状态，它们用来表示逻辑状态的 0 和 1，或二进制数的 0 和 1。

　　（2）根据不同的输入信号可以置成 1 或 0 状态。

　　触发器的种类很多，大致可按以下几种方式进行分类：

　　（1）根据触发器是否有时钟脉冲输入端，可将触发器分为基本触发器和时钟触发器等；

　　（2）根据其逻辑功能的不同，可将触发器分为 RS 触发器、D 触发器、JK 触发器、T 触发器和 T′ 触发器等；

　　（3）根据电路结构的不同，可将触发器分为基本触发器、同步触发器、主从触发器和维持阻塞触发器等；

　　（4）根据触发方式的不同，可将触发器分为电平触发器和边沿触发器等。

　　触发器的逻辑功能可用功能表（特性表）、特性方程、状态图（状态转换图）和时序图（时序波形图）来描述。

任务 3.1　熟悉基本 RS 触发器

　　基本 RS 触发器（又称 RS 锁存器）是各种触发器电路中结构形式最简单的一种，而且它是许多电路结构复杂的触发器的一个组成部分。

3.1.1　或非门组成的基本 RS 触发器

1. 电路结构

图 3-1（a）是由两个或非门的输入端和输出端交叉连接组成的基本 RS 触发器的逻辑电路，图 3-1（b）为其逻辑符号。R 和 S 是两个信号输入端，通常处于低电平状态，有信号输入时为高电平状态。Q 和 $\overline{Q}$ 是两个互补的信号输出端。把输出信号 $Q=0$、$\overline{Q}=1$ 的状态叫作 0 状态（简称 0 态）；把输出信号 $Q=1$、$\overline{Q}=0$ 的状态叫作 1 状态（简称 1 态）。可见，触发器的状态指的是 Q 端的状态。

2. 工作原理

（1）当输入信号 $R=S=0$ 时，电路维持原来的状态不变。如果电路处于输出信号 $Q=0$、$\overline{Q}=1$ 的状态，由图 3-1（a）中的电路可知，由于信号 $\overline{Q}=1$ 反馈到 G_1 的输入端，所以 $Q=0$。同时，信号 $Q=0$ 又反馈到 G_2 的输入端，这使得 G_2 的两个输入端的信号均为 0，则输出信号为 1，即 $\overline{Q}=1$。因此，电路能够稳定地保持在 0 态。

如果电路处于 $Q=1$、$\overline{Q}=0$ 的状态，同理，由于 $Q=1$ 反馈到 G_2 的输入端，其输出信号 $\overline{Q}=0$。同时，$\overline{Q}=0$ 又反馈到 G_1 的输入端，则 G_1 的两个输入信号均为 0，输出信号为 1，即 $Q=1$。因此，电路也能够稳定地保持在 1 态。

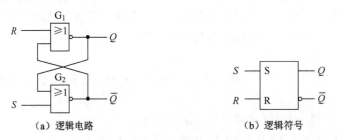

（a）逻辑电路　　　　　　　　　（b）逻辑符号

图 3-1　或非门组成的基本 RS 触发器

（2）当输入信号 $S=1$、$R=0$ 时，输出信号 $Q=1$、$\overline{Q}=0$，即电路处于 1 态。由于 $S=1$，G_2 的输出信号 $\overline{Q}=0$，同时 $\overline{Q}=0$ 又反馈到 G_1 的输入端，则 G_1 的两个输入信号均为 0，则 $Q=1$。$Q=1$ 又反馈到 G_2 的输入端，此时若 $S=0$（$S=1$ 的状态消失），则 $\overline{Q}=0$，这样又进一步确保 $Q=1$，即电路始终保持 1 态。

由于在 S 端输入了正脉冲信号，触发器能够并且也只能置成 1 态，所以 S 端称为置 1 端，或置位端。

（3）当输入信号 $S=0$、$R=1$ 时，输出信号 $Q=0$、$\overline{Q}=1$，即电路处于 0 态。由于 $R=1$，G_1 的输出信号 $Q=0$，同时 $Q=0$ 又反馈到 G_2 的输入端，则 G_2 的两个输入信号均为 0，并且 $\overline{Q}=1$。$\overline{Q}=1$ 又反馈到 G_1 的输入端，此时即使 R 端的正脉冲消失，由于 $\overline{Q}=1$ 取代了 $R=1$ 的作用，所以电路仍能保持 0 态。

因为在 R 端输入了正脉冲信号，触发器能够而且只能置成 0 态，所以 R 端称为置 0 端或复位端。

（4）当输入信号 S=1、R=1 时，该状态在逻辑上无意义。由或非门的逻辑功能可知，当 S=1、R=1 时，输出端 Q 和 $\overline{Q}$ 的信号将同时为 0。对于触发器来说，这种状态在逻辑上是无意义的，因为它既不是 0 态（Q=0、$\overline{Q}$=1），又不是 1 态（Q=1、$\overline{Q}$=0）。所以，该电路不允许出现 S=1、R=1 的情况。

事实上，当输入信号 S=1、R=1 时，触发器的输出信号 Q=0，$\overline{Q}$=0，如果输入信号 S、R 同时消失（同时从 1→0），那么两个门的 4 个输入信号全为 0，其输出信号都有变为 1 的趋势。触发器的状态往往由于两个或非门在特性上的差异具有随机性，这就使得触发器的 Q 端和 $\overline{Q}$ 端的状态无法确定。这种情况称为"不定"。因此，禁止输入信号 S、R 同时为 1 是使用 RS 触发器时应遵守的约束条件，即 $R \cdot S$=0 为它的约束条件。

但是，当 S=1、R=1 时，如果 R 先从 1→0，S 仍为 1，那么触发器的状态可以确定为 1 态；如果 S 先从 1→0，R 仍为 1，则触发器的状态可以确定为 0 态。以上说明，如果 R 端、S 端的信号不是同时消失的，那么触发器的状态仍然是可以确定的。

3. 特性表

人们对触发器的逻辑关系的描述方法与组合电路一样，都为真值表，但二者又有不同之处。组合电路的状态完全由输入信号决定，因此在列真值表时，只需要考虑输出信号与输入信号之间的关系。对于触发器来说，它在接收信号之前总是处于某一个稳定状态，可能是 0 态，也可能是 1 态，因此触发器的新的状态（也称为次态，用 Q^{n+1} 表示）不仅与输入信号 R、S 有关，而且与触发器原来的状态（称为现态或初态，用 Q^n 表示）有关，所以，应当将 Q^n 也当作一个变量（称为状态变量）列入真值表。这个含有状态变量 Q^n 的真值表称为触发器的特性表。在基本 RS 触发器中，Q^n 指的是输入信号输入之前的触发器的状态，而 Q^{n+1} 指的是输入信号输入之后的触发器的状态。

根据对基本 RS 触发器工作原理的分析，可以列出由或非门组成的基本 RS 触发器的特性表，如表 3-1 所示。

表 3-1　由或非门组成的基本 RS 触发器的特性表

S	R	Q^n	Q^{n+1}	说　　明
0	0	0	0	当 S=0、R=0 时，触发器保持原态
0	0	1	1	
0	1	0	0	当 S=0、R=1 时，无论初态如何，触发器置 0 态
0	1	1	0	
1	0	0	1	当 S=1、R=0 时，无论初态如何，触发器置 1 态
1	0	1	1	
1	1	0	不定	当 S=1、R=1 时，Q=0，$\overline{Q}$=0，而当 R、S 同时由 1→0 时，触
1	1	1	不定	发器状态不定

特性表完整又清晰地描述了在输入信号 R 和 S 的作用下，触发器的 Q^n 和 Q^{n+1} 之间的转换关系，即基本 RS 触发器的逻辑功能。

[例 3-1]　参考图 3-1（a）中的电路，试根据图 3-2（a）所示输入信号 R、S 的波形，画出输出信号 Q、$\overline{Q}$ 的波形（设初始状态 Q^n=0，$\overline{Q^n}$=1）。

解：根据输入信号 R、S 的变化，用虚线将波形划分为几个区段，然后根据 R、S 及 Q^n（虚线左边 Q 的状态）画出输出信号的波形，如图 3-2（b）所示。

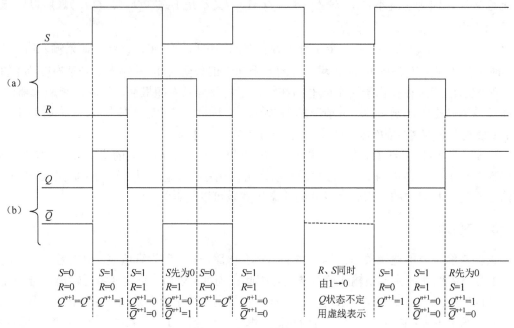

$S=0$	$S=1$	$S=1$	S先为0	$S=0$	$S=1$	R、S同时	$S=1$	$S=1$	R先为0
$R=0$	$R=0$	$R=1$	$R=1$	$R=0$	$R=1$	由1→0	$R=0$	$R=1$	$S=1$
$Q^{n+1}=Q^n$	$Q^{n+1}=1$	$Q^{n+1}=0$	$Q^{n+1}=0$	$Q^{n+1}=Q^n$	$Q^{n+1}=0$	Q状态不定	$Q^{n+1}=1$	$Q^{n+1}=0$	$Q^{n+1}=1$
	$\overline{Q}^{n+1}=0$	$\overline{Q}^{n+1}=1$	$\overline{Q}^{n+1}=0$		$\overline{Q}^{n+1}=0$	用虚线表示	$\overline{Q}^{n+1}=0$	$\overline{Q}^{n+1}=0$	$\overline{Q}^{n+1}=0$

图 3-2 例 3-1 的波形图

3.1.2 与非门组成的基本 RS 触发器

1. 电路结构

图 3-3（a）中的电路是由两个与非门交叉连接而成的基本 RS 触发器。$\overline{S}$ 端、$\overline{R}$ 端是它的两个信号输入端。字母 R、S 上的反号表示低电平有效，即平时 $\overline{S}$ 端、$\overline{R}$ 端的信号均为高电平，有信号输入时 $\overline{S}$ 端、$\overline{R}$ 端为低电平状态。Q 端和 $\overline{Q}$ 端为触发器的两个输出端。图 3-3（b）为逻辑符号，$\overline{S}$ 端、$\overline{R}$ 端的圆圈也表示低电平有效。

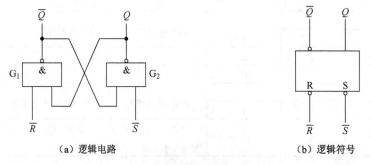

（a）逻辑电路　　　　　　　　　　（b）逻辑符号

图 3-3 与非门组成的基本 RS 触发器

2. 工作原理

对于由与非门组成的基本 RS 触发器的工作原理，必须根据与非门的逻辑特性来对其进行分析。

当输入信号 $\overline{S}$ =1、$\overline{R}$ =1，即 $\overline{S}$ 端、$\overline{R}$ 端的信号均为高电平时，触发器保持原状态，也就是说触发器会将原有的状态存储起来，即触发器具有记忆功能。

当输入信号 $\overline{S}$ =0、$\overline{R}$ =1，即在 $\overline{S}$ 端输入负脉冲时，不论原本 Q 端为何状态，触发器都置 1。

当输入信号 $\overline{S}$ =1、$\overline{R}$ =0，即在 $\overline{R}$ 端输入负脉冲时，不论原本 Q 端为何状态，触发器都置 0。

当输入信号 $\overline{S}$ =0、$\overline{R}$ =0，即在 $\overline{S}$ 端、$\overline{R}$ 端同时输入负脉冲时，两个与非门的输出 Q 端和 $\overline{Q}$ 端的信号全为 1，而当两个输入端的负脉冲同时消失时，由于与非门的延迟时间的差异，触发器的输出状态是 1 态还是 0 态难以确定，即状态不定，所以应当避免这种情况。

根据上述逻辑关系，可以列出由与非门组成的基本 RS 触发器的特性表，如表 3-2 所示。

表 3-2　由与非门组成的基本 RS 触发器的特性表

$\overline{S}$	$\overline{R}$	Q^n	Q^{n+1}	说　明
0	0	0	不定	当 $\overline{S}$ =0、$\overline{R}$ =0 时，Q=1，$\overline{Q}$=1，而当 $\overline{S}$、$\overline{R}$ 同时由 0→1 时，
0	0	1	不定	触发器状态不定
0	1	0	1	当 $\overline{S}$ =0、$\overline{R}$ =1 时，无论初态如何，触发器置 1 态
0	1	1	1	
1	0	0	0	当 $\overline{S}$ =1、$\overline{R}$ =0 时，无论初态如何，触发器置 0 态
1	0	1	0	
1	1	0	0	当 $\overline{S}$ =1、$\overline{R}$ =1 时，触发器状态保持不变
1	1	1	1	

其实，表 3-2 与表 3-1 是等值的，只不过表 3-2 中的输入变量是以反变量形式（即 $\overline{S}$、$\overline{R}$）出现的，当输入变量也以原变量形式（即 R、S）出现时，列出特性表，则不难发现，表 3-2 和表 3-1 在逻辑上是等值的，即由与非门组成的基本 RS 触发器和由或非门组成的基本 RS 触发器具有相同的特性表。

3.1.3　应用举例

虽然在实际应用中直接用到基本 RS 触发器的场合不多，但它是各种功能触发器的基本单元，所以其逻辑功能极为重要。图 3-4（a）是利用基本 RS 触发器组成的防止波形抖动的开关电路。

在利用机械开关产生控制信号时，由于机械开关的抖动，输出电压的波形经常会产生许多毛刺。使用基本 RS 触发器可以消除上述现象。例如，当开关 S_1 被按下时，$\overline{S}$ 端的电压波形会出现负脉冲和许多毛刺，但由于在基本 RS 触发器的 $\overline{S}$ 端第一次出现的低电平信号经正反馈作用会使 Q 端迅速置 1，所以之后出现的其他的毛刺对触发器的输出状态是没有影响的。所以，只要将 S_1 按动一下，就可以在 Q 端得到一个正跳变脉冲信号（Q=1），如图 3-4（b）所示。同理，将 S_2 按动一下，可以在 $\overline{Q}$ 端产生一个正跳变脉冲信号（Q=0）。这种电路可用于单脉冲发生器，在数字系统调测时，可通过它得到稳定的逻辑 0 或逻辑 1 电平输出信号。

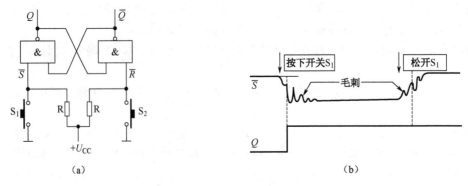

（a）　　　　　　　　　　　（b）

图 3-4　基本 RS 触发器的应用实例

任务 3.2　时钟触发器的分析

在数字系统中，为协调各部分的动作，常常要求某些触发器在同一时刻动作。为此，人们在数字系统中引入同步信号，使这些触发器只有在同步信号到达时才根据输入信号改变状态。通常这个同步信号称为时钟脉冲或时钟信号，简称时钟，用 CP 表示。

这种受时钟信号控制的触发器统称时钟触发器，以区别于像基本 RS 触发器那样的直接置位、复位触发器。

3.2.1　同步 RS 触发器

1．电路组成

同步 RS 触发器由一个基本 RS 触发器和两个控制门组成，如图 3-5 所示。其中，G_1、G_2 组成基本 RS 触发器，G_3、G_4 为控制门，CP 是时钟脉冲即输入控制信号。Q 端和 $\overline{Q}$ 端是输出端。图 3-5（b）为逻辑符号。

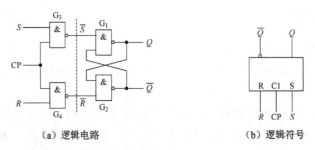

（a）逻辑电路　　　　　　　　（b）逻辑符号

图 3-5　同步 RS 触发器

2．工作原理

当时钟脉冲 CP=0 时，G_3、G_4 均被封锁。因此，不论 R 端、S 端的状态如何，G_3、G_4 的输出信号均为 1，即 $\overline{R}$ =1、$\overline{S}$ =1，触发器状态保持不变。所以，当 CP=0 时，即使输入信号 R、S 发生变化，触发器仍将保持原状态。

当 CP=1 即同步时钟脉冲上升沿来到时，G_3、G_4 打开，输入信号 R、S 通过 G_3、G_4，使基本 RS 触发器翻转，其输出端的状态仍由 R、S 和 Q^n 来决定。

若 R=1、S=0，并且 CP=1，则 G_3 的输出信号为 1，G_4 的输出信号为 0，即 $\overline{R}$=0，$\overline{S}$=1，根据基本 RS 触发器的逻辑功能，这时，Q=0、$\overline{Q}$=1，即同步 RS 触发器置为 0 态。此后，若时钟脉冲消失，即 CP=0，G_3、G_4 又被封锁，则 $\overline{R}$=$\overline{S}$=1，同步 RS 触发器仍能保持翻转后的 0 态。

若 R=0、S=1，并且 CP=1，则 $\overline{R}$=1、$\overline{S}$=0，同步 RS 触发器置为 1 态。当时钟脉冲消失后，触发器也能保持 1 态。

若 R=0、S=0，则 $\overline{R}$=1、$\overline{S}$=1，同步 RS 触发器的状态会保持下去。

若 R=1、S=1，并且 CP=1，则 $\overline{R}$=0、$\overline{S}$=0，同步 RS 触发器的输出信号均为高电平，即 Q=1、$\overline{Q}$=1。同时，当信号 R、S 同时由 1 变为 0 时，或者当信号 CP 由 1 变为 0（CP 消失）时，触发器的状态都将为不定，因此应避免这种情况的发生。

3．特性表

同步 RS 触发器的特性表如表 3-3 所示。

表 3-3 　同步 RS 触发器的特性表

CP	S	R	Q^n	Q^{n+1}
0	×	×	0	0
0	×	×	1	1
1	0	0	0	0
1	0	0	1	1
1	0	1	0	0
1	0	1	1	0
1	1	0	0	1
1	1	0	1	1
1	1	1	0	不定
1	1	1	1	不定

时钟触发器的逻辑功能的表示方法除真值表（特性表）、逻辑符号、时序图（时序波形图）以外，还有特性方程、状态图（状态转换图）等表示方法。

4．特性方程

反映触发器的次态输出 Q^{n+1} 与现态 Q^n 及输入信号 R、S 之间关系的逻辑表达式叫作特性方程。

图 3-6 所示为同步 RS 触发器的次态 Q^{n+1} 的卡诺图，由该图可得同步 RS 触发器的特性方程。

$$\begin{cases} Q^{n+1} = S + \overline{R}Q^n \\ RS = 0（约束条件） \end{cases} \tag{3-1}$$

5．状态转换图

为了以更加形象的方式直观地描述触发器的逻辑功能，可以采用状态转换图。图 3-7 为同步 RS 触发器的状态转换图。状态转换图中的圆圈内的数字表示触发器的状态，箭头表示时钟脉冲到来时的触发器状态的转换方向，箭头线旁边标注的是实现相应转换时输入信号的取值。×号表示任意值。

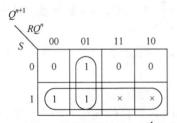

图 3-6　同步 RS 触发器的次态 Q^{n+1} 的卡诺图

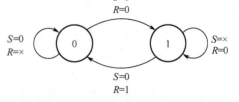

图 3-7　同步 RS 触发器的状态转换图

在 CP=1 的全部时间里，由于同步 RS 触发器的输入信号 S、R 的变化会引起触发器输出端状态的变化，所以，若输入信号多次发生变化，则触发器的状态也会多次发生翻转。有时，同步 RS 触发器的输入端会有一些干扰信号，它们会使输入信号的波形出现一些不应有的干扰脉冲，同步 RS 触发器的输出也会随着干扰脉冲发生翻转（变化），这就降低了电路的抗干扰能力。还有一种情况，即使没有干扰信号，若电路本身要求在一个时钟脉冲作用下，触发器的状态只能翻转一次，则同步 RS 触发器的使用也会受到限制。

[例 3-2]　已知同步 RS 触发器的逻辑电路和输入信号波形如图 3-8 所示，试画出 Q 端、$\overline{Q}$ 端的电压波形。设触发器的初始状态为 $Q=0$。

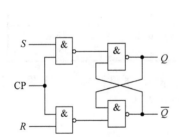

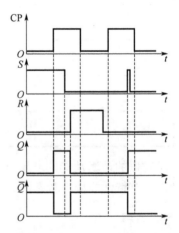

图 3-8　例 3-2 的逻辑电路和输入信号波形

解：由给定的输入电压波形可知，在第一个 CP 高电平期间先有 $S=1$、$R=0$，输出信号为 $Q=1$、$\overline{Q}=0$；随后输入信号变成了 $S=R=0$，因而输出状态保持不变；最后输入信号又变为 $S=0$、$R=1$，输出信号为 $Q=0$、$\overline{Q}=1$，故当 CP 回到低电平以后，触发器停留在 $Q=0$、$\overline{Q}=1$ 的状态。

在第二个 CP 高电平期间，若 $S=R=0$，则触发器的输出状态应保持不变。但由于在此期间 S 端出现了一个干扰脉冲，所以触发器被置为 $Q=1$ 的状态。

3.2.2　同步 D 触发器

为了克服同步 RS 触发器的 R 端、S 端之间仍然存在约束的状态，可将同步 RS 触发器接成 D 触发器的形式，即构成同步 D 触发器（或 D 锁存器）。图 3-9 为同步 D 触发器的逻辑电路及逻辑符号。

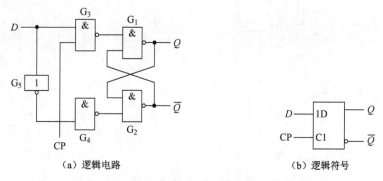

（a）逻辑电路　　　　　　　　　　　　　　（b）逻辑符号

图 3-9　同步 D 触发器的逻辑电路及逻辑符号

在同步 D 触发器中，D 端接 RS 触发器的 S 端，同时 D 端经非门接 R 端，这样就可避免当 CP=1 时，信号 R、S 同时为高电平信号的情况。令 $D=S=\overline{R}$，代入 RS 触发器特性方程中可得 D 触发器的特性方程为

$$Q^{n+1}=D \qquad\qquad (3-2)$$

同步 D 触发器的特性表见表 3-4，其状态转换图如图 3-10 所示。

表 3-4　同步 D 触发器的特性表

CP	D	Q^n	Q^{n+1}
0	×	0	0
0	×	1	1
1	0	0	0
1	0	1	0
1	1	0	1
1	1	1	1

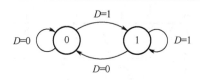

图 3-10　同步 D 触发器的状态转换图

由特性表和特性方程可看出，D 触发器的次态总是与输入端 D 保持一致，即 Q^{n+1} 仅取决于输入信号 D，而与 Q^n 无关。因为 D 触发器被广泛应用于数据存储，所以它也称为数据触发器。

3.2.3　同步 JK 触发器

同步 JK 触发器有两个输入控制端 J 和 K，它可从 RS 触发器演变而来。将 RS 触发器的输出端交叉引回到输入端，使 $S=J\overline{Q^n}$、$R=KQ^n$，便可得到同步 JK 触发器，如图 3-11 所示。将 $S=J\overline{Q^n}$、$R=KQ^n$ 代入同步 RS 触发器特性方程中，可得 JK 触发器特性方程为

$$Q^{n+1}=J\overline{Q^n}+\overline{K}\ Q^n \qquad\qquad (3\text{-}3)$$

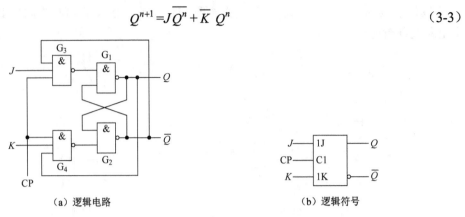

（a）逻辑电路　　　　　　　　　　　（b）逻辑符号

图 3-11　同步 JK 触发器

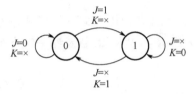

图 3-12　同步 JK 触发器的状态转换图

由于 Q 端和 $\overline{Q}$ 端总是互补的，所以图 3-11（a）中 G_3、G_4 门的输出信号不存在同时为 0 的情况，这也就消去了不定状态。

同步 JK 触发器的特性表如表 3-5 所示，其状态转换图如图 3-12 所示。由特性表可看出，同步 JK 触发器有 4 个功能：当 $J=K=0$ 时，$Q^{n+1}=Q^n$，该触发器具有保持功能；当 $J=0$、$K=1$ 时，$Q^{n+1}=0$，该触发器具有置 0 功能；当 $J=1$、$K=0$ 时，$Q^{n+1}=1$，该触发器具有置 1 功能；当 $J=1$、$K=1$ 时，$Q^{n+1}=\overline{Q^n}$，该触发器具有翻转功能。

表 3-5　同步 JK 触发器的特性表

CP	J	K	Q^n	Q^{n+1}
0	×	×	0	0
0	×	×	1	1
1	0	0	0	0
1	0	0	1	1
1	0	1	0	0
1	0	1	1	0
1	1	0	0	1
1	1	0	1	1
1	1	1	0	1
1	1	1	1	0

任务 3.3　边沿触发器的认知

为了克服同步触发器的缺点，并对电路做一步改进，人们研究出了各种类型的触发器。目前应用较多和性能较好的是边沿触发器，其特点是次态仅取决于时钟脉冲 CP 的上升沿或下降沿到达前瞬间的输入信号状态，而在此之前或之后的一段时间内，输入信号状态的变化对输出信号状态不产生影响，因此边沿触发器具有工作可靠性高、抗干扰能力强的优点。

边沿触发器可分为 TTL 型触发器和 CMOS 型触发器，还可分为正边沿（上升沿）触发器、负边沿（下降沿）触发器和正负边沿触发器。

3.3.1　边沿 JK 触发器

1. 电路组成

负边沿 JK 触发器的逻辑电路和逻辑符号如图 3-13 所示。

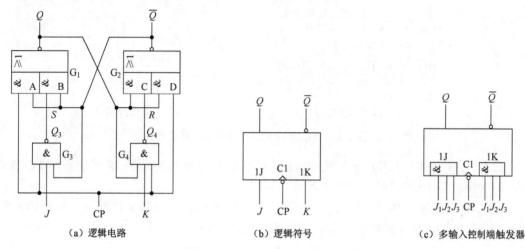

　　（a）逻辑电路　　　　　　　　　（b）逻辑符号　　　　　　（c）多输入控制端触发器

图 3-13　负边沿 JK 触发器

2. 功能分析

当负边沿 JK 触发器电路工作时，其与非门 G_3、G_4 的平均延迟时间 t_{pd1} 应比由与或非门组成的基本触发器的平均延迟时间 t_{pd2} 要长，以起到延迟触发作用。

（1）在 CP=1 期间，与或非门的输出信号 $Q^{n+1}=\overline{\overline{Q^n}+S\overline{Q^n}}=Q^n$、$\overline{Q^{n+1}}=\overline{Q^n+Q^n R}=\overline{Q^n}$（$R=Q_4$，$S=Q_3$），所以触发器的状态保持不变。此时与非门的输出信号为 $Q_4=\overline{\overline{K}Q^n}$，$Q_3=\overline{J\overline{Q^n}}$。

（2）当 CP 下降沿到来时，CP=0，由于 $t_{pd1}>t_{pd2}$，所以与或非门中的与门 A、D 的输出结果为 0，与或非门变为基本 RS 触发器，并且 $Q^{n+1}=S+\overline{R}\ Q^n=J\overline{Q^n}+\overline{K}\ Q^n$。

（3）在 CP=0 期间，与非门 G_3、G_4 的输出结果为 $Q_4=Q_3=1$，此时触发器的次态 Q^{n+1} 将保持不变。

（4）当 CP 上升沿到来时，CP=1，与或非门恢复正常，$Q^{n+1}=Q^n$、$\overline{Q^{n+1}}=\overline{Q^n}$ 保持不变。

由上述分析可知，此触发器在 CP 下降沿时刻按特征方程式 $Q^{n+1}=J\overline{Q^n}+\overline{K}\ Q^n$ 进行状态转换，故此触发器称为负边沿触发器。负边沿触发器的特性表、状态转换图与同步 JK 触发器相同，只是二者的逻辑符号和时序图不同，如图 3-13（b）所示。这种触发器功能强、性能好、应用极为广泛。为了给用户提供方便，有些集成触发器有 3 个与关系输入控制端，如图 3-13（c）所示。

3. 集成 JK 触发器

74LS112 为双下降沿 JK 触发器，其引脚排列及逻辑符号如图 3-14 所示。其中，$\overline{CP}$ 端为时钟输入端，为下降沿触发；J 端、K 端为数据输入端；Q 端、$\overline{Q}$ 端为互补输出端；$\overline{R}_D$ 端为直接复位端，为低电平有效；$\overline{S}_D$ 端为直接置位端，为低电平有效。$\overline{R}_D$ 端和 $\overline{S}_D$ 端可用来设置初始状态。一般集成触发器都具有直接复位和置位端，有的具有异步复位和置位功能，有的具有同步复位和置位功能。所谓异步的含义是触发器在复位和置位时不受时钟脉冲 CP 控制（反之称为同步）。

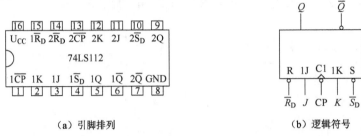

（a）引脚排列　　　　　　　　　　　　（b）逻辑符号

图 3-14　74LS112 的引脚排列及逻辑符号

此外，也有在 CP 上升沿时刻使输出状态翻转的 CMOS 电路边沿 JK 触发器，如 CC4027 等，这种触发器的逻辑符号的 CP 处没有小圆圈。

[例 3-3]　负边沿 JK 触发器的输入信号 CP、J、K 的波形如图 3-15 所示，图中输入端 J 存在窄干扰脉冲，试画出输出信号 Q 的波形，设初态 $Q=0$，且 $\overline{R}_D = \overline{S}_D = 1$。

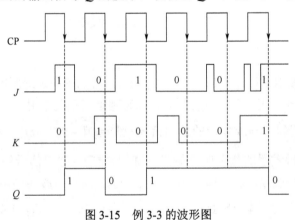

图 3-15　例 3-3 的波形图

解：根据每一个 CP 下降沿到来之前的瞬间的信号 J、K 的逻辑状态，就可以确定在每个 CP 下降沿到达后的次态 Q^{n+1} 的波形。

首先画出每个 CP 下降沿到达的瞬间的时标虚线，然后从初态 $Q=0$ 开始，根据信号 JK 的状态按照逻辑规律逐个画出 Q^{n+1} 的波形，如图 3-15 所示。

3.3.2　边沿 D 触发器

1. 电路组成

边沿 D 触发器也叫作维持阻塞 D 触发器，其电路如图 3-16 所示。

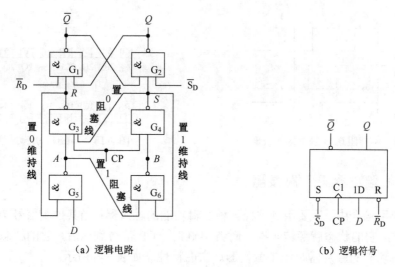

（a）逻辑电路　　　　　　　　　　　（b）逻辑符号

图 3-16　维持阻塞 D 触发器

2. 功能分析

在 CP 上升沿（CP↑）到来之前，CP=0，R=1，S=1，$Q^{n+1}=Q^n$，该触发器的状态保持不变。

（1）设 D=1，则 $A=\overline{RD}$=0，$B=\overline{AS}$=1。

① CP 上升沿到来时，CP=1，$S=\overline{B\cdot CP}$=0，$R=\overline{S\cdot A\cdot CP}$=1，根据基本 RS 触发器的功能可知，$Q^{n+1}$=1=$D$。

② 在 CP=1 期间，Q^{n+1}=1、S=0，置 1 维持线起作用以确保 S=0 不变，同时，置 0 阻塞线起作用，使 R=1，阻止了 Q^{n+1} 向 0 转换。虽然输入信号 D 在此期间变化会使信号 A 因 $A=D$ 跟着变化，但 S=0，这既维持了 Q^{n+1}=1 不变，也阻塞了触发器空翻，使触发器保持 1 状态不变。

③ 当 CP 下降沿（CP↓）到来时，CP=0，R=1，S=1，Q^{n+1} 保持不变。

（2）设 D=0，则 $A=\overline{D}$=1，B=0。

① 当 CP 上升沿到来时，CP=1，则 $S=\overline{B\cdot CP}$=1，$R=\overline{S\cdot A\cdot CP}$=0，$Q^{n+1}$=0=$D$。

② 在 CP=1 期间，因 Q^{n+1}=0、R=0，置 0 维持线起作用，可确保 R=0 不变，并且信号 D 变化信号 A 不变。置 1 阻塞线阻止了空翻，使触发器的输出信号保持为 0 状态。

③ 当 CP 下降沿到来时，CP=0、R=1、S=1，Q^{n+1} 保持不变。

由上述分析可知，维持阻塞 D 触发器在 CP 上升沿触发翻转，而且其特征方程式为 Q^{n+1}=D，它通过维持线、阻塞线有效地克服了空翻现象，但要注意输入信号 D 一定是在 CP 上升沿到来之前的值，如果信号 D 与 CP 同时变化，D 变化的值将不能存入输出信号 Q 内，如图 3-17 中第 3 个时针脉冲所示。

3. 集成 D 触发器

74LS74 为双上升沿 D 触发器，其引脚排列如图 3-18 所示。其中，CP 端为时钟输入端；D 端为数据输入端；Q 端、$\overline{Q}$ 端为互补输出端；$\overline{R}_D$ 端为直接复位端，为低电平有效；$\overline{S}_D$ 端为直接置位端，为低电平有效；$\overline{R}_D$ 端和 $\overline{S}_D$ 端用来设置初始状态。

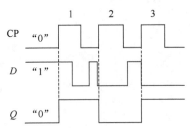

图 3-17　维持阻塞 D 触发器的波形

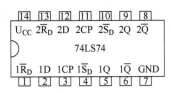

图 3-18　74LS74 引脚排列

3.3.3　T 触发器和 T′触发器

在某些应用场合中，需要用到这样一种逻辑功能的触发器：当其控制信号 $T=1$ 时，每来一个 CP 信号，它的状态就翻转一次；而当 $T=0$ 时，CP 信号到达后，它的状态保持不变。具备这种逻辑功能的触发器叫作 T 触发器。它的特性表如表 3-6 所示。

表 3-6　T 触发器的特性表

T	Q^n	Q^{n+1}
0	0	0
0	1	1
1	0	1
1	1	0

根据特性表写出 T 触发器的特性方程为

$$Q^{n+1} = T\overline{Q^n} + \overline{T}\,Q^n \tag{3-4}$$

T 触发器的状态转换图如图 3-19 所示。

事实上，只要将 JK 触发器的两个输入端连在一起作为 T 端，就可以构成 T 触发器。正因为如此，在触发器的定型产品中通常没有专门的 T 触发器。

当 T 触发器的控制端保持为高电平状态时（信号 T 恒等于 1），则式（3-4）变为

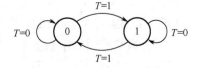

图 3-19　T 触发器的状态转换图

$$Q^{n+1} = \overline{Q^n}$$

即在每次 CP 信号作用后，触发器的状态必然翻转成与初态相反的状态。具有这种功能的触发器叫作 T′触发器。其实 T′触发器只不过是一种处于特定工作状态下的 T 触发器而已，如图 3-20 所示。

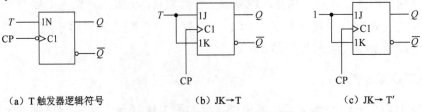

（a）T 触发器逻辑符号　　　　（b）JK→T　　　　（c）JK→T′

图 3-20　T 触发器和 T′触发器

任务 3.4   触发器的转换

由于现在市售的集成触发器多为 JK 触发器和 D 触发器，而在数字电路中，往往要用到 RS、JK、T、D 等几种类型的触发器，所以学会不同类型的触发器之间的相互转换是十分必要的。

所谓转换，就是把一种已有的触发器接入转换逻辑电路，使之成为具有另一种逻辑功能的触发器。不难理解，触发器的转换实际上就是设计一个满足变换要求的组合逻辑电路的过程。下面通过实例介绍转换方法。

[例 3-4]   试将 JK 触发器转换为 D 触发器。

解： 首先，写出反映已有触发器（JK 触发器）逻辑功能的特性方程

$$Q^{n+1}=J\overline{Q^n}+\overline{K}\,Q^n \tag{3-5}$$

然后，写出待求触发器的特性方程，它反映了设计者对待求触发器的功能的要求。待求触发器为 D 触发器，故可写出其特性方程

$$Q^{n+1}=D \tag{3-6}$$

最后，求出转换逻辑即 JK 触发器的驱动方程。为了便于比较，将式（3-6）变换为与式（3-5）相似的形式，即

$$Q^{n+1}=D=D\,(\,\overline{Q^n}+Q^n\,)=D\overline{Q^n}+DQ^n \tag{3-7}$$

将式（3-7）与式（3-5）比较后，可求得 J、K 的驱动方程为

$$\begin{cases} J=D \\ K=\overline{D} \end{cases}$$

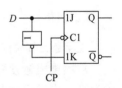

根据求出的转换逻辑即已有的 JK 触发器的驱动方程，便可画出如图 3-21 所示的待求触发器的逻辑电路。

图 3-21   JK→D 触发器逻辑电路

[例 3-5]   试将 D 触发器转换为 JK 触发器。

解： 写出已有触发器（D 触发器）的特性方程

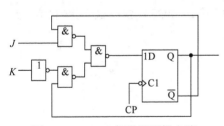

$$Q^{n+1}=D$$

写出待求触发器 JK 触发器的特性方程

$$Q^{n+1}=J\overline{Q^n}+\overline{K}\,Q^n$$

比较上述两个特性方程，可得

$$D=J\overline{Q^n}+\overline{K}\,Q^n=\overline{\overline{J\overline{Q^n}}\,\overline{KQ^n}}$$

图 3-22   D→JK 触发器逻辑电路

画出逻辑电路，如图 3-22 所示。

[例 3-6]   试将 D 触发器转换为 T 触发器和 T′ 触发器。

解： 写出已有触发器（D 触发器）的特性方程

$$Q^{n+1}=D$$

写出待求触发器 T 触发器的特性方程

$$Q^{n+1}=T\overline{Q^n}+\overline{T}\,Q^n$$

比较上述两个特性方程，可得

$$D=T\,\overline{Q^n}+\overline{T}\,Q^n=T\oplus Q^n$$

画出逻辑电路，如图 3-23（a）所示。

T′ 触发器的特性方程为 $Q^{n+1}=\overline{Q^n}$，所以只要令 $D=\overline{Q^n}$，即可得到 T′ 触发器。其转换逻辑电路如图 3-23（b）所示。

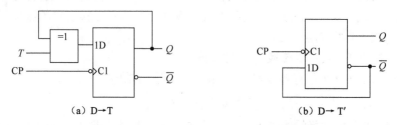

　　　　（a）D→T　　　　　　　　　　　　　　　（b）D→T′

图 3-23　D 触发器转换为 T、T′ 触发器逻辑电路

 # 技能性实训

实训 1　触发器的功能测试

1. 实训目的

（1）掌握基本 RS 触发器、JK 触发器、D 触发器和 T 触发器的逻辑功能及测试方法。
（2）掌握集成触发器 74LS112 及 74LS74 的使用方法。
（3）进一步理解触发器之间的相互转换的方法。

2. 实训器材

+5V 直流电源 1 台；双踪示波器 1 台；连续脉冲源 1 个；单次脉冲源 2 个；逻辑电平开关 6 个；逻辑电平显示器 6 个；集成门电路芯片 74LS112（或 CC4027）、74LS00（或 CC4011）、74LS74（或 CC4013）各 1 片；面包板 1 块；导线若干。

3. 实训内容及步骤

1）测试基本 RS 触发器的逻辑功能

按图 3-24，用 2 个与非门组成基本 RS 触发器，输入端 $\overline{R}$、$\overline{S}$ 接逻辑电平开关的输出端，输出端 Q、$\overline{Q}$ 接逻辑电平显示输入端，按表 3-7 的要求测试，并记录测试结果。

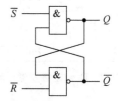

图 3-24　基本 RS 触发器的测试电路

表 3-7　测试要求及结果

$\overline{R}$	$\overline{S}$	Q^n	Q^{n+1}
0	0	0	
0	0	1	

$\overline{R}$	$\overline{S}$	Q^n	Q^{n+1}
0	1	0	
0	1	1	
1	0	0	
1	0	1	
1	1	0	
1	1	1	

2）测试双 JK 触发器 74LS112 逻辑功能

（1）测试 $\overline{R}_D$ 端、$\overline{S}_D$ 端的复位、置位功能。从 74LS112 中任取 1 个 JK 触发器，将 $\overline{R}_D$ 端、$\overline{S}_D$ 端、J 端、K 端接逻辑电平开关输出端，将 CP 端与接单次脉冲源相接，将 Q 端、$\overline{Q}$ 端接至逻辑电平显示器输入端。改变 $\overline{R}_D$ 端、$\overline{S}_D$ 端（J 端、K 端、CP 端处于任意状态）的状态，并在 $\overline{R}_D$=0（$\overline{S}_D$=1）或 $\overline{S}_D$=0（$\overline{R}_D$=1）作用期间任意改变 J 端、K 端及 CP 端的状态，观察 Q 端、$\overline{Q}$ 端的状态。

（2）测试 JK 触发器的逻辑功能。按表 3-8 的要求改变 J 端、K 端、CP 端的状态，观察 Q 端、$\overline{Q}$ 端的状态变化，并观察触发器状态的更新是否发生在 CP 下降沿到达的时刻（CP 由 1→0），将其记录下来。

表 3-8　测试要求及结果

J	K	CP	Q^{n+1}	
			$Q^n=0$	$Q^n=1$
0	0	0→1		
		1→0		
0	1	0→1		
		1→0		
1	0	0→1		
		1→0		
1	1	0→1		
		1→0		

（3）将 JK 触发器的 J 端、K 端连在一起，构成 T 触发器。在 CP 端输入 1kHz 的连续脉冲，分别令 T=0 和 T=1，并使触发器具有不同的初态，即 Q^n 分别为 0 和 1，用双踪示波器观察 CP 端、Q 端、$\overline{Q}$ 端波形，并对其进行描绘。

3）测试双 D 触发器 74LS74 的逻辑功能

（1）测试 $\overline{R}_D$ 端、$\overline{S}_D$ 端的复位、置位功能。测试方法与本实训前两项相同，自拟表格记录。

（2）测试 D 触发器的逻辑功能。按表 3-9 中的要求进行测试，并观察触发器状态的更新是否发生在 CP 上升沿到达的时刻（CP 由 0→1），将其记录下来。

（3）将 D 触发器的 $\overline{Q}$ 端与 D 端相连接，构成 T' 触发器。在 CP 端输入 1kHz 的连续脉冲，用双踪示波器观察 CP 端、Q 端的波形，并对其进行描绘。

4）实现电路并测试

将 D 触发器转换为 JK 触发器，用电路实现该转换，并对转换后的触发器进行功能测试。

表 3-9　测试要求及结果

D	CP	Q^{n+1}	
		$Q^n = 0$	$Q^n = 1$
0	0→1		
	1→0		
1	0→1		
	1→0		

4．实训报告

（1）列表整理各类触发器的逻辑功能。

（2）总结观察到的波形，说明触发器的触发方式。

实训 2　智力竞赛抢答器的设计、安装与调试

1．实训目的

（1）进一步掌握触发器的作用及其逻辑功能，培养对简单电路的设计能力，初步掌握设计电路的基本方法。

（2）熟悉触发器的功能测试方法及应用。

（3）掌握集成触发器的识别、功能及测试方法。

（4）掌握简单电路的装配方法，进一步熟练使用各种仪器仪表。

（5）进一步提高分析问题和解决问题的能力。

2．实训器材

+5V 直流电源 1 台；数字万用表 1 只；集成门电路芯片双 D 触发器 74LS74（或 74LS112）、双 4 输入与非门 74LS20、四 2 输入与非门 CD4011 各 2 片；1kΩ 电阻 5 个；LED 4 个；点动按钮 5 个；面包板（万能板）1 块；电阻和导线若干。

3．实训内容及要求

用触发器设计一个 4 人智力竞赛抢答器，本设计有多种设计方案，建议采用具有异步置位端、异步复位端的集成 D（或 JK）触发器制作 4 人智力竞赛抢答器。具体要求如下：

（1）每个参赛者控制一个按钮，通过按动按钮发出抢答信号。

（2）竞赛主持人另有一个按钮，该按钮用于将电路复位。

（3）竞赛开始后，先按动按钮者将对应的一个 LED 点亮，此后其他 3 人再按动按钮对电路不起作用。

4．注意事项

（1）在安装过程中要细心，应防止导线绝缘层被损伤，不能让线头、螺钉、垫圈等异物落入安装电路中，以免造成短路或漏电。

（2）电路的线路布置应整齐、美观、牢固。水平导线应尽量紧贴底板，竖直方向的导线

单元 3　触发器的认知　　　　　　　　　　　　• 99 •

可沿边框四角敷设，导线转弯时的弯曲半径不要过小。

（3）在连线时应避免导线过长，避免导线从集成元器件的上方跨越，避免导线多次重叠交错，以利于布线、更换元器件，以及检查并排除故障。

（4）在完成电路安装后，应仔细检查电路连接，确认电路连接无误后再接通电源。

（5）在调试过程中要做好绝缘保护，避免人体与带电部位直接接触。调试结束后，必须关断电源。

5. 考评内容及评分标准

智力竞赛抢答器的设计、安装与调试的考评内容及评分标准如表 3-10 所示。

表 3-10　智力竞赛抢答器的设计、安装与调试的考评内容及评分标准

步骤	考评内容	评分标准	标准分	扣分及原因	得分
1	画出电路图，并分析其工作原理	（1）各元器件符号正确； （2）各元器件连接正确； （3）原理分析准确 （错一处扣 5 分，扣完为止；教师辅导、学生自查）	20		
2	根据相关参数，对元器件质量进行判别	元器件质量和分类判断正确 （错一处扣 5 分，扣完为止；学生自查、教师检查）	20		
3	根据电路图搭接电路，利用直观法或使用数字万用表分析电路的连接是否正确	（1）电路的连接符合工艺标准； （2）布局规范，走线美观； （3）无断路（脱焊）、短路等错误 （错一处扣 5 分，扣完为止；同学互查、老师检查）	20		
4	确认电路连接无误后，进行通电测试	（1）操作过程正确； （2）电路工作状态正常 （错一处扣 5 分，扣完为止；教师指导、同学互查）	25		
5	注意安全、规范操作，小组分工，保证质量，完成时间为 90min	（1）小组成员有明确分工； （2）在规定时间内完成该项目； （3）各项操作规范、安全 （成员无分工扣 5 分，超时扣 10 分；教师指导、同学互查）	15		
	教师根据学生对智力竞赛抢答器相关的理论知识和技能知识的掌握情况进行综合评定，并指出存在的问题，给出具体改进方案		100		

 知识拓展

触摸式照明灯电路

触摸式照明灯电路如图 3-25 所示。当人用手触摸薄膜按钮 S 一下时，灯 L 打开，若再按一下 S，则 L 即熄灭。其工作原理如下：

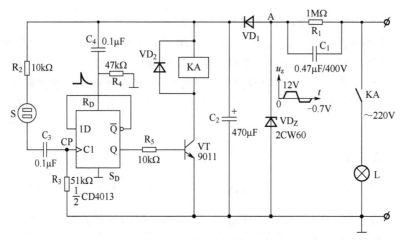

图 3-25　触摸式照明灯电路

电源采用电容降压，在电源正半周时，A 点电压被稳压管 D_Z 钳位于 12V，而在电源负半周时，A 为-0.7V。电容 C_1 的容抗在 50Hz 的频率下为 $X_{C1} \approx 6.8k\Omega$。由于稳压管动态电阻远小于容抗 X_{C1}，所以可认为流过电容的电流 $i_{C1} \approx 32mA$，A 点电压在电源正半周时流经 VD_1 和电容 C_2 进行滤波后，提供了接近 12V 的直流电源。

当接通电源时，由阻容 R_4、C_4 组成的微分电路产生的尖脉冲信号作用于 D 触发器的 R_D 端来进行清零，则 $Q=0$。而 D 触发器构成 T′ 触发器，因此当手按下按钮 S 时，由 C_3、R_3 组成的微分电路产生尖脉冲触发信号 CP，使 $Q=1$，该端口的输出电流经三极管 VT 放大后，使继电器得电，并使触点 KA 闭合、L 点亮。若再按一下 S，又产生 CP 信号，使 $Q=0$、VT 截止、KA 失电、L 熄灭。其中 VD_2 用于当 VT 截止时继电器线圈泄放自感电动势，并使 VT 免受过高的感应电动势的影响。电阻 R_1 用于当电源切断时泄放电容 C_1 上的电荷。

在使用电路时应注意，稳压管 VD_Z 不能断路，同时整个电路应有安全隔离防护措施。

 自我检测题

一、填空题

3.1 触发器常用的分析方法主要有_____、_____、_____和_____。

3.2 基本 RS 触发器具有_____条件，出现_____状态，会影响它的应用。

3.3 RS 触发器的特征方程为_____，其约束条件为_____。

3.4 触发器按逻辑功能可分为_____触发器、_____触发器、_____触发器、_____触发器和_____触发器。

3.5 JK 触发器与 RS 触发器的显著区别是无_____状态。

3.6 在 JK 触发器中，当 $JK=11$ 时，$Q^{n+1}=$_____；当 $JK=00$ 时，$Q^{n+1}=$_____。

3.7 JK 触发器的特征方程是_____。

3.8 D 触发器的特征方程是_____。

3.9 T 触发器的特征方程是_____。

3.10 T′ 触发器的特征方程是_____。

3.11 D 触发器的 D 端与_____连接可构成 T′ 触发器。

3.12 JK 触发器的 JK 端接_____可构成 T′ 触发器。

3.13 触发器构成_____触发器时，对 CP 脉冲具有二分频功能。

二、选择题

3.14 不属于触发器特点的是（　　）。

　　（a）有两个稳定状态

　　（b）可以由一种稳定状态转换到另一种稳定状态

　　（c）具有记忆功能

　　（d）有不定输出状态

3.15 由与非门组成的基本 RS 触发器的输入状态不允许出现（　　）。

　　（a）$\bar{R}\,\bar{S}$=00　　　　（b）$\bar{R}\,\bar{S}$=01　　　　（c）$\bar{R}\,\bar{S}$=10　　　　（d）$\bar{R}\,\bar{S}$=11

3.16 由或非门组成的基本 RS 触发器的输入状态不允许出现（　　）。

　　（a）RS=00　　　　（b）RS=01　　　　（c）RS=10　　　　（d）RS=11

3.17 欲使 JK 触发器按 Q^{n+1}=1 工作，可使 JK 触发器的输入信号为（　　）。

　　（a）J=K=1　　　　　　　　　　（b）J=1，K=0

　　（c）J=K=0　　　　　　　　　　（d）J=0，K=1

3.18 为实现将 JK 触发器转换为 D 触发器，应使（　　）。

　　（a）J=D，K=$\bar{D}$　　　　　　　　（b）J=$\bar{D}$，K=D

　　（c）J=K=D　　　　　　　　　　（d）J=K=$\bar{D}$

3.19 对于 JK 触发器，若 J=K，则可完成（　　）触发器的逻辑功能。

　　（a）RS　　　　　（b）D　　　　　（c）T　　　　　（d）T′

3.20 欲使 D 触发器按 Q^{n+1}=$\bar{Q}^{n}$ 工作，应使输入端 D 接（　　）。

　　（a）0　　　　　（b）1　　　　　（c）Q　　　　　（d）$\bar{Q}$

思考题与习题

3.21 画出如图 3-26（a）所示的由与非门组成的基本 RS 触发器的输出信号 Q、$\bar{Q}$ 的波形，输入端信号 $\bar{S}$、$\bar{R}$ 的波形如图 3-26（b）所示。

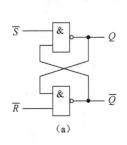
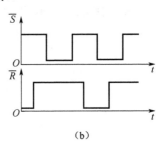

（a）　　　　　　　　　　　　　　　　（b）

图 3-26　3.21 题图

3.22 画出如图 3-27（a）所示的由或非门组成的基本 RS 触发器的输出信号 Q 端、$\overline{Q}$ 的波形，输入信号 S、R 的波形如图 3-27（b）所示。

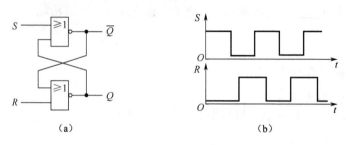

（a）　　　　　　　　　　（b）

图 3-27　3.22 题图

3.23 在如图 3-28（a）所示电路中，若 CP 端、S 端、R 端的电压波形如图 3-28（b）所示，试画出 Q 端和 $\overline{Q}$ 端与之对应的电压波形。假定触发器的初始状态为 $Q=0$。

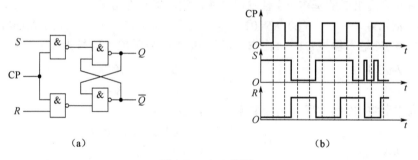

（a）　　　　　　　　　　（b）

图 3-28　3.23 题图

3.24 设一边沿 JK 触发器的初始状态为 0，信号 CP、J、K 如图 3-29 所示，试画出触发器的 Q 端的电压波形。

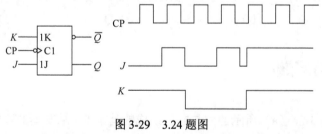

图 3-29　3.24 题图

3.25 已知维持阻塞 D 触发器的 D 端和 CP 端的电压波形如图 3-30 所示，试画出 Q 端和 $\overline{Q}$ 端的电压波形。假设触发器的初始状态为 $Q=0$。

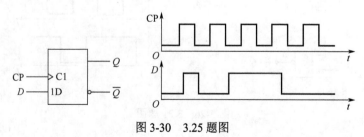

图 3-30　3.25 题图

3.26 将如图 3-31 所示的波形信号作用在负边沿触发器上，试画出触发器的 Q 端的工作波形。设初始状态为 $Q=0$。

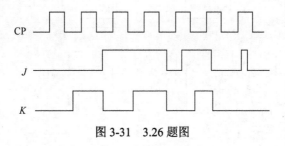

图 3-31 3.26 题图

3.27 已知维持阻塞 D 触发器的各输入端的电压波形如图 3-32 所示，试画出 Q 端、$\overline{Q}$ 端对应的电压波形。

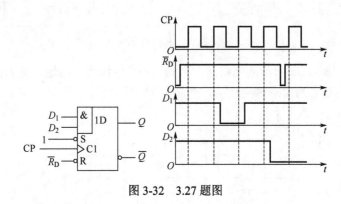

图 3-32 3.27 题图

3.28 已知 CMOS 电路边沿 JK 触发器的各输入端的电压波形如图 3-33 所示，试画出 Q 端、$\overline{Q}$ 端对应的电压波形。

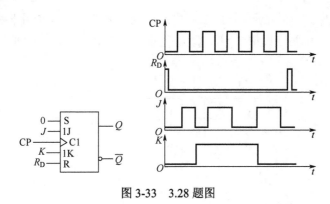

图 3-33 3.28 题图

3.29 设图 3-34 中各 TTL 型触发器的初始状态皆为 0，试画出在 CP 信号作用下各触发器的输出端 $Q_1 \sim Q_{12}$ 的电压波形。

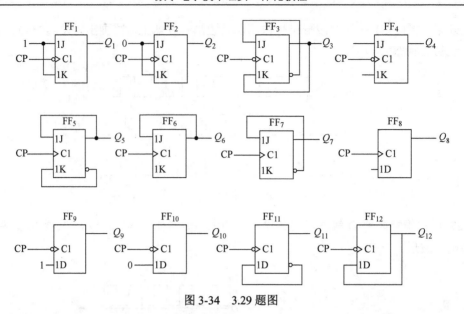

图 3-34　3.29 题图

3.30　试画出如图 3-35 所示的电路在一系列 CP 信号作用下时输出端 Q_1、Q_2、Q_3 的输出电压的波形。触发器均为边沿触发结构，初态为 $Q=0$。

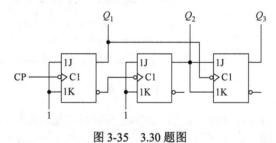

图 3-35　3.30 题图

3.31　试画出如图 3-36 所示的电路在图中所示的信号 CP、$\overline{R}_D$ 作用下输出端 Q_1、Q_2、Q_3 的输出电压波形，并说明输出信号 Q_1、Q_2、Q_3 的频率与信号 CP 的频率之间的关系。

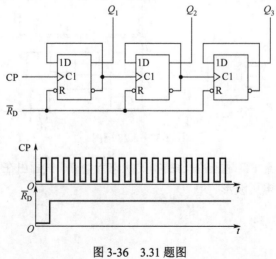

图 3-36　3.31 题图

单元 4　时序逻辑电路的分析与应用

学习目的

要知道：时序逻辑电路、驱动方程、状态方程、状态图、状态表的概念；分析时序逻辑电路的方法；集成时序逻辑电路器件功能表的读法；任意进制计数器的构成方法。

会分析：单向、双向及循环移位寄存器的逻辑功能；同步和异步二进制、十进制、N进制及各种可逆计数器的工作原理。

要熟悉：常用中规模计数器的应用方法；中规模集成移位寄存器的应用方法。

会设计：能用集成计数器设计任意进制计数器。

 学习性工作任务

根据逻辑输出信号与输入信号之间时间关系的不同，数字电路分为组合逻辑电路和时序逻辑电路两大类。通过前面的讨论知道，在组合逻辑电路中，任一时刻的输出信号仅取决于该时刻的输入信号，而与以前各时刻的输入信号无关。而在时序逻辑电路中，任意时刻的输出信号不仅取决于该时刻的输入信号，而且还与输入信号作用前的电路的输出状态有关。

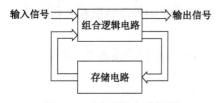

图 4-1　时序逻辑电路框图

时序逻辑电路一般由组合逻辑电路和存储电路组成，如图 4-1 所示。从结构上来说，时序逻辑电路有两个特点：第一，时序逻辑电路往往包含组合电路和存储电路两部分，其中，存储电路是必不可少的；第二，存储电路的输出信号必须反馈到输入端，与输入信号共同决定组合电路的输出信号。

需要说明的是，并不是所有的时序逻辑电路都具有如图 4-1 所示的完整形式。有些时序逻辑电路没有组合电路部分，有些时序逻辑电路没有输入信号，但它们仍然具有时序逻辑电路的基本特点。

根据存储电路（触发器）的状态变化的特点，时序逻辑电路可分为同步时序逻辑电路和异步时序逻辑电路。在同步时序逻辑电路中，所有触发器的时钟端均连在一起，并由同一个时钟脉冲触发，使触发器的状态的变化都与输入时钟脉冲同步；在异步时序逻辑电路中，只有部分触发器的时钟端与输入时钟脉冲相连并由时钟脉冲触发，而其他触发器则靠时序逻辑电路内部产生的脉冲触发，故触发器的状态变化不同步。

时序逻辑电路的基本功能电路是计数器和寄存器。人们根据逻辑图可得出时序逻辑电路的状态转换规律，进而掌握该电路的逻辑功能。时序逻辑电路的逻辑功能可以用状态方程、输出方程、驱动方程、状态转换表、状态转换图及时序图来表示。

任务 4.1　掌握时序逻辑电路的分析方法

分析一个时序逻辑电路，就是要找出给定的时序逻辑电路的逻辑功能和工作特点。分析时序逻辑电路时一般按以下步骤进行：

（1）根据给定的时序逻辑电路写出其时钟方程、输出方程、驱动方程（存储电路中每个触发器的输入信号的逻辑表达式）。

（2）求状态方程。把得到的驱动方程代入相应的触发器的特性方程，得出每个触发器的状态方程，从而得到由这些状态方程组成的整个时序逻辑电路的状态方程组。

（3）列状态转换表。将输入变量和触发器的初态 Q^n 作为输入，并将次态 Q^{n+1} 和输出变量作为输出，列出状态转换真值表。

若将任何一组输入变量及电路初态的取值代入状态方程和输出方程，则可算出电路的次态和初态下的输出变量的值；将得到的次态作为新的初态，将其和此时的输入变量取值一起代入状态方程和输出方程进行计算，又得到一组新的次态和输出变量的值。如此继续下去，把全部的计算结果列成真值表的形式，就得到了状态转换表。

（4）画状态转换图。为了以更加形象的方式直观地描述时序逻辑电路的逻辑功能，常常要把状态转换表的内容以状态转换图的形式表示出来。

在状态转换图中，以圆圈表示电路的各个状态，以箭头表示状态转换的方向。同时，在箭头旁注明状态转换前的输入变量取值和输出变量取值。通常将输入变量取值写在斜线以上，将输出变量的值写在斜线以下。

（5）画时序图。为了用实验观察的方法检查时序逻辑电路的逻辑功能，可以将状态转换表的内容以时间波形的形式来表示。在时钟脉冲序列的作用下，电路状态、输出状态随时间变化的波形图叫作时序图。

上述对时序逻辑电路的分析步骤不是一成不变的，可根据电路的繁简情况和分析者的熟悉程度进行取舍。

[例 4-1]　试分析如图 4-2 所示的电路的逻辑功能，并画出状态转换图和时序图。

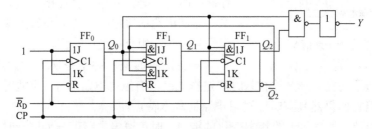

图 4-2　例 4-1 的时序逻辑电路

解：由电路可看出，时钟脉冲 CP 加在每个触发器的时钟端上。因此，它是一个同步时序逻辑电路，时钟方程可以不写。

3 个 JK 触发器的状态更新时刻都对应 CP 下降沿。

1）写方程式

（1）输出方程为

$$Y = Q_2^n\, Q_0^n \tag{4-1}$$

（2）驱动方程为

$$\begin{cases} J_0=1,\ K_0=1 \\ J_1=\overline{Q_2^n}\ Q_0^n,\ K_1=\overline{Q_2^n}\ Q_0^n \\ J_2=Q_1^n\ Q_0^n,\ K_2=Q_0^n \end{cases} \tag{4-2}$$

（3）状态方程为

$$\begin{cases} Q_0^{n+1}=J_0\ \overline{Q_0^n}+\overline{K_0}\ Q_0^n=\overline{Q_0^n} \\ Q_1^{n+1}=J_1\ \overline{Q_1^n}+\overline{K_1}\ Q_1^n=\overline{Q_2^n}\ Q_0^n\ \overline{Q_1^n}+\overline{Q_0^n\overline{Q_2^n}}\ Q_1^n \\ Q_2^{n+1}=J_2\ \overline{Q_2^n}+\overline{K_2}\ Q_2^n=Q_1^n\ Q_0^n\ \overline{Q_2^n}+\overline{Q_0^n}\ Q_2^n \end{cases} \tag{4-3}$$

2）列状态转换表

由状态方程可得状态转换表，如表 4-1 所示。

表 4-1　例 4-1 的电路的状态转换表

CP 的顺序	初态			次态			输出
	Q_2^n	Q_1^n	Q_0^n	Q_2^{n+1}	Q_1^{n+1}	Q_0^{n+1}	Y
1	0	0	0	0	0	1	0
2	0	0	1	0	1	0	0
3	0	1	0	0	1	1	0
4	0	1	1	1	0	0	0
5	1	0	0	1	0	1	0
6	1	0	1	0	0	0	1
1	1	1	1	1	1	1	0
2	1	1	1	0	1	0	1

由表 4-1 可以看出，每经过 6 个时钟脉冲，电路的状态循环一次，所以这个电路具有对时钟脉冲计数的功能。同时，因为输出端 Y 每经过 6 个时钟脉冲作用就会输出一个脉冲，所以该电路是一个同步六进制计数器，Y 端的输出信号就是进位脉冲。

3）画状态转换图

根据状态转换表画出状态转换图，如图 4-3 所示。

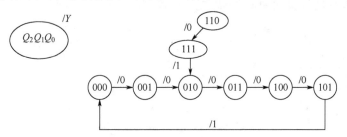

图 4-3　例 4-1 的电路的状态转换图

4）画时序图

根据状态转换表画出时序图（或称工作波形图），如图 4-4 所示。

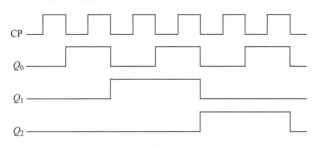

图 4-4　例 4-1 的电路的时序图

5）检查电路能否自启动

电路应有 $2^3=8$ 个工作状态，其中只有 6 个状态被利用，被利用的状态称为有效状态；110 和 111 这两个状态没有被利用，它们称为无效状态。

当电路由于某种原因进入无效状态时，如果继续输入计数脉冲 CP（时钟脉冲），电路能自动返回到有效状态进行工作，那么此电路就能够自启动；否则，此电路不能自启动。

通过检验可知，该电路能够自启动。

综上所述，此电路是具有自启动功能的同步六进制加法计数器。

任务 4.2　寄存器和移位寄存器的分析

4.2.1　寄存器

寄存器用于寄存一组二值代码，它被广泛地应用于各类数字系统和数字计算机中。

因为一个触发器能储存 1 位二值代码，所以用 N 个触发器组成的寄存器能储存一组 N 位的二值代码。

寄存器中的触发器只需要具有置 1、置 0 的功能即可，因而无论是用同步 RS 结构触发器，还是用主从结构或边沿触发结构的触发器，都可以组成寄存器。

图 4-5 是由四个基本 RS 触发器组成的寄存器，基本 RS 触发器通过控制门接成了 D 触发器的形式（同步 D 触发器）。由同步 RS 触发器（或 D 触发器）的动作特点可知，在 CP 为高电平信号期间，Q 端的状态跟随 D 端的状态改变；在 CP 变为低电平信号以后，Q 端将保持 CP 变为低电平信号瞬间的 D 端状态。

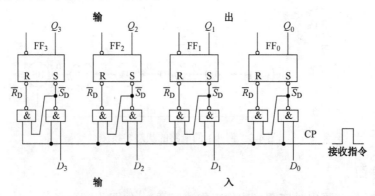

图 4-5　由四个基本 RS 触发器组成的寄存器

图 4-6 为边沿 D 触发器组成的 4 位寄存器。根据边沿 D 触发器的动作特点可知，触发器输出端的状态仅仅取决于 CP 上升沿到达时刻的 D 端的状态。

当前面介绍的两个寄存器接收数据时，所有代码（数码）是同时输入的，而且触发器中的数据并行地出现在输出端，这种输入、输出方式称为并行输入、并行输出方式。

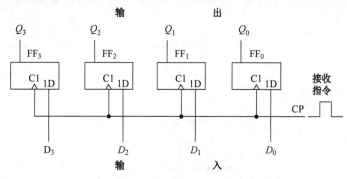

图 4-6　边沿 D 触发器组成的 4 位寄存器

4.2.2　移位寄存器

移位寄存器不仅具有存储代码的功能，而且具有移位功能。所谓移位功能，是指寄存器存储的代码能在移位指令脉冲的作用下依次左移或右移。因此，移位寄存器不但可以用于寄存代码，还可以用于实现数据的串行—并行转换、数值的运算及数据的处理等。

1．单向移位寄存器

图 4-7 是由边沿 D 触发器构成的 4 位右移移位寄存器。其中，第一个触发器 FF_0 的输入端接收输入信号，其余的每个触发器的输入端均与其前边的触发器的 Q 端相连。

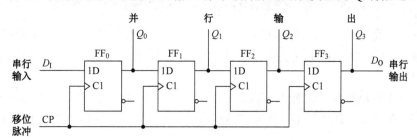

图 4-7　由边沿 D 触发器构成的 4 位右移移位寄存器

因为从 CP 上升沿到达到输出端的新状态建立需要经过一段传输延迟时间，所以当 CP 上升沿同时作用于所有的触发器时，它们的输入端（D 端）的状态还没有改变。于是 FF_1 按 Q_0 端原来的状态翻转，FF_2 按 Q_1 端原来的状态翻转，FF_3 按 Q_2 端原来的状态翻转。同时，输入寄存器输入端 D_I 的代码存入 FF_0，最终效果相当于移位寄存器里原有的代码依次右移了一位。

例如，如果在 4 个时钟周期内输入代码依次为 1011，而移位寄存器的初始状态 $Q_0Q_1Q_2Q_3$= 0000，那么在移位脉冲（触发器的时钟脉冲）的作用下，移位寄存器中代码的移动情况如表 4-2 所示。图 4-8 给出了图 4-7 各触发器的输出端在移位过程中的电压波形图。

表 4-2　　移位寄存器中代码的移动状况

CP 的顺序	D_I	Q_0	Q_1	Q_2	Q_3
0	0	0	0	0	0
1	1	1	0	0	0
2	0	0	1	0	0
3	1	1	0	1	0
4	1	1	1	0	1

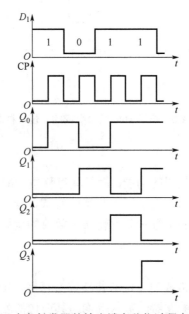

图 4-8　图 4-7 中各触发器的输出端在移位过程中的电压波形图

可以看到，经过 4 个 CP 脉冲以后，串行输入的 4 位代码全部移入了移位寄存器中，并且在 4 个触发器的输出端得到了并行输出的代码。因此，利用移位寄存器可以实现代码的串行—并行转换。

如果先将 4 位数据并行地置入移位寄存器的 4 个触发器中，然后对寄存器连续加入 4 个移位脉冲，则移位寄存器里的 4 位代码将从串行输出端 D_O 依次输出，从而实现数据的并行-串行转换。

图 4-9 是由 JK 触发器组成的 4 位移位寄存器，它和图 4-7 的寄存器具有同样的逻辑功能。

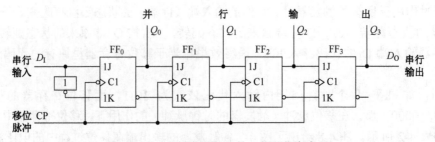

图 4-9　由 JK 触发器组成的 4 位移位寄存器

2．双向移位寄存器

在计算机中，被使用的移位寄存器往往需要同时具有左移和右移的功能，这种寄存器称为双向移位寄存器。它是通过在一般移位寄存器的基础上加上左、右移控制信号得到的，采用了右移串行输入和左移串行输入的输入方式。在左移控制信号或右移控制信号取值不同的情况下，当 CP 作用时，电路可实现左移或右移功能。

图 4-10 为 4 位双向移位寄存器 74LS194 的逻辑功能示意图。图中 $\overline{CR}$ 端为清零端，D_{SR} 端为数据右移串行输入端，D_{SL} 端为数据左移串行输入端，D_0 端、D_1 端、D_2 端、D_3 端为数据并行输入端，Q_0 端、Q_1 端、Q_2 端、Q_3 端为数据并行输出端。移位寄存器的工作状态由控制端 M_1 和 M_0 的状态决定。74LS194 4 位双向移位寄存器的功能表如表 4-3 所示。

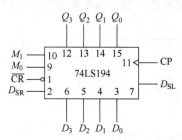

图 4-10 4 位双向移位寄存器 74LS194 逻辑功能示意图

表 4-3 74LS194 4 位双向移位寄存器的功能表

序号	清零信号	控制信号		时钟信号	串行输入信号		并行输入信号				输 出 信 号				功能
	$\overline{CR}$	M_1	M_0	CP	D_{SL}	D_{SR}	D_0	D_1	D_2	D_3	Q_0	Q_1	Q_2	Q_3	
1	0	×	×	×	×	×	×	×	×	×	0	0	0	0	清零
2	1	×	×	0	×	×	×	×	×	×	Q_{0n}	Q_{1n}	Q_{2n}	Q_{3n}	保持
3	1	1	1	↑	×	×	d_0	d_1	d_2	d_3	d_0	d_1	d_2	d_3	置数
4	1	0	1	↑	×	1	×	×	×	×	1	Q_{0n}	Q_{1n}	Q_{2n}	右移
5	1	0	1	↑	×	0	×	×	×	×	0	Q_{0n}	Q_{1n}	Q_{2n}	右移
6	1	1	0	↑	1	×	×	×	×	×	Q_{1n}	Q_{2n}	Q_{3n}	1	左移
7	1	1	0	↑	0	×	×	×	×	×	Q_{1n}	Q_{2n}	Q_{3n}	0	左移
8	1	0	0	×	×	×	×	×	×	×	Q_{0n}	Q_{1n}	Q_{2n}	Q_{3n}	保持

由表 4-3 可知，4 位双向移位寄存器 74LS194 具有如下功能。

（1）清零功能。$\overline{CR}$ 端为清零端，当信号 $\overline{CR}$ =0 时，移位寄存器清零，信号 $Q_3 \sim Q_0$ 均为 0，与时钟脉冲无关，为异步清零。$\overline{CR}$ 端也是使能端，当 $\overline{CR}$ =1 时，寄存器被允许工作；当 $\overline{CR}$ =0 时，寄存器被禁止工作，而且不能进行置数和移位。

（2）保持功能。当 $\overline{CR}$ =1、CP=0 或当 $\overline{CR}$ =1、M_0=M_1=0 时，移位寄存器维持原状态不变，则寄存器具有保持功能。

（3）并行置数功能。当 $\overline{CR}$ =1、M_0=M_1=1 时，在 CP 上升沿的作用下，在 $D_3 \sim D_0$ 端输入的数码 $d_3 \sim d_0$ 被并行送入寄存器，即寄存器有并行存入功能。

（4）右移串行送数功能。当 $\overline{CR}$ =1、M_0=1、M_1=0 时，在 CP 上升沿的作用下，寄存器执行右移功能，即右移寄存器，由 D_{SR} 端输入的数码被依次送入寄存器。

（5）左移串行送数功能。当 $\overline{CR}$ =1、M_0=0、M_1=1 时，在 CP 上升沿的作用下，寄存器

执行左移功能，即左移寄存器，由 D_{SL} 端输入的数码依次被送入寄存器。

4.2.3　寄存器应用举例

用双向移位寄存器可组成脉冲序列发生器。其电路连线如图 4-11 所示。其工作原理如下。

当启动信号输入负脉冲时，G_2 的输出信号为 1，$M_0=M_1=1$，寄存器执行并行输入功能，$Q_0Q_1Q_2Q_3=D_0D_1D_2D_3=0111$；当启动信号消除后，由于寄存器的输出信号 $Q_0=0$，所以 G_1 的输出信号为 1，G_2 的输出信号为 0，$M_1M_0=01$，寄存器开始执行右移功能。在移位过程中，G_1 的输入信号总有一个为 0，这能够保证 G_1 的输出信号为 1、G_2 的输出信号为 0，从而使电路维持 $M_1M_0=01$ 的状态，并使向右移位的过程不断进行下去。该电路的时序图如图 4-12 所示。

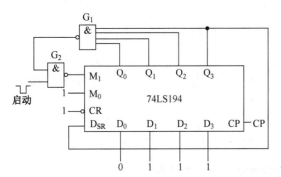

图 4-11　脉冲序列发生器的电路连线

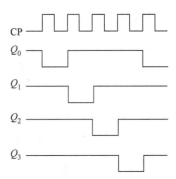

图 4-12　图 4-11 的电路的时序图

由图 4-12 可知，该电路为一个四相序列脉冲发生器，寄存器的各输出端按固定时序轮流输出低电平脉冲。显然，如果预置数的 3 位是 0、1 位是 1，寄存器将输出序列高电平脉冲。这种电路可用于控制彩灯。

任务 4.3　计数器的分析

计数器是数字系统中应用最多的时序电路，它不但能用于对时钟脉冲个数进行计数，还可以用于分频、定时及数字运算。

计数器的种类繁多，如果根据计数器中的触发器是否同时翻转进行分类，可以把计数器分为同步计数器和异步计数器两种。在同步计数器中，当时钟脉冲输入时，触发器的翻转是同时发生的。而在异步计数器中，触发器的翻转有先有后，不是同时发生的。

如果根据计数过程中计数器的数字增减进行分类，又可以把计数器分为加法计数器、减法计数器和可逆计数器（又称加/减计数器）。随着计数脉冲的不断输入进行递增计数的计数器叫作加法计数器，进行递减计数的计数器叫作减法计数器，进行可增可减计数的计数器叫作可逆计数器。

如果根据计数器中数字的编码方式进行分类，计数器还可分成二进制计数器、二—十进制计数器、循环码计数器等。

此外，有时也根据计数器的计数容量来区分各种不同的计数器，如十进制计数器、六十进制计数器等。

4.3.1　异步计数器的分析

1．异步二进制加法计数器

异步二进制计数器一般由 T' 触发器连接而成，电路比较简单。由于异步计数器采取从低位到高位逐位进位的工作方式，即计数脉冲不是同时加到所有触发器的 CP 端的，而是加到最低位触发器的 CP 端的，其他各级触发器则是由低位触发器的进（借）位信号来触发的，因此，异步计数器的重要特点是它的各位触发器并不是同步翻转的。

图 4-13 是由下降沿触发的 T' 触发器组成的异步 3 位二进制加法计数器，T' 触发器是通过令 JK 触发器的输入信号 $J=K=1$ 而得到的。

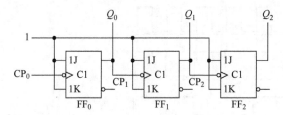

图 4-13　由下降沿触发的 T' 触发器组成的异步 3 位二进制加法计数器

下面仍然通过基本分析方法来讨论图 4-13 中的计数器的工作原理。

1）写时钟方程

$$\begin{cases} CP_0 = CP \\ CP_1 = Q_0 \\ CP_2 = Q_1 \end{cases} \tag{4-4}$$

2）写状态方程

$$\begin{cases} Q_0^{n+1} = \overline{Q_0^n} & （CP_0 \text{下降沿到来后有效}） \\ Q_1^{n+1} = \overline{Q_1^n} & （Q_0 \text{下降沿到来后有效}） \\ Q_2^{n+1} = \overline{Q_2^n} & （Q_1 \text{下降沿到来后有效}） \end{cases} \tag{4-5}$$

3）列状态转换表

设起始状态为 $Q_2^n Q_1^n Q_0^n = 000$，根据状态方程可列出状态转换表（见表 4-4）。要特别注意状态方程中每一个表达式的有效时钟脉冲的条件，只有在相应的时钟脉冲触发沿到来的时候，触发器才能按照状态方程规定的状态转换，否则触发器将保持原来的状态。

表 4-4　异步 3 位二进制加法计数器状态转换表

Q_2^n	Q_1^n	Q_0^n	Q_2^{n+1}	Q_1^{n+1}	Q_0^{n+1}	有效时钟脉冲	CP 的顺序
0	0	0	0	0	1	CP_0	1
0	0	1	0	1	0	CP_0、CP_1	2
0	1	0	0	1	1	CP_0	3
0	1	1	1	0	0	CP_0、CP_1、CP_2	4
1	0	0	1	0	1	CP_0	5
1	0	1	1	1	0	CP_0、CP_1	6
1	1	0	1	1	1	CP_0	7
1	1	1	0	0	0	CP_0、CP_1、CP_2	8

4）画时序图

根据状态方程（或状态转换表）可画出如图 4-14 所示的时序图。由图可知，触发器的输出端的新状态的建立要比 CP 下降沿滞后一个传输延迟时间 t_{pd}。

5）画状态转换图

根据状态转换表可画出如图 4-15 所示的状态转换图。

图 4-13 中的计数器是由下降沿触发的 T′ 触发器组成的，因为按照加法计数规则，如果信号中的一位已经是 1，则再在该位记入（加入）1 时该位数值应变为 0，同时向高位发出进位信号，使高位翻转，所以将低位触发器的 Q 端接至高位触发器的时钟端即可。

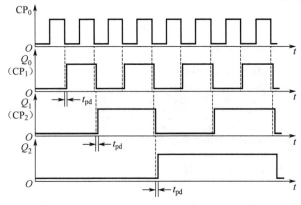

图 4-14　图 4-13 的计数器的时序图

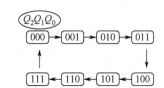

图 4-15　图 4-13 的计数器的状态转换图

如果用上升沿触发的 T′ 触发器组成异步二进制加法计数器，那么这种计数器的级间连接就应从低位的 $\overline{Q}$ 端连接至高位的 CP 端。由于高位时钟来自低位的 $\overline{Q}$ 端，当低位的 Q 端的状态由 1→0 时（有进位），$\overline{Q}$ 端的状态由 0→1（上升沿），高位触发器的时钟条件（上升沿触发）由此得到满足，所以它会翻转。

由图4-14可以看出，如果时钟脉冲CP_0的频率为f_0，那么输出信号Q_0、Q_1、Q_2的频率分别为 $\frac{1}{2}f_0$、$\frac{1}{4}f_0$、$\frac{1}{8}f_0$，这说明计数器具有分频作用，所以它也叫作分频器。

n位二进制计数器最多能累计的脉冲个数为2^n-1，这个数称为计数长度或计数容量。3 位二进制计数器的计数长度为 7。它共有 8 个状态，即$N=2^n=8$。计数器的状态总数 N 称为计数器的模，也称为计数器的循环长度。

2. 异步二进制减法计数器

图 4-16 为由下降沿触发的 T′ 触发器组成的异步 3 位二进制减法计数器。与前面讲的异步 3 位二进制加法计数器相比，减法计数器的高位 CP 端接至低位$\overline{Q}$端而不接到 Q 端。不难理解，按照二进制减法计数规律，当低位信号从 0→1 时，计数器发出借位信号，高位信号会发生翻转。对于下降沿触发的触发器来说，当低位 Q 端的状态从 0→1 时，$\overline{Q}$端的状态从 1→0，所以高位时钟脉冲应来自低位的$\overline{Q}$端，这样高位 Q 端获得下降沿时钟脉冲并翻转，从而完成借位过程。

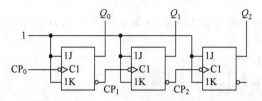

图 4-16　由下降沿触发的 T′ 触发器组成的异步 3 位二进制减法计数器

下面分析如图 4-16 所示的计数器的工作原理。

1）写时钟方程

$$\begin{cases} CP_0 = CP \\ CP_1 = \overline{Q_0} \\ CP_2 = \overline{Q_1} \end{cases} \tag{4-6}$$

2）写状态方程

$$\begin{cases} Q_0^{n+1} = \overline{Q_0^n}（CP_0 \text{ 下降沿到来后有效}） \\ Q_1^{n+1} = \overline{Q_1^n}（\overline{Q_0} \text{ 下降沿到来后有效}） \\ Q_2^{n+1} = \overline{Q_2^n}（\overline{Q_1} \text{ 下降沿到来后有效}） \end{cases} \tag{4-7}$$

3）列状态转换表

设初始状态为 $Q_2^n Q_1^n Q_0^n = 000$，根据状态方程可列出状态转换表，如表 4-5 所示。

表 4-5　异步 3 位二进制减法计数器状态转换表

Q_2^n	Q_1^n	Q_0^n	Q_2^{n+1}	Q_1^{n+1}	Q_0^{n+1}	有　效　时　钟	CP 的顺序
0	0	0	1	1	1	CP_0、CP_1、CP_2	1
1	1	1	1	1	0	CP_0	2
1	1	0	1	0	1	CP_0、CP_1	3
1	0	1	1	0	0	CP_0	4
1	0	0	0	1	1	CP_0、CP_1、CP_2	5
0	1	1	0	1	0	CP_0	6
0	1	0	0	0	1	CP_0、CP_1	7
0	0	1	0	0	0	CP_0	8

4）画时序图

根据状态方程（或状态转换表）可画出如图 4-17 所示的时序图。由图可见，触发器的输出端的新状态的建立要比 CP 下降沿滞后一个传输延迟时间 t_{pd}。

5）画状态转换图

根据状态转换表可画出如图 4-18 所示的状态转换图。

同样地，上升沿触发的 T′ 触发器也可以组成减法计数器。它与下降沿触发的 T′ 触发器的区别是，上升沿触发的触发器的高位 CP 端接低位的 Q 端。

对异步二进制计数器的级间连接规律的总结如下。

异步二进制计数器的级间连接十分简单，高位触发器的时钟脉冲就是低位触发器的输出信号。究竟应将高位的 CP 端接向低位的 Q 端还是 $\overline{Q}$ 端，取决于组成计数器的触发器是上升沿触发的还是下降沿触发的，以及计数器是加法计数器还是减法计数器。表 4-6 列出了由不同触发沿的触发器组成的递增计数和递减计数的两种计数器的级间连接规律。

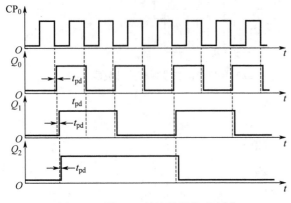

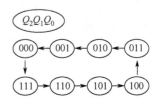

图 4-17　图 4-16 的计数器的时序图　　　　　图 4-18　图 4-16 的计数器的状态转换图

表 4-6　计数器的级间连接规律

连 接 规 律	T′ 触发器的触发沿	
	上升沿	下降沿
递增计数	$\mathrm{CP}_i = \overline{Q}_{i-1}$	$\mathrm{CP}_i = Q_{i-1}$
递减计数	$\mathrm{CP}_i = Q_{i-1}$	$\mathrm{CP}_i = \overline{Q}_{i-1}$

CP_i 是第 i 位触发器 FF_i 的时钟脉冲，Q_{i-1} 和 $\overline{Q}_{i-1}$ 是相邻低位，即第 i-1 位触发器 FF_{i-1} 的输出信号。

3．异步十进制计数器

异步十进制加法计数器是在 4 位异步二进制加法计数器的基础上加以修改得到的。因为 4 位二进制加法计数器从 0000 到 1111 可以计数 16，所以它为十六进制计数器。把十六进制计数器变为十进制计数器的关键是解决如何使 4 位二进制加法计数器在计数过程中跳过从 1010 到 1111 这 6 个状态的问题，即十进制计数器只能从 0000 计到 1001，当第 10 个计数脉冲输入后，电路应从 1001 返回到 0000，跳过 1010 到 1111 这 6 个状态。

图 4-19 是异步十进制加法计数器的典型电路。假定所用的触发器为 TTL 型电路，其 J 端、K 端悬空的状态相当于它们接逻辑 1 电平的状态。图 4-20 为该电路的时序图，图 4-21 为其状态转换图。

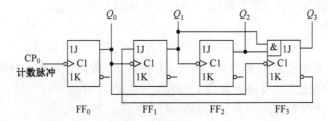

图 4-19　异步十进制加法计数器的典型电路

如果计数器从 $Q_3Q_2Q_1Q_0$=0000 的状态开始计数，那么由图 4-20 可知，在第 8 个计数脉冲输入以前，FF_0、FF_1 和 FF_2 的 J 端和 K 端的信号始终为 1，即它们以 T′ 触发器的状态工作，因而该计数器的工作过程和异步二进制加法计数器的工作过程相同。在此期间虽然 Q_0 端输出的脉冲也送至 FF_3，但由于每次信号 Q_0 的下降沿到达时，信号 $J_3=Q_1Q_2=0$（J_3 端为 FF_3 的J 端），所以 FF_3 一直保持 0 态不变。

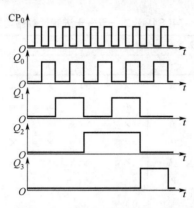

图 4-20　图 4-19 的电路的时序图

当第 8 个计数脉冲输入时，由于 $J_3=K_3=1$，所以当 Q_0 下降沿到达以后，FF_3 的输出状态由 0 变为 1。同时，信号 J_1 也随 $\overline{Q_3}$ 变为 0；当第 9 个计数脉冲输入以后，电路状态变成 $Q_3Q_2Q_1Q_0$=1001；当第 10 个计数脉冲输入后，FF_0 的输出状态翻转成 0，同时 Q_0 下降沿的到达使 FF_3 的输出状态置 0，于是电路状态从 1001 返回到 0000，跳过了 1010～1111 这 6 个状态，该电路成为十进制计数器。

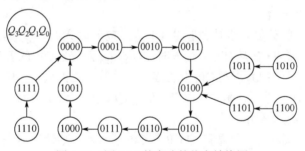

图 4-21　图 4-19 的电路的状态转换图

4．集成异步计数器

由触发器组成的计数器电路复杂且可靠性差。随着电子技术的发展，目前一般用集成计数器芯片组成各种功能的计数器。

集成异步计数器芯片有很多种，下面以二一五一十进制异步加法计数器 74LS196 为例进行介绍。图 4-22 为74LS196 的逻辑功能示意图。图中，CT/$\overline{\text{LD}}$ 端为计数/置入控制端，$\overline{\text{CR}}$ 端为清零端，D_3 端、D_2 端、D_1 端、D_0端为数据输入端，$\overline{CP_0}$ 端、$\overline{CP_1}$ 端为计数脉冲输入端，Q_3 端、Q_2 端、Q_1 端、Q_0 端为输出端。

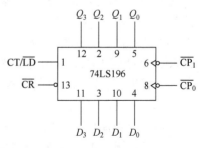

图 4-22　74LS196 的逻辑功能示意图

74LS196 的内部分为二进制计数器和五进制计数器两个独立的部分。其中，在二进制计数器中，计数脉冲从 $\overline{CP_0}$ 端输入，从 Q_0 端输出；在五进制计数器中，计数脉冲从 $\overline{CP_1}$ 端输入，从 Q_1 端、Q_2 端、Q_3 端输出。这两部分既可单独工作，也可连接起来构成十进制计数器，所以该计数器称为二—五—十进制计数器，其功能如表 4-7 所示。

表 4-7　74LS196 二—五—十进制计数器功能表

输 入 信 号								输 出 信 号			
$\overline{CR}$	CT/$\overline{LD}$	$\overline{CP_0}$	$\overline{CP_1}$	D_3	D_2	D_1	D_0	Q_3	Q_2	Q_1	Q_0
0	×	×	×	×	×	×	×	0	0	0	0
1	0	×	×	d_3	d_2	d_1	d_0	d_3	d_2	d_1	d_0
1	1	CP↓	0	×	×	×	×	二进制			
1	1	0	CP↓	×	×	×	×	五进制			
1	1	CP↓	Q_0	×	×	×	×	8421 十进制			
1	1	Q_3	CP↓	×	×	×	×	5421 十进制			

74LS196 的逻辑功能如下。

（1）异步清零。当异步清零端 $\overline{CR}$ 的信号为低电平时，无论其他输入状态如何，计数器的输出信号 $Q_3Q_2Q_1Q_0$=0000，故该功能称为异步清零功能或复位功能。

（2）异步置数。当计数/置数控制端 CT/$\overline{LD}$ 的信号为低电平，并且信号 $\overline{CR}$=1 时，不论其他输入状态如何，$Q_3Q_2Q_1Q_0$= $D_3D_2D_1D_0$，即 $Q_3Q_2Q_1Q_0$ 随数据输入信号 $D_3D_2D_1D_0$ 变化，该功能称为置数功能。

（3）计数功能。当 $\overline{CR}$ 端的信号、CT/$\overline{LD}$ 端的信号全为 1 时，从输入计数脉冲（时钟脉冲）CP 的时刻开始计数。

① 二进制、五进制计数：当计数脉冲 CP 从 $\overline{CP_0}$ 端输入时，Q_0 为信号 $\overline{CP_0}$ 的二进制计数输出信号；当计数脉冲 CP 从 $\overline{CP_1}$ 端输入时，$Q_1Q_2Q_3$ 为信号 $\overline{CP_1}$ 的五进制计数输出信号。

② 十进制计数：若将 Q_0 端与 $\overline{CP_1}$ 端相连，计数脉冲 CP 从 $\overline{CP_0}$ 端输入，则计数器先进行二进制计数，再进行五进制计数，这样得到的 $Q_3Q_2Q_1Q_0$ 为 8421 编码十进制计数器的输出信号，这种计数方式最为常用。

若将 Q_3 端与 $\overline{CP_0}$ 端相连，计数脉冲 CP 从 $\overline{CP_1}$ 端输入，则计数器先进行五进制计数，再进行二进制计数，这样得到的 $Q_0Q_3Q_2Q_1$ 为 5421 编码十进制计数器的输出信号。

如果要用已有的计数器组成百进制计数器，只需将两片 74LS196 级联，级联方法是将低位芯片的 Q_3 端与高位芯片的 $\overline{CP_0}$ 端相连，如图 4-23 所示。这样当 1# 计数器每次从 "9" 到 "0" 进行计数时，其 Q_3 端信号会由 1→0 产生一个下降沿，把它从 2# 计数器的 $\overline{CP_0}$ 端输入，作为向高位进位的计数脉冲，以实现使计数器逢十进一的功能，故得到的计数器为计数状态从 0000、0000 到 1001、1001 的百进制计数器，这种用法称为计数器的位扩展。类似地，百进制计数器也可由其他十进制计数器组成。

综上所述，可以看出异步二进制计数器具有下列特点。

（1）电路简单，连线少。电路由 T' 触发器组成，级间的连接方式依触发器的触发沿而定，连接规律简单，容易被人们掌握。这是异步计数器的优点。

（2）工作频率比较低。由于计数脉冲不是同时加到所有触发器的 CP 端的，各级触发器的翻转是逐级进行的，所以计数器的工作速度低。而且，当电路进行译码时，电路中存在竞争一冒险现象。这两个缺点使异步计数器的应用受到了很大的限制。

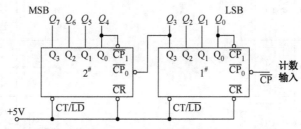

图 4-23 　由两片 74LS196 组成的百进制计数器

4.3.2 　同步计数器的分析

1. 同步二进制加法计数器

由于同步计数器中的各触发器均由同一时钟脉冲触发，所以它们的翻转由其数据输入信号的状态决定，即当触发器应该翻转时，它需要满足计数状态的条件，当它不应翻转时，它需要满足状态不变的条件。由此可见，用 T 触发器组成同步二进制计数器比较方便，因为它只有一个输入端 T，当输入信号 $T=1$ 时，计数器为计数状态；当 $T=0$ 时，计数器保持状态不变。

根据二进制加法运算规则可知，在一个多位二进制数的末位上加 1 时，若其中第 i 位（任何一位）以下的各位皆为 1，则第 i 位应改变状态（由 0 变成 1，由 1 变成 0），而最低位的状态在每次加 1 时都要改变。

由此可知，当计数器由 T 触发器组成时，第 i 位触发器的输入端的逻辑表达式应为

$$T_i=Q_{i-1}Q_{i-2}\cdots Q_1Q_0=\prod_{j=0}^{i-1}Q_j \qquad (i=1,2,\cdots,n-1) \tag{4-8}$$

其中，最低位例外。按照计数规则，每次输入计数脉冲时最低位都要翻转，故 $T_0=1$。

图 4-24 就是根据式（4-8）搭接成的 4 位同步二进制加法计数器。由图可知，该计数器中的各触发器受同一时钟脉冲控制，决定各触发器翻转的条件也是并行产生的，所以这种计数器的速度很快。

2. 同步二进制减法计数器

根据二进制减法计数规则，在 n 位二进制减法计数器中，只有当第 i 位以下的各位触发器的状态同时为 0 时，计数器再减 1 才能使第 i 位触发器翻转。最低位触发器的状态在每次计数器减 1 时都要改变，所以 $T_0=1$。因此，在用 T 触发器组成同步二进制减法计数器时，第 i 位触发器的输入端 T_i 的逻辑表达式应为

$$T_i=\overline{Q}_{i-1}\,\overline{Q}_{i-2}\cdots\overline{Q}_1\,\overline{Q}_0=\prod_{j=0}^{i-1}\overline{Q}_j \qquad (i=1,2,\cdots,\ n-1) \tag{4-9}$$

图 4-25 就是根据式（4-9）搭接成的 4 位同步二进制减法计数器。

3. 同步二进制可逆计数器

有些应用场合要求计数器既能进行递增计数又能进行递减计数，这就需要用到可逆计数器。

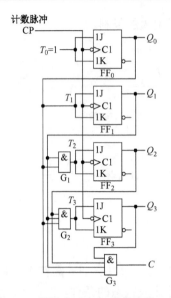
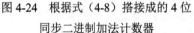

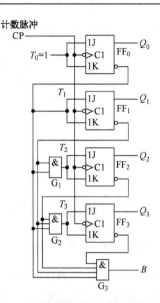

图 4-24　根据式（4-8）搭接成的 4 位
同步二进制加法计数器

图 4-25　根据式（4-9）搭接成的 4 位
同步二进制减法计数器

　　图 4-26 为 4 位同步二进制可逆计数器。它是通过将同步二进制加法计数器和同步二进制减法计数器合并在一起，又在此基础上增加了一些控制门得到的。图中的 S 端为加/减控制端，当控制端信号 $S=1$ 时，下边 3 个与非门被封锁，计数器进行加计数；当 $S=0$ 时，上边 3 个与非门被封锁，计数器进行减计数。

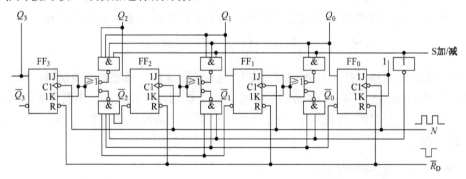

图 4-26　4 位同步二进制可逆计数器

4. 同步十进制计数器

　　图 4-27 是由 T 触发器组成的同步十进制加法计数器，它是在图 4-24 中的同步二进制加法计数器的基础上略加修改而成的。

　　由图 4-27 可知，如果从 0000 开始计数，那么直到第 9 个计数脉冲输入计数器为止，该计数器的工作过程与图 4-24 中的同步二进制加法计数器相同。在计入第 9 个计数脉冲后，计数器进入 1001 状态，这时 $\overline{Q_3}$ 端的低电平信号使 G_1 的输出信号为 0，而 Q_0 端和 Q_3 端的高电平信号使 G_3 的输出信号为 1，所以 4 个触发器的输入控制信号分别为 $T_0=1$、$T_1=0$、$T_2=0$、$T_3=1$。因此，当第 10 个计数脉冲输入后，FF_1 和 FF_2 维持 0 态不变，FF_0 和 FF_3 的状态从 1 翻转为 0，计数器返回 0000 状态。根据时序逻辑电路的分析方法，可以列出其驱动方程、输出方程、状态方程，根据其状态方程还可以列出状态转换表，并画出如图 4-28 所示的状态转换图。由状态转换图可见，这个计数器是能够自启动的。

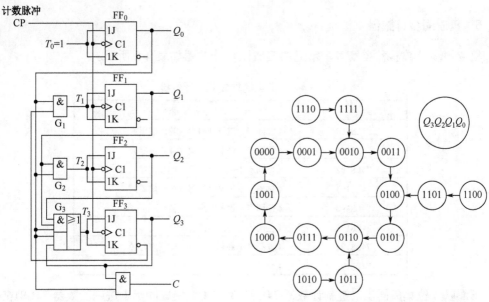

图 4-27　由 T 触发器组成的同步十进制加法计数器　　　图 4-28　图 4-27 的计数器的状态转换图

图 4-29 是同步十进制减法计数器。它也是在同步二进制减法计数器的基础上演变来的。为了使计数器能从 $Q_3Q_2Q_1Q_0$=0000 的状态经减 1 跳变成 1001 状态，可以在计数器处于全 0 状态时用与非门 G$_2$ 输出的低电平信号将与门 G$_1$ 和 G$_3$ 封锁，使 T_1=T_2=0。于是当计数脉冲到达各触发器时，FF$_0$ 和 FF$_3$ 的状态翻转为 1，而 FF$_1$ 和 FF$_2$ 维持 0 态不变。此后继续输入减法计数脉冲，计数器的工作情况与图 4-25 中的同步二进制减法计数器相同。图 4-30 为同步十进制减法计数器的状态转换图。

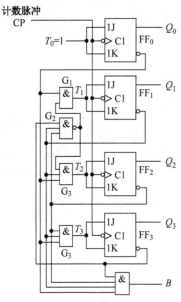

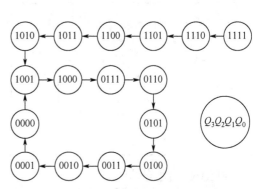

图 4-29　同步十进制减法计数器　　　　　图 4-30　图 4-29 的计数器的状态转换图

将同步十进制加法计数器和同步十进制减法计数器合并在一起，再在此基础上增加一些控制门即可得到同步十进制可逆计数器。

5. 集成同步计数器

集成同步计数器种类繁多，常见的集成同步计数器如表 4-8 所示。

表 4-8 常见的集成同步计数器

型 号	功 能
74LS160	4 位同步十进制计数器（异步清零）
74LS161	4 位同步二进制计数器（异步清零）
74LS162	4 位同步十进制计数器（同步清零）
74LS163	4 位同步二进制计数器（同步清零）
74LS190	4 位同步十进制可逆计数器
74LS191	4 位同步二进制可逆计数器
74LS192	4 位同步十进制可逆计数器（双时钟）
74LS193	4 位同步二进制可逆计数器（双时钟）

下面以 4 位集成同步二进制计数器 74LS163 和 4 位集成同步十进制计数器 74LS160 为例进行介绍。图 4-31 是 74LS163 的逻辑功能示意图。图中，$\overline{CR}$ 端是同步清零端，$\overline{LD}$ 端是同步置数控制端，CP 端为计数脉冲输入端，D_3 端、D_2 端、D_1 端、D_0 端是 4 个并行数据输入端，Q_3 端、Q_2 端、Q_1 端、Q_0 端为输出端，CT_P 端和 CT_T 端是计数使能端（控制端），CO 端是进位输出端，供芯片扩展使用。74LS163 为 4 位同步二进制计数器，其功能表如表 4-9 所示。

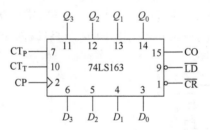

图 4-31 74LS163 的逻辑功能示意图

表 4-9 74LS163 的功能表

输 入 信 号									输 出 信 号			
清零	置数	使能		时钟	并行输入							
$\overline{CR}$	$\overline{LD}$	CT_P	CT_T	CP	D_3	D_2	D_1	D_0	Q_3	Q_2	Q_1	Q_0
0	×	×	×	↑	×	×	×	×	0	0	0	0
1	0	×	×	↑	d_3	d_2	d_1	d_0	d_3	d_2	d_1	d_0
1	1	1	1	↑	×	×	×	×	计 数			
1	1	0	×	×	×	×	×	×	保 持			
1	1	×	0	×	×	×	×	×	保 持			

74LS163 的逻辑功能如下。

（1）同步清零。当 $\overline{CR}$ =0 且在 CP 上升沿到达时，无论其他输入端状态如何，计数器都清零。清零后，$\overline{CR}$ 端应接高电平，以避免妨碍计数器正常工作。该计数器的清零过程是依靠时钟脉冲进行的，故其清零方式称为同步清零方式。

（2）同步并行置数。74LS163 具有并行输入数据功能，这项功能是由 $\overline{LD}$ 端控制的。当 $\overline{CR}$ =1、$\overline{LD}$ =0 时，在 CP 上升沿的作用下，$Q_3Q_2Q_1Q_0=D_3D_2D_1D_0$，计数器置入初始数值，此项操作必须有 CP 上升沿配合，并与 CP 上升沿到达同步进行，所以该功能称为同步置数功能。

（3）计数。在 $\overline{CR}=\overline{LD}=1$ 的状态下，若计数控制端信号 $CT_P=CT_T=1$，则在 CP 上升沿的作用下，计数器实现同步 4 位二进制加法计数。若计数器的初始状态为 0000，则在此基础上进行加法计数直至计数器状态为 1111；若计数器已置数 $d_3d_2d_1d_0$，则在置数基础上进行加法计数直至计数器状态为 1111。

（4）保持。当 $\overline{CR}=\overline{LD}=1$，而且 CT_P 和 CT_T 中至少有一个为 0 时，CP 将不起作用，计数器会保持原状态不变。

此外，74LS163 有超前进位功能。其进位输出信号 $CO=Q_3Q_2Q_1Q_0CT_T$，即当输出信号 $Q_3Q_2Q_1Q_0$=1111，并且计数控制端信号 CT_T=1 时，CO=1，计数器发出进位信号。综上所述，74LS163 是有同步清零功能、同步置数功能的 4 位同步二进制计数器。

图 4-31 也是集成 4 位同步二进制加法计数器 74LS161 的逻辑功能示意图，它与 74LS163 的不同之处在于 74LS161 为异步清零的计数器，其他功能同 74LS163 完全相同。

图 4-32 为 74LS160 的逻辑功能示意图。图中，$\overline{CR}$ 端是异步清零端，$\overline{LD}$ 端是同步置数控制端，CP 端为计数脉冲输入端，D_3 端、D_2 端、D_1 端、D_0 端是 4 个并行数据输入端，Q_3 端、Q_2 端、Q_1 端、Q_0 端为输出端，CT_P 端和 CT_T 端是计数使能端（控制端），CO 端是进位输出端，这些端口供芯片扩展使用。表 4-10 为 74LS160 的功能表。

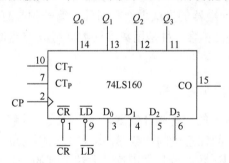

图 4-32　74LS160 的逻辑功能示意图

表 4-10　74LS160 的功能表

输 入 信 号									输 出 信 号			
清零	置数	使能		时钟	并行输入							
$\overline{CR}$	$\overline{LD}$	CT_P	CT_T	CP	D_3	D_2	D_1	D_0	Q_3	Q_2	Q_1	Q_0
0	×	×	×	×	×	×	×	×	0	0	0	0
1	0	×	×	↑	d_3	d_2	d_1	d_0	d_3	d_2	d_1	d_0
1	1	1	1	↑	×	×	×	×		计　　数		
1	1	0	×	×	×	×	×	×		保　　持		
1	1	×	0	×	×	×	×	×		保　　持		

由表 4-10 可知，74LS160 的逻辑功能如下。

（1）异步清零。当 $\overline{CR}$ =0 时，无论其他输入端的状态如何，计数器清零。清零后，$\overline{CR}$ 端应接高电平，以避免妨碍计数器正常工作。该计数器的清零过程不依靠 CP 进行，故其清零方式称为异步清零方式。

（2）同步并行置数。当 $\overline{CR}$ =1、$\overline{LD}$ =0 时，在 CP 上升沿的作用下，信号 $Q_3Q_2Q_1Q_0$= $D_3D_2D_1D_0$，计数器置入初始数值，此项操作必须有 CP 上升沿配合，并与 CP 上升沿到达同步进行，所以该功能称为同步置数功能。

（3）计数。在 $\overline{CR}$ = $\overline{LD}$ =1 的状态下，若计数控制端信号 $CT_P=CT_T=1$，则在 CP 上升沿的作用下，计数器按照 8421BCD 码的规律进行十进制加法计数。

（4）保持。在 $\overline{CR}$ = $\overline{LD}$ =1，而且 CT_P 和 CT_T 中至少有一个为 0 时，CP 将不起作用，计数器会保持原状态不变。

此外，74LS160 有超前进位功能。其进位输出信号 $CO=Q_3Q_0CT_T$，即当计数器为 $Q_3Q_2Q_1Q_0$=1001 的状态，并且计数控制端信号 $CT_T=1$ 时，CO=1，计数器发出进位信号。综上所述，74LS160 是有异步清零功能、同步置数功能的 4 位同步十进制计数器。

图 4-32 也是集成 4 位同步十进制加法计数器 74LS162 的逻辑功能示意图，它与 74LS160 的不同之处在于 74LS162 为同步清零的计数器，其他功能同 74LS160 完全相同。

4.3.3　N 进制计数器的组成方法

除了二进制计数器和十进制计数器，还可以利用触发器组成其他不同进制的计数器，如七进制计数器、十一进制计数器、六十进制计数器等，它们称为任意进制计数器，简称 N 进制计数器。组成 N 进制计数器的方法主要有两种：第一种是直接用触发器组成 N 进制计数器，该方法称为反馈阻塞法；第二种是用集成计数器组成 N 进制计数器，该种方法又分为反馈清零法和反馈置数法。

1．由触发器组成的 N 进制计数器

n 个触发器可组成模为 2^n 的二进制计数器，但如果改变其级联方法，舍去某些状态，二进制计数器就可变成 $N<2^n$ 的任意进制计数器，这种方法称为反馈阻塞法。前面介绍的同步十进制计数器和异步十进制计数器就是利用这种方法得到的。计数器的进制数由有效循环的状态个数 N（模）来确定，N 等于几就是几进制计数器。

2．用集成计数器组成的 N 进制计数器

利用集成二进制计数器或集成十进制计数器可以很方便地组成任意进制计数器，可采用的方法有两种，一种是反馈清零法，另一种是反馈置数法。

1）反馈清零法

该方法利用计数器清零端的清零作用，截取计数过程中的某一个中间状态控制清零端，使计数器由此状态返回到零重新开始计数，这样就舍去了一些状态，从而把模较大的计数器改成模较小的计数器。

对清零信号（某一中间状态）的选择与计数器的清零方式有关。产生清零信号的状态称为反馈识别码 N_a。

（1）当计数器的清零方式为异步清零方式时，状态 N 可作为反馈识别码，$N_a=N$。通过门电路组合输出清零信号（清零端为高电平有效的计数器用与门，清零端为低电平有效的计数器用与非门），使计数器瞬间清零，即第 N_a 个状态的存在时间极短，故其有效循环状态为 $0 \sim (N_a-1)$ 共 N 个，如此组成了 N 进制计数器。

（2）当计数器的清零方式为同步清零方式时，$N_a=N-1$ 可作为识别码。通过门电路组合输出清零信号，使计数器在 CP 到来时清零，其所保留的有效状态是 $0 \sim N_a$，这样也同样可以组成 N 进制计数器。

[例 4-2]　试用二进制计数器 74LS163 组成一个八十六进制计数器。

解：由于 74LS163 为 4 位二进制计数器（16 进制计数器），要组成八十六进制计数器，可以用两片 74LS163 来组成（两片的最大模数为 16×16=256）。

74LS163 的清零方式为同步清零方式，当 $\overline{CR}$=0 后，CP 脉冲到来，清零过程才能完成。因此，反馈识别码为 $N_a=N-1=86-1=85$，即当清零端的状态为 $(85)_{10}$ 时，一个 CP 到来，计数器回到零。

而　　　　　　　　　　　　　$(85)_{10}=(01010101)_2$

因此，只要将高位计数器的 Q_2Q_0 和低位计数器 Q_2Q_0 组合为与非函数，并将其作为反馈清零信号就可以了。因为 $\overline{CR}$ 端为低电平有效，所以反馈信号要由与非门引到 $\overline{CR}$ 端，其逻辑电路如图 4-33 所示。

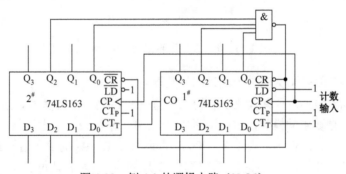

图 4-33　例 4-2 的逻辑电路（$N=86$）

由例 4-2 可知，在计数器的各使能端都置于正确状态的前提下，确定置 0（清零信号）时所取的输出代码是个关键。这与计数器的清零方式有关（同步清零还是异步清零）。异步清零的计数器把 N 作为其置 0 时的输出代码，同步清零的计数器把 $N-1$ 作为其置 0 时的输出代码。此外还要注意清零端的有效电平，以确定反馈引导门是与门还是与非门。

2）反馈置数法

该方法利用具有置数功能的计数器，截取从 N_b 到 N_a 之间的 N 个有效状态，组成 N 进制计数器。在该方法中，当计数器的状态循环到 N_a 时，由 N_a 构成的反馈信号提供置数指令，由于并行数据输入端被置成了 N_b 的状态，所以当置数指令到来时，计数器的输出端必然被置成 N_b 的状态，之后当计数脉冲到来时，计数器将在 N_b 的基础上继续计数，直至循环到 N_a 的状态，再进行新一轮置数、计数。提供置数反馈信号的 N_a 仍然称为反馈识别码（或称反馈置数码），它的确定与计数器的置数方式（是异步置数还是同步置数）有关。对于异步置数的计数器，应令 $N_a=N_b+N$；对于同步置数的计数器，应令 $N_a=N_b+N-1$。

[例 4-3]　试用二进制计数器 74LS163 组成一个十四进制计数器。

解：因为 74LS163 属于同步置数的计数器，所以反馈置数码 $N_a=N_b+N-1=N_b+13$。可以通过 3 种方案组成十四进制计数器：

（1）令 $N_b=0000$，则 $N_a=1101$，而置数端 $\overline{LD}$ 为低电平有效，所以需要使 $D_3D_2D_1D_0=0000=N_b$。将 $Q_3Q_2Q_0$ 组成与非函数并将其送至 $\overline{LD}$ 端，并在其他使能端上正常接线。这种方法相当于反馈清零法，如图 4-34（a）所示。

（2）令 $N_b=0010$，则 $N_a=1111$，在计数器的状态为 1111 时，进位输出端信号 CO=1，所以应将 CO 经反相器引至 $\overline{LD}$ 端，并令 $D_3D_2D_1D_0=N_b=0010$，$CT_T=CT_P=1$。其逻辑电路如图 4-34（b）所示。

（3）令 $N_b=0001$，则 $N_a=1110$，应使 $CT_T=CT_P=1$，$D_3D_2D_1D_0=N_b=0001$，将 $Q_3Q_2Q_1$ 组成与非函数并将其送至 $\overline{LD}$ 端，该逻辑电路如图 4-34（c）所示。

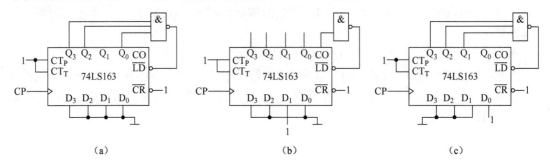

图 4-34　例 4-3 的逻辑电路（N=14）

[例4-4]　试用74LS196实现二十七进制计数器。

解：由于 74LS196 为具有置数功能的二一五一十进制异步计数器，所以它采用异步置数方式。为实现本题要求的模数，需要用两片 74LS196 来组成二十七进制计数器。如果采用反馈置数法，则应令 $N_a=N_b+N$。现令 $N_b=0000$，即两片 74LS196 的输入信号 $D_3D_2D_1D_0=0000$，则 $N_a=N_b+N=(27)_{10}=(0010\ 0111)_{BCD}$。应将高位 $2^\#$ 片的信号 Q_1 和低位 $1^\#$ 片的信号 $Q_2Q_1Q_0$ 组成与非函数，并将其作为置数指令反馈给置数控制端 $\overline{LD}$，这样该计数器循环的状态个数为 0～26，模 N=27。其他使能端及两片 74LS196 的级联应正常接好，如图 4-35 所示。

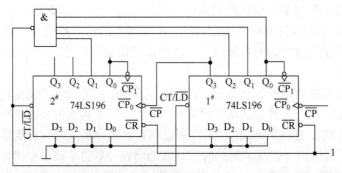

图 4-35　例 4-4 用两片 74LS196 组成的 N=27（置数法）的逻辑电路

技能性实训

实训 1　集成计数器的功能及应用测试

1．实训目的

（1）掌握集成计数器的使用方法及功能测试方法。

（2）掌握用集成计数器构成任意进制计数器的方法。

2．实训器材

+5V 直流电源 1 台；单次脉冲源 2 个；逻辑电平开关 8 个；逻辑电平显示器 8 个；集成门电路芯片 74LS161、74LS00、74LS10 各 1 片；1kΩ 电阻 4 个；LED 4 个；面包板 1 块；导线若干。

3．实训内容及步骤

1）集成计数器 74LS161 功能测试

（1）按如图 4-36 所示的 74LS161 功能测试电路接好电路。

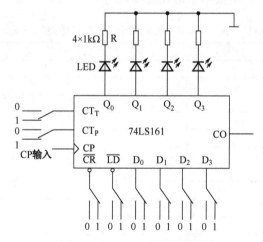

图 4-36　74LS161 功能测试电路

（2）确认电路连接无误后，接通电源。

（3）$\overline{CR}$ 端异步清零测试。将 $\overline{CR}$ 端置为低电平状态，即信号 $\overline{CR}=0$，改变 $\overline{LD}$ 端、CT_P 端、CT_T 端和 CP 端的状态，观察 $Q_3 \sim Q_0$ 端 LED 灯发光情况的变化，LED 亮为 1，将结果记录在自拟的表格中。

（4）同步并行预置数测试。将 $\overline{CR}$ 端置为高电平状态、$\overline{LD}$ 端置为低电平状态，即信号 $\overline{CR}=1$、$\overline{LD}=0$，时钟脉冲 CP 变化一个周期，即由高电平变为低电平，再由低电平变为高电平。改变输入端 $D_3 \sim D_0$ 的逻辑电平状态，观察输出端 $Q_3 \sim Q_0$ 的 LED 的变化。将数据记录在自拟的表格中。

（5）计数功能测试。当 $\overline{CR}=\overline{LD}=CT_P=CT_T=1$ 时，随着 CP 端脉冲的变化，观察输出端

$Q_3 \sim Q_0$ 的 LED 的变化，将数据记录在自拟的表格中。

（6）保持功能测试。使信号 $\overline{CR} = \overline{LD} = 1$，而且 CT_P 和 CT_T 两个信号中至少有一个为 0，观察 CP 端脉冲变化时的输出端 $Q_3 \sim Q_0$ 的 LED 的变化，将数据记录在自拟的表格中。

2）用 74LS161 组成十二进制计数器

（1）分别按图 4-37 和图 4-38 连接电路。

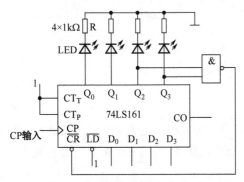 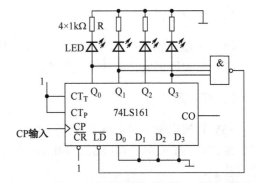

图 4-37　通过反馈清零法得到的十二进制计数器　　图 4-38　通过反馈置数法得到的十二进制计数器

（2）确认电路连接无误后，接通电源。

（3）依次在 CP 端输入触发脉冲（上升沿，0→1），当 CP 端脉冲发生变化时，观察输出端 $Q_3 \sim Q_0$ 的 LED 的变化，将数据记录在表 4-11 中。

表 4-11　用 74LS161 组成的十二进制计数器的测试数据

CP	Q_3	Q_2	Q_1	Q_0
0				
1				
2				
3				
4				
5				
6				
7				
8				
9				
10				
11				
12				
13				
14				
15				

4．实训报告

（1）根据测试数据，给出测试结论。

（2）图 4-37 中的计数器计数到 1100 时进行反馈，而图 4-38 中的计数器计数到 1011 时进行反馈，为什么？

(3) 在图 4-38 中，$D_3 \sim D_0$ 端接地，而在图 4-37 中，$D_3 \sim D_0$ 端不接地，为什么？

实训 2 时计数显示电路的设计与制作

1．实训目的

(1) 进一步掌握计数器、显示译码器的逻辑功能，培养对简单电路的设计能力，初步掌握设计电路的基本方法。

(2) 掌握集成计数器的识别方法、功能及测试方法。

(3) 掌握计数显示电路中的元器件的连接特点，能够对电路中的相关参数进行合理测试，并能正确判断出电路的工作状态。

(4) 掌握简单电路的装配方法，进一步熟练使用各种仪器仪表。

(5) 进一步提高分析问题和解决问题的能力。

2．实训器材

+5V 直流电源 1 台；数字万用表 1 个；集成电路芯片 74LS160、74LS247 各 2 片，74LS00 1 片；共阳极数码管 SM4105 两个；300Ω 电阻 14 个；单次脉冲源 2 个；连续脉冲源 1 个；面包板（万能板）1 块；导线若干。

3．实训内容及要求

时计数显示电路由二十四进制计数器和译码显示电路两部分组成，参考电路如图 4-39 所示。二十四进制计数器由十进制计数器 74LS160 和四 2 输入与非门 74LS00 组成。译码显示电路由共阳极数码管 SM4105、译码器 74LS247 和限流电阻组成，其作用是将计数器输出的 8421BCD 码以数字的形式显示出来。74LS247 采用集电极开路输出，为了限制数码管的导通电流，应在 74LS247 的输出端与数码管的输入端之间串联限流电阻。

在安装电路前，应对集成电路芯片进行检测，先用数字万用表进行非在路检测，在正常情况下，集成电路芯片的任一引脚与其接地脚之间的阻值不应为 0 或无穷大（空脚除外），而且大多数情况下该阻值不对称，即正反向阻值不相等。

4．电路安装与调试

(1) 将检测合格的元器件按如图 4-39 所示电路连接安装在面包板上，也可以将其焊接在万能板上。

(2) 在插接集成电路芯片时，应先校准两排引脚，使之与底板上插孔对应，然后轻轻用力将芯片插上，在确定引脚与插孔吻合后，再稍用力将其插紧，以免引脚弯曲、折断或接触不良。

(3) 导线应粗细适当，一般选取直径为 0.6～0.8mm 的单股导线，通过使用不同色线来区分它们的不同用途，如电源线用红色、接地线用黑色。

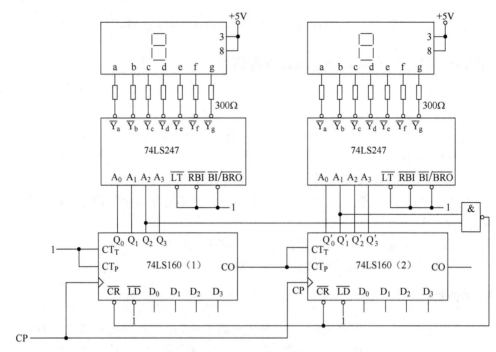

图 4-39 时计数显示电路

（4）应有次序地进行布线，随意乱接导线容易造成漏接或接错。较好的布线方法是，先接好固定电平点，如电源线、地线、门电路闲置输入端等，然后按信号源的顺序从输入端到输出端依次布线。

（5）在连线时应避免导线过长，避免导线从集成元器件的上方跨越，避免导线多次重叠交错，以利于布线、更换元器件，以及检查并排除故障。

（6）电路的线路布置应整齐、美观、牢固。水平导线应尽量紧贴底板，竖直导线可沿边框四角敷设，导线转弯时的弯曲半径不能过小。

（7）在完成电路安装后，应仔细检查电路连接是否正确，用数字万用表检测电路是否有短接或接触不良等现象，确认电路连接无误后再接通电源，逐级调试。

（8）将信号脉冲输入计数器中，检查个位、十位进位情况是否正常。

（9）在信号脉冲作用下，观测数码管的显示情况。如果电路正常工作，数码管会依次显示数字 00～23。若数码管不能正确显示数字，则电路存在故障。

5. 考评内容及评分标准

时计数显示电路的设计与制作的考评内容及评分标准如表4-12所示。

表 4-12　时计数显示电路的设计与制作的考评内容及评分标准

步骤	考评内容	评分标准	标准分	扣分及原因	得分
1	画出电路图，并分析其工作原理	（1）各元器件符号正确； （2）各元器件连接正确； （3）原理分析准确。 （错一处扣 5 分，扣完为止；教师辅导、学生自查）	20		

续表

步骤	考评内容	评分标准	标准分	扣分及原因	得分
2	根据相关参数，对元器件质量进行判别	元器件质量和分类判断正确。 （错一处扣 5 分，扣完为止；学生自查、教师检查）	20		
3	根据电路图搭接电路，利用直观法或使用数字万用表分析电路连接是否正确	（1）电路的连接符合工艺标准； （2）布局规范，走线美观； （3）无断路（脱焊）、短路等错误。 （错一处扣 5 分，扣完为止；同学互查、老师检查）	20		
4	确认电路连接无误后，进行通电测试。	（1）操作过程正确； （2）电路工作状态正常。 （错一处扣 5 分，扣完为止；教师指导、同学互查）	25		
5	注意安全、规范操作，小组分工，保证质量，完成时间为 90min	（1）小组成员有明确分工； （2）在规定时间内完成该项目； （3）各项操作规范、安全。 （成员无分工扣 5 分，超时扣 10 分；教师指导、同学互查）	15		
	教师根据学生对时计数显示电路的相关理论知识和技能知识的掌握情况进行综合评定，并指出存在的问题，给出具体改进方案		100		

 知识拓展

交通信号灯控制电路

交通信号灯显示图及时序图如图 4-40 所示，现将南北和东西通道的绿灯、黄灯、红灯的显示时序分别用代号 $1A$、$1B$、$1C$ 和 $2A$、$2B$、$2C$ 表示。其控制电路如图 4-41 所示。其工作原理如下。

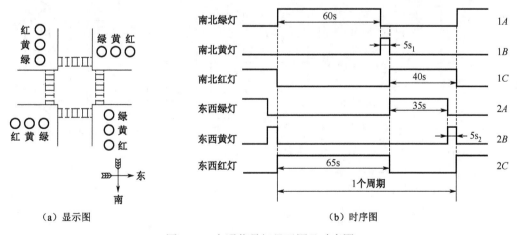

（a）显示图　　　　　　　　　　　（b）时序图

图 4-40　交通信号灯显示图及时序图

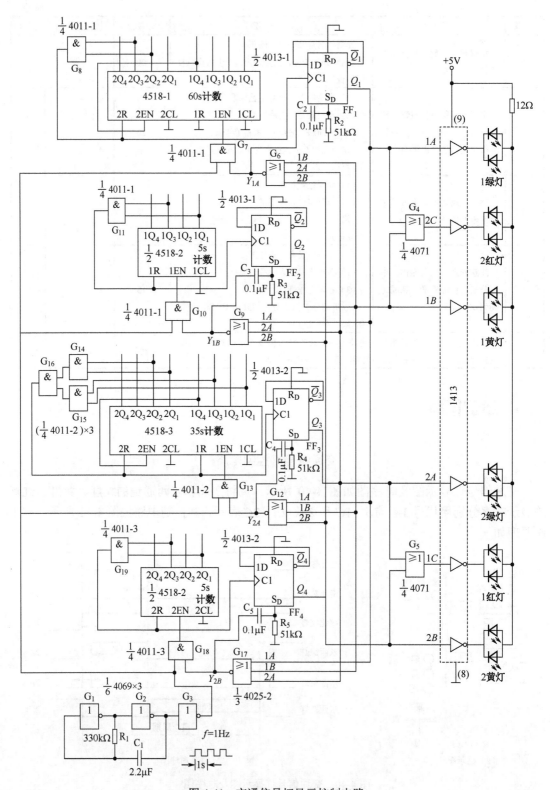

图 4-41　交通信号灯显示控制电路

由 CMOS 反相器 G_1、G_2 和 R_1、C_1 组成的多谐振荡器会产生秒脉冲信号，该信号经反相器 G_3 改善波形后被送入相应的计数器。这些计数器是由 4518 双二—十进制计数器采用反馈清零法组成的 N 进制计数器。由交通灯显示时序图中的显示规律可知，$1A$、$1B$、$2A$ 和 $2B$ 的显示时间分别为 60s、5s、35s 和 5s，而显示 40s 的 $1C$ 可由 $2A+2B$ 通过或门 G_5 获得，而显示 65s 的 $2C$ 可由 $1A+1B$ 通过或门 G_4 获得。只有当 $1B$、$2A$ 和 $2B$ 为非 1（0）信号时才能使 $1A$ 获得 60s 高电平，故或非门 G_6 的输出信号 $Y_{1A}=\overline{1B+2A+2B}$（全 0 出 1）控制与门 G_7，允许秒脉冲信号输入 60s 计数器。另外，高电平上升沿信号 Y_{1A} 通过 C_2、R_2 的微分电路产生正脉冲，触发 FF_1 的 4013D 触发器的直接置位端 S_D，使 $Q_1=1$。该信号变为 $1A$ 和 $2C$，并通过驱动器 1413 使 1 绿灯和 2 红灯发光，此后微分电路使 S_D 端的状态很快恢复为 0。计数器计数达到 60s 时，通过 G_8 输出高电平信号到 R 端使计数器清零，R 端的状态又回到 0。同时此正脉冲输入 FF_1 的 CP 端，使组成 T′ 触发器的 D 触发器的 $Q_1=0$，1 绿灯灭，这样输出的 $1A$ 为 $t=60s$ 的高电平信号。当 $1A=0$ 时，或非门 G_9 在 $1A$、$2A$、$2B$ 均为 0 时的输出信号 Y_{1B} 为 1，该信号经过由 C_3、R_3 组成的微分电路变为正脉冲，触发 FF_2，使 FF_2 的 $Q_2=1$，故 $1B$ 也为 1，然后此信号通过或非门 G_6 使 $Y_{1A}=0$，使与门 G_7 被封、4518-1 停止计数。其余 5s、35s 和 5s 的计数器的工作过程与 60s 的计数器相似，不同的是另外的三个计数器分别要求 $Y_{1B}=\overline{1A+2A+2B}$、$Y_{2A}=\overline{1A+1B+2B}$、$Y_{2B}=\overline{1A+1B+2A}$，其理由与 Y_{1A} 相似，读者可自行分析。利用上述电路可使交通信号灯循环工作显示。在开机时，某一路交通信号灯的显示完全是随机的。交通信号灯显示控制电路使用的 LED 由 1413 七路达林顿驱动器来驱动。因 LED 的 $I_F=20mA$，而且 4 个 LED 同时发光，1413 和 LED 压降均为 2V，故限流电阻 $R_6≈12Ω$。

 自我检测题

一、填空题

4.1　数字电路按照是否有记忆功能通常可分为_____逻辑电路和_____逻辑电路。

4.2　组合逻辑电路在任何时刻的输出信号与该时刻的输入信号_____，与电路原来所处的状态_____；时序逻辑电路在任何时刻的输出信号与该时刻的输入信号_____，与信号作用前电路原来所处的状态_____。

4.3　输出状态不仅取决于该时刻的输入状态，还与电路原先状态有关的逻辑电路，称为_____；输出状态仅取决于该时刻输入状态的逻辑电路，称为_____。

4.4　时序逻辑电路按其触发器有否统一时钟控制可分为_____时序逻辑电路和_____时序逻辑电路。

4.5　时序逻辑电路自启动是指电路在时钟脉冲 CP 的作用下能从_____状态自动转换为_____状态。

4.6　同步时序逻辑电路与异步时序逻辑电路的分析方法_____，但分析异步时序逻辑电路时须注意各触发器的触发条件是否_____。

4.7　移位寄存器除具有数码寄存功能外，还能使寄存数码_____。

4.8　移位寄存器按数据移位方向，可分为_____移移位寄存器和_____移移位寄存器；按数据形式变换，可分为_____并出型和_____串出型。

4.9 对一个 4 位移位寄存器输入 4 位串行数码，经过_____个时钟脉冲后，4 位串行数码全部存入寄存器；再经过_____个时钟脉冲后，串行输出全部 4 位数码。

4.10 计数器不仅可用来对脉冲计数，而且广泛应用于_____、_____、_____和_____等。

4.11 同步计数器中所有触发器的时钟端应_____。

4.12 n 个触发器最大可构成_____进制计数器。

4.13 异步二进制计数器一般接成_____。上升沿触发时，若 CP 端接低位触发器的_____端，则可构成加法计数器；若 CP 端接低位触发器的_____端，则可构成减法计数器。下降沿触发时，若 CP 端接低位触发器的_____端，则可构成加法计数器；若 CP 端接低位触发器的_____端，则可构成减法计数器。

4.14 要组成模为 15 的计数器，至少需要用_____个触发器。

4.15 二进制计数器利用反馈置数法组成 N 进制计数器时，若计数器为异步复位，则它计数至_____进行反馈；若计数器为同步置 0，则它计数至_____进行反馈。

二、选择题

4.16 下列电路中，不属于组合逻辑电路的是（　　　）。
（a）编码器　　　　　　　　　　（b）译码器
（c）数据选择器　　　　　　　　（d）计数器

4.17 同步时序逻辑电路和异步时序逻辑电路比较，二者差异在于（　　　）。
（a）没有触发器　　　　　　　　（b）没有统一的时钟脉冲控制
（c）没有稳定状态　　　　　　　（d）输出只与内部状态有关

4.18 常用于数据串并行转换的电路是（　　　）。
（a）加法器　　　　　　　　　　（b）数值比较器
（c）计数器　　　　　　　　　　（d）移位寄存器

4.19 某移位寄存器的时钟脉冲频率为 100kHz，欲将存放在该寄存器中的二进制数码左移 8 位，完成该操作需要（　　　）。
（a）10μs　　　　　　　　　　　（b）80μs
（c）100μs　　　　　　　　　　 （d）800μs

4.20 一个触发器可记录_____位二进制代码。
（a）1　　　　　　　　　　　　　（b）2
（c）4　　　　　　　　　　　　　（d）8

4.21 存储 8 位二进制信息至少要（　　　）个触发器。
（a）2　　　　　　　　　　　　　（b）3
（c）4　　　　　　　　　　　　　（d）8

4.22 8 位移位寄存器进行串行输入时，需要经（　　　）个脉冲后，才能使 8 位数码全部移入寄存器中。
（a）1　　　　　　　　　　　　　（b）2
（c）4　　　　　　　　　　　　　（d）8

4.23 下列逻辑电路中为时序逻辑电路的是（　　　）。

（a）数码寄存器　　　　　　　　　　　（b）数据选择器

（c）变量译码器　　　　　　　　　　　（d）加法器

4.24 N 个触发器最多可寄存（　　　）位二进制数码。

（a）$N-1$　　　　　（b）N　　　　　（c）$N+1$　　　　　（d）$2N$

4.25 用二进制异步计数器从 0 起做加法计数，最少需要（　　　）个触发器才能计数到100。

（a）6　　　　　（b）7　　　　　（c）8　　　　　（d）10

4.26 某数字钟需要用一个分频器将32768Hz的脉冲转换为1Hz的脉冲，欲达到此目的，该分频器至少需要（　　　）个触发器。

（a）10　　　　　（b）15　　　　　（c）32　　　　　（d）32768

4.27 1位8421BCD码计数器至少需要（　　　）个触发器。

（a）3　　　　　（b）4　　　　　（c）5　　　　　（d）10

4.28 在设计0～7计数器时，如果采用同步二进制计数器，那么最少应使用（　　　）个触发器。

（a）2　　　　　（b）3　　　　　（c）4　　　　　（d）8

4.29 同步计数器和异步计数器比较，同步计数器的显著优点是（　　　）。

（a）工作速度高　　　　　　　　　　　（b）触发器利用率高

（c）电路简单　　　　　　　　　　　　（d）不受 CP 控制

4.30 把一个五进制计数器与一个四进制计数器串联可得到（　　　）进制计数器。

（a）四　　　　　　　　　　　　　　　（b）五

（c）九　　　　　　　　　　　　　　　（d）二十

 ## 思考题与习题

4.31 分析如图 4-42 所示的时序逻辑电路的逻辑功能，写出电路的驱动方程、状态方程和输出方程，画出电路的状态转换图和时序图。

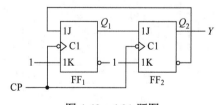

图 4-42　4.31 题图

4.32 分析如图 4-43 所示的时序逻辑电路的逻辑功能，写出电路的驱动方程、状态方程和输出方程，画出电路的状态转换图，并说明该电路能否自启动。

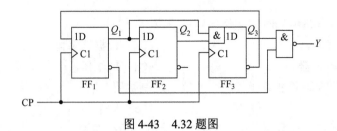

图 4-43　4.32 题图

4.33　试分析如图 4-44 所示的时序逻辑电路的逻辑功能，写出电路的驱动方程、状态方程和输出方程，画出电路状态转换图，检查电路能否自启动。

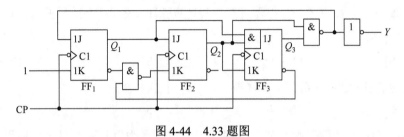

图 4-44　4.33 题图

4.34　试画出用 2 片 74LS194 组成的 8 位双向移位寄存器的逻辑电路。

4.35　分析如图 4-45 所示的时序逻辑电路，画出电路的状态转换图，检查电路能否自启动，并说明电路实现的功能。A 为输入变量，Y 为输出变量。

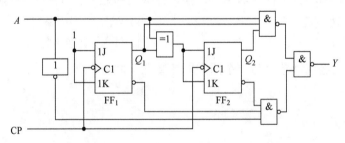

图 4-45　4.35 题图

4.36　分析如图 4-46 所示的时序逻辑电路，写出电路的驱动方程、状态方程和输出方程，画出电路的状态转换图，说明电路能否自启动。

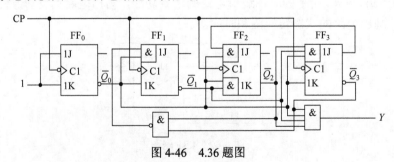

图 4-46　4.36 题图

4.37　用 74LS194 组成一个时序脉冲发生器，画出其逻辑电路，时序脉冲波形如图 4-47 所示。

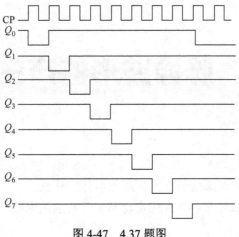

图 4-47　4.37 题图

4.38　分析如图 4-48 所示的电路，说明这是多少进制的计数器。

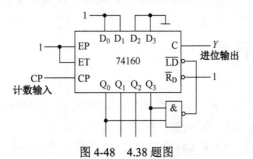

图 4-48　4.38 题图

4.39　分析如图 4-49 所示的电路，画出电路的状态转换图，说明这是多少进制的计数器。

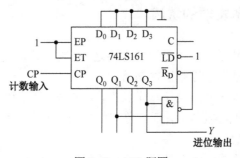

图 4-49　4.39 题图

　　4.40　试用 4 位同步二进制计数器（74LS161）组成十二进制计数器，标出其输入端、输出端。可以附加必要的门电路。

　　4.41　用 74LS163 通过两种方法组成六进制计数器，画出逻辑电路，列出状态转换表。

　　4.42　用 74 LS163 组成七十五进制计数器。

单元 5 脉冲波形的产生与整形

学习目的

要知道：555 定时器的电路结构、工作原理和引脚功能。

要熟悉：集成单稳态触发器和集成施密特触发器的应用电路；石英晶体和门电路构成的方波发生器的基本电路。

会画出：用 555 定时器组成的施密特触发器、单稳态触发器和多谐振荡器的电路。

会识别：施密特触发器、单稳态触发器和多谐振荡器的电路。

 学习性工作任务

数字电路系统常需要用到各种不同频率、不同幅度的脉冲信号，如时钟脉冲信号 CP、生产控制过程中的定时信号等。获得这些脉冲信号的方法很多，在数字电路中经常被采用的方法有两种，一种是利用多谐振荡器直接产生脉冲信号，另一种是对已有的信号进行整形得到脉冲信号。整形电路最常用的是单稳态触发器电路和施密特触发器电路。

任务 5.1 施密特触发器的认知

施密特触发器电路是数字系统中常用的电路之一，它可以把变化十分缓慢的不规则的脉冲信号变换成数字电路所需要的矩形脉冲信号。

施密特触发器的特点在于它有两个稳定状态，但它与一般触发器不同的是，不仅它的两个稳定状态的转换需要外加触发信号，而且稳定状态的维持也依赖于外加触发信号，因此该触发器的触发方式是电平触发。

图 5-1 是施密特触发器的逻辑符号和电压传输特性。由图 5-1 可知，当输入信号由小到

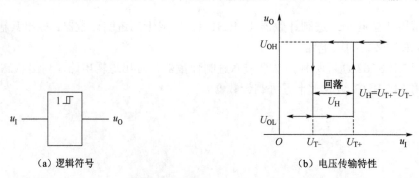

(a) 逻辑符号   (b) 电压传输特性

图 5-1 施密特触发器的逻辑符号和电压传输特性

大达到或超过正向阈值电压 U_{T+} 时，输出信号由低电平翻转为高电平；当输入信号由大到小达到或小于负向阈值电压 U_{T-} 时，输出信号由高电平翻转为低电平。由此可见，施密特触发器具有两个不同的阈值电压。正向阈值电压 U_{T+} 和负向阈值电压 U_{T-} 的差值称为滞后电压或回差电压 U_H，即

$$U_H = U_{T+} - U_{T-} \tag{5-1}$$

5.1.1　用门电路组成的施密特触发器

将两级 CMOS 反相器串联起来，同时通过分压电阻把输出端的电压反馈到输入端，就形成了如图 5-2 所示的施密特触发器电路。

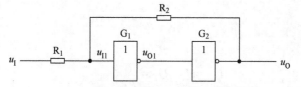

图 5-2　由 CMOS 反相器组成的施密特触发器

假定反相器 G_1 和 G_2 是 CMOS 反相器，它们的阈值电压为 $U_{TH} \approx \frac{1}{2} U_{DD}$。

由图 5-2 可得（利用叠加原理）

$$u_{I1} = \frac{R_2}{R_1 + R_2} u_I + \frac{R_1}{R_1 + R_2} u_O \tag{5-2}$$

现设输入信号 u_I 为如图 5-3 所示的三角波，则电路有如下工作过程：

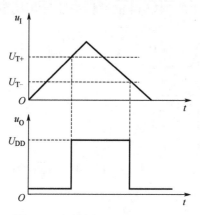

图 5-3　施密特触发器的工作波形

（1）当 $u_I = 0$ 时，因为 G_1 和 G_2 组成了正反馈电路，所以 $u_O = U_{OL} \approx 0$。这时 G_1 的输入 $u_{I1} \approx 0$。

（2）当 u_I 从 0 逐渐升高并达到 $u_{I1} = U_{TH}$ 时，电平翻转，此时 u_I 应为 U_{T+}，由式（5-2）可得

$$u_{I1} = \frac{R_2}{R_1 + R_2} u_I = U_{TH}$$

$$U_{T+} = u_I = \frac{R_1 + R_2}{R_2} U_{TH} \tag{5-3}$$

此后只要 $u_I > U_{T+}$，就有 $u_O = U_{OH} \approx U_{DD}$，则

$$u_{I1} = \frac{R_2}{R_1 + R_2} u_I + \frac{R_1}{R_1 + R_2} U_{DD} > U_{TH}$$

（3）当 u_I 从高电平 U_{DD} 逐渐下降至 $u_{I1} = U_{TH}$ 时，电平翻转，此时 u_I 应为 U_{T-}，由式（5-2）可得

$$u_{I1} = \frac{R_2}{R_1 + R_2} u_I + \frac{R_1}{R_1 + R_2} U_{DD} = U_{TH}$$

$$U_{T-} = u_I = \frac{R_1 + R_2}{R_2} U_{TH} - \frac{R_1}{R_2} U_{DD} \qquad (5\text{-}4)$$

此后只要 $u_I < U_{T-}$，就有 $u_O = U_{OL}$，则

$$u_{I1} = \frac{R_2}{R_1 + R_2} u_I < U_{TH}$$

电路的回差电压为

$$U_H = U_{T+} - U_{T-} = \frac{R_1}{R_2} U_{DD} \qquad (5\text{-}5)$$

由以上分析可知，只要调整电阻 R_1、R_2 的比率，就可调整电路的回差电压，非常方便。

5.1.2　集成施密特触发器

由于施密特触发器的应用非常广泛，所以无论是在 TTL 型电路中还是在 CMOS 型电路中，都有单片集成的施密特触发器产品。TTL 集成施密特触发器的系列产品有 74LS24、74LS132、74LS13、74LS18、74LS14、74LS19 等，CMOS 集成施密特触发器的系列产品有 CC4093、CC40106 等。图 5-4 是 74LS14 的逻辑符号及引脚排列。

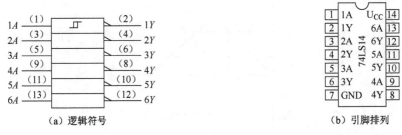

（a）逻辑符号　　　　　　　　　　（b）引脚排列

图 5-4　74LS14 的逻辑符号及引脚排列

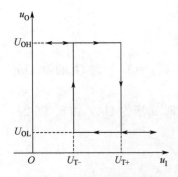

74LS14 内有 6 个带施密特触发功能的反相器，正向阈值电压 U_{T+} 为 1.6V，负向阈值电压 U_{T-} 为 0.8V，回差电压 U_H 为 0.8V。电路的逻辑关系为

$$Y = \overline{A}$$

图 5-5 是 74LS14 的电压传输特性。

图 5-5　74LS14 的电压传输特性

5.1.3　施密特触发器应用举例

施密特触发器的应用非常广泛，可用于波形变换、波形整形、脉冲信号的幅度鉴别等。

1．波形变换

施密特触发器常用于将三角波、正弦波及变化缓慢的波形变换成矩形波。将需要变换的波形送到施密特触发器的输入端，输出信号便为很好的矩形波。波形变换如图 5-6 所示。

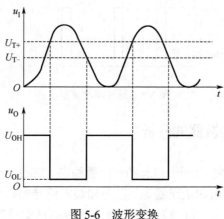

图 5-6　波形变换

2．波形整形

脉冲信号在传输过程中受到干扰后，其上升沿和下降沿都将明显变坏，这时可用施密特触发器进行整形，将受到干扰的信号作为施密特触发器的输入信号，输出信号便为矩形波。脉冲波形整形如图 5-7 所示。

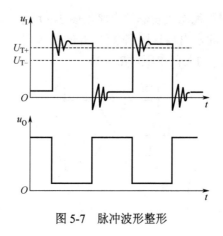

图 5-7　脉冲波形整形

3．幅度鉴别

利用施密特触发器在一串幅度不等的脉冲中将幅度较大的信号鉴别出来，称为幅度鉴别，如图 5-8 所示。其鉴别原理是将原脉冲中幅度较小的信号去除，保留幅度较大的脉冲。

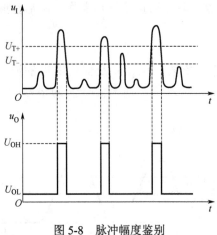

图 5-8　脉冲幅度鉴别

任务 5.2　单稳态触发器的分析

单稳态触发器的输出状态有一个稳态和一个暂稳态。它不同于具有双稳态的触发器。单稳态触发器在无外加触发信号时处于稳态。在外加触发信号的作用下，触发器从稳态进入暂稳态，经过一段时间后，它又会自动返回到稳态。暂稳态的维持时间的长短取决于触发器本身的参数，与外加触发信号无关。单稳态触发器在外加触发信号的作用下能产生一定宽度的矩形波，因此它被广泛应用于数字系统中的整形、延时和定时中。

5.2.1　微分型单稳态触发器

1．电路组成

由门电路组成的微分型单稳态触发器的电路如图 5-9 所示，G_1 的输出端经 RC 微分电路耦合到 G_2 的输入端，而 G_2 的输出端直接耦合到 G_1 的输入端。电阻 R 与电容 C 组成定时电路，其中 R 的阻值要小于 G_2 的关门电阻（R_{OFF}）。

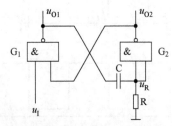

图 5-9　由门电路组成的微分型单稳态触发器的电路

2．工作原理

微分型单稳态触发器的工作原理可分为 4 个过程，参见如图 5-10 所示的工作波形。

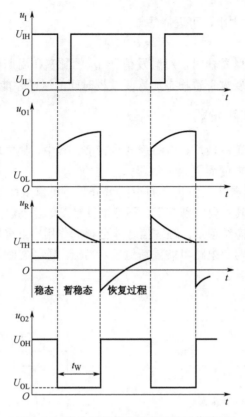

图 5-10　微分型单稳态触发器的工作波形

1）稳态

在无触发信号（u_I 为高电平）且电阻值 $R<R_{OFF}$ 时，G_2 关闭，u_{O2} 为高电平；G_1 全 1 出 0，u_{O1} 为低电平，电路处于稳态。

2）暂稳态

当在输入端加触发信号（负脉冲）时，u_{O1} 跳变为高电平，经 RC 微分电路后，u_R 为正微分脉冲。正微分脉冲使 G_2 翻转，输出信号 u_{O2} 为低电平，它反馈到 G_1 的输入端以维持 G_1 的高电平状态，电路进入暂稳态。

3）自动返回稳态

当电路进入暂稳态后，u_{O1} 为高电平，它通过电阻 R 传输到地，并给 C 充电，使 u_R 逐渐下降。当 u_R 减小到阈值电压 U_{TH} 时，G_2 又发生翻转，u_{O2} 恢复为高电平，也使 u_{O1} 变回低电平，电路回到稳态。

4）恢复过程

当电路的暂稳态结束并返回稳态后，因电容 C 上已有一定电压，若在输入端再次输入负脉冲，则电路不能立即产生正微分脉冲，须待电容 C 放电后才能产生应有的效果，电容 C 放电的过程称为恢复过程，恢复时间取决于放电时间。

3. 参数估算

由以上分析可知，单稳态触发器的输出脉冲宽度取决于暂稳态的维持时间，也就是取决

于电阻值 R 和电容值 C 的大小，可近似估算为

$$t_{W} \approx 0.7RC \tag{5-6}$$

在应用微分型单稳态触发器时，对触发信号 u_I 的脉宽和周期要有一定的限制，即脉宽要小于暂稳态时间，周期要大于暂稳态加恢复过程时间，这样才能保证电路正常工作。

5.2.2　集成单稳态触发器

单稳态触发器的应用范围较广，电路形式也较多。其中，集成单稳态触发器因外接元件少、工作稳定、使用灵活方便而更为实用。

集成单稳态触发器根据其工作状态的不同可分为不可重复触发单稳态触发器和可重复触发单稳态触发器两种。其主要区别在于，不可重复触发单稳态触发器在暂稳态期间不受触发信号影响，只有当暂稳态结束后，触发信号才会再起作用；可重复触发单稳态触发器在暂稳态期间还可接收触发信号，电路可被重新触发，当然，暂稳态时间也会顺延。图 5-11 是两种单稳态触发器的工作波形。

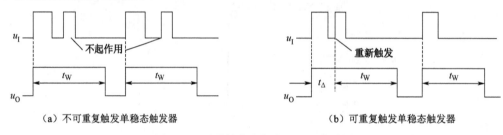

（a）不可重复触发单稳态触发器　　　　　　（b）可重复触发单稳态触发器

图 5-11　两种单稳态触发器的工作波形

常见的集成单稳态触发器有 TTL 型的 74LS121、74LS221、74LS122、74LS123，CMOS型的 CC4098、CCl4528 等。

TTL 型单稳态触发器 74LS121 是一种不可重复触发单稳态触发器，其逻辑符号及引脚排列如图 5-12 所示。

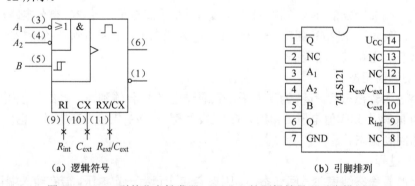

（a）逻辑符号　　　　　　　　　　　　（b）引脚排列

图 5-12　TTL 型单稳态触发器 74LS121 的逻辑符号及引脚排列

该芯片是有 14 引脚、采用双列直插结构的芯片，片内集成了微分型单稳态触发器及控制、缓冲电路。A_1、A_2、B 为触发输入端，Q 和 $\overline{Q}$ 为互补输出端，9、10 和 11 脚为外接定时元件端。74LS121 的功能表如表 5-1 所示。

表 5-1　74LS121 的功能表

输 入 信 号			输 出 信 号		功　能
A_1	A_2	B	Q	$\overline{Q}$	
0	×	1	0	1	稳态
×	0	1	0	1	
×	×	0	0	1	
1	1	×	0	1	
1	↓	1	⊓	⊔	暂稳态
↓	1	1	⊓	⊔	
↓	↓	1	⊓	⊔	
0	×	↑	⊓	⊔	
×	0	↑			

1．触发脉冲

74LS121 有两种触发方式，它可以为上升沿触发的触发器，也可以是下降沿触发的触发器。

（1）当上升沿触发时，触发信号应从 B 端输入，并且 A_1 端和 A_2 端至少有一个为低电平状态。此时，电路由稳态翻转到暂稳态。

（2）当下降沿触发时，触发信号可从 A_1 端或 A_2 端输入，也可同时从 A_1 端、A_2 端输入，但 B 端及 A_1 端、A_2 端中未输入触发脉冲的端口的状态应为高电平。此时，电路由稳态翻转到暂稳态。

（3）当无边沿触发脉冲或边沿不符合要求时，电路保持稳态。

2．定时元件 RC 连接方式

74LS121 内部集成有定时电阻 R_{int}（$2k\Omega$），因此在由 74LS121 组成的单稳态电路中，微分定时元件有两种连接方式，如图 5-13 所示。

图 5-13（a）为外接定时电容 C_{ext} 和电阻 R_{ext} 组成的电路，其输出脉冲宽度可通过估算求得

$$t_W \approx 0.7 R_{ext} C_{ext} \tag{5-7}$$

图 5-13（b）中的电路利用了片内定时电阻 R_{int}，并外接了定时电容 C_{ext}，其输出脉冲宽度可通过估算求得

$$t_W \approx 0.7 R_{int} C_{ext} \tag{5-8}$$

式（5-7）及式（5-8）中，电阻值 R_{ext} 的取值范围为 $2 \sim 100k\Omega$，电容值 C_{ext} 的取值范围为 $10pF \sim 10\mu F$。

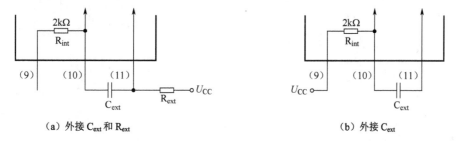

（a）外接 C_{ext} 和 R_{ext}　　　　　　　　　　　　　　　（b）外接 C_{ext}

图 5-13　微分定时元件的连接方式

5.2.3　单稳态触发器应用举例

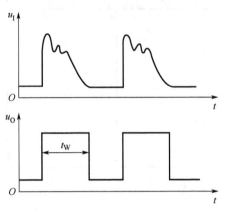

图 5-14　单稳态触发器的整形作用

单稳态触发器是常见的脉冲基本单元电路之一，它被广泛地应用于脉冲的波形整形、定时和延时中。

1．脉冲的波形整形

在数字信号的采集过程、传输过程中，经常会出现不规则的脉冲波形。这时，便可利用单稳态触发器对其整形。所谓整形就是使不规则的或是在传输过程中受到各种干扰而使脉冲波形变坏的输入信号通过单稳态触发器电路，从而获得具有一定宽度和幅度的、前后沿比较陡峭的矩形脉冲，其电路原理图如图 5-14 所示。

2．脉冲的定时

由于单稳态触发器能根据需要产生一定宽度（t_W）的矩形脉冲，所以可以利用这个脉冲去控制某电路，使它在 t_W 时间内动作（或不动作），这就是脉冲的定时作用。例如，在数字系统中，控制门电路的开启和关闭常需要用到一个一定宽度的矩形脉冲，其电路原理图如图 5-15（a）所示。单稳态触发器输出的脉冲 u_B 控制与门电路的开启和关闭，在 u_B 为高电平时，脉冲 u_A 能通过与门，在 u_B 为低电平时，脉冲 u_A 不能通过与门。单稳态触发器的工作波形图如图 5-15（b）所示。

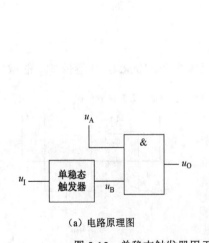

（a）电路原理图

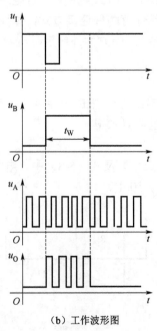

（b）工作波形图

图 5-15　单稳态触发器用于脉冲定时的电路原理图和工作波形图

3. 脉冲的延时

如图 5-16 所示，在单稳态触发器的触发端输入负脉冲 u_1，并在单稳态触发器的输出端接一个微分电路，经过 t_W 的时间的延时，单稳态触发器会输出一负脉冲 u_O'。因此，利用负脉冲 u_O' 去触发其他电路比直接用负脉冲 u_1 触发延迟了 t_W 时间，这就是单稳态触发器的延时作用。单稳态触发器的延时波形如图 5-16 所示。

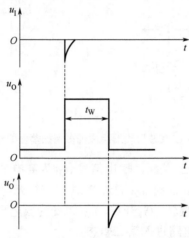

图 5-16　单稳态触发器的延时波形

任务 5.3　多谐振荡器的分析

多谐振荡器是产生矩形波的自激振荡器，它不需要外加输入信号，便可自动产生一定频率的具有高、低电平的矩形波。由于矩形波包含基波和高次谐波等较多的谐波成分，所以这种自激振荡器称为多谐振荡器。另外，多谐振荡器产生的矩形脉冲总是在高、低电平间相互转换，没有稳定状态，故又称其为无稳态电路。

5.3.1　由 CMOS 反相器组成的多谐振荡器

由于 CMOS 反相器的输入阻抗高，所以它不需要大电容就能获得较大的时间常数，而且 CMOS 反相器的阈值电压稳定，所以它常用于组成低频多谐振荡器。

1. 电路组成

图 5-17 是由二级 CMOS 反相器组成的多谐振荡器的电路及工作波形。

该电路由两个 CMOS 反相器 G_1、G_2，两个电阻 R_S、R 和一个电容 C 组成。R、C 作为定时元件决定振荡器的频率，R_S 是隔离电阻。理想情况下，由于 CMOS 反相器的输入阻抗非常高，所以电阻 R_S 中几乎没有电流通过，因此可将 R_S 短路。两级反相器与 R_S、C 构成闭环正反馈结构。

2. 工作原理

当电路处于静态时，电容 C 开路，电阻 R 中的电流也近似为零，故 G_1 的输入电位和输出电位相等，$u_{I1}=u_{O1}$，即 G_1 的静态工作点位于电压传输特性的中点，这使 G_1 的阈值电压 $U_{TH}=\dfrac{1}{2}U_{DD}$。

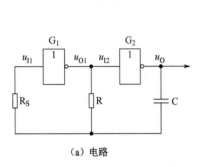　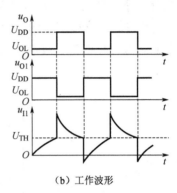

（a）电路　　　　　　　　　　　　　　　　（b）工作波形

图 5-17　由二级 CMOS 反相器组成的多谐振荡器的电路及工作波形

（1）假设在电路通电后，G_1 关断，输出信号 u_{O1} 为高电平；G_2 开启，输出信号 u_O 为低电平。这种状态称为第一暂态。这时 u_{O1} 通过 R 对 C 进行充电，使 u_{I1} 逐步升高。当 u_{I1} 升高到 $u_{I1} \geqslant U_{TH}$ 时，电路状态发生翻转。G_1 开启，u_{O1} 跳变为低电平；G_2 关断，u_O 跳变为高电平。与此同时，u_{I1} 随着 u_O 上跳，电路进入第二暂态。

（2）当电路处于 u_{O1} 为低电平、u_O 为高电平的状态下时，电容 C 通过 R 先进行放电，再进行反充电，使 u_{I1} 逐步下降。当 $u_{I1} \leqslant U_{TH}$ 时，电路再次翻转。G_1 关断，u_{O1} 为高电平；G_2 开启，u_O 为低电平。与此同时，u_{I1} 随着 u_O 下跳，电路回到第一暂态。如此反复循环，可在 G_2 的输出端得到振荡矩形波。

3．参数估算

输出矩形波的幅度为

$$U_{om} \approx U_{DD} \qquad\qquad (5\text{-}9)$$

输出矩形波的周期为

$$T = 2RC \ln \frac{U_{DD}}{U_{DD}-U_{TH}} = 2RC \ln 2 \approx 1.4RC \qquad\qquad (5\text{-}10)$$

电路中的隔离电阻 R_S 的作用为隔离 G_1 的输入端和 RC 放电回路，改善电源电压 U_{DD} 的变化对振荡频率的影响，提高振荡频率的稳定性。通常令隔离电阻阻值 $R_S \geqslant 2R$，但是 R_S 过大会造成 u_{I1} 的波形移相，从而影响振荡频率的提高。

5.3.2　石英晶体多谐振荡器

前面介绍的多谐振荡器产生的振荡信号的频率不仅取决于时间常数 RC，而且还取决于阈值电压。由于这种多谐振荡器易受温度、电源电压等外界条件的影响，所以其振荡信号的频率稳定性较差，因此这种多谐振荡器不适用于对频率稳定性要求较高的场合。而石英晶体的振荡频率的稳定性高、选频特性好，因此由石英晶体组成的多谐振荡器具有很高的频率稳定性，这种多谐振荡器产生的振荡信号在时钟、计算机等高精度系统中常作为基准时钟信号。

石英晶体多谐振荡器电路如图 5-18 所示。由如图 5-19 所示的石英晶体的电抗频率特性可知，在串联谐振频率 f_s 下，石英晶体的等效电抗 $X_s=0$；在并联谐振频率 f_p 下，其等效电抗 $X_p\approx\infty$。在图 5-18 中，石英晶体接在 G_2 的输出端与 G_1 的输入端之间，因此当输出信号频率为 f_s 时，石英晶体在串联谐振频率下工作，此时其等效电抗最小，形成的正反馈最大，可形成振荡，故振荡频率完全取决于石英晶体固有的串联谐振频率 f_s。在电路中，反相器 G_1 和 G_2 的输入端和输出端分别与电阻 R_1 和 R_2 并联，以便确定反相器的工作状态，使其在传输特性曲线上的线性放大区工作，并使它具有较高的电压放大倍数。电路中的 C_1 及 C_2 为耦合电容，并且 C_1 可用于微调振荡频率。

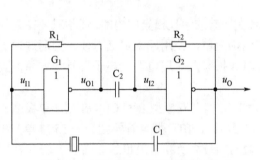

图 5-18　石英晶体多谐振荡器电路

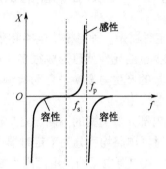

图 5-19　石英晶体的电抗频率特性

5.3.3　石英晶体多谐振荡器应用举例

用谐振频率 $f=32.768\ kHz$ 的石英晶体和 CD4060（14 级二进制计数/分频/振荡器）可获得高精度和高稳定性的秒脉冲时基信号。秒脉冲时基信号发生器电路如图 5-20 所示。CD4060 的引脚排列图如图 5-21 所示。CD4060 内部有两个 CMOS 反相器和一个 14 级二进制计数器。内部反相器 G_1 的引出端 ϕ_I 和 $\overline{\phi}_O$ 与外接石英晶体及电容组成了并联型石英晶体多谐振荡器（石英晶体与 R、C 间的连线应尽可能短），该振荡器的输出波形可通过反相器 G_2 得到改善，之后将经过改善的输出信号送入 14 级二进制计数器，在 Q_{14} 端可获得 $32.768kHz/2^{14}=2Hz$ 的脉冲信号，再通过由外接 D 触发器组成的 T′ 触发器的二分频电路后，即可获得 1Hz 标准时基信号。

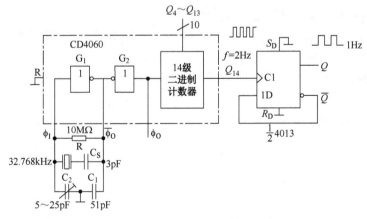

图 5-20　秒脉冲时基信号发生器电路

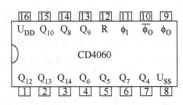

图 5-21　CD4060 的引脚排列图

任务 5.4　555 定时器的认知

555 定时器是一种将模拟电路和数字电路混合在一起的中规模集成电路，通常只要在它的外部配接少量的元件就可形成很多实用电路。它结构简单，使用起来灵活方便，因而这种定时器在信号的产生与变换、自动检测及控制、定时和报警及家用电器、电子玩具等方面得到极为广泛的应用。

根据内部元件类型的不同，555 定时器可分为 TTL 型（双极型）和 CMOS 型（单极型）。这两种定时器电路均可分为单定时器电路和双定时器电路。TTL 型定时器型号为 555（单）和 556（双），其电源电压的使用范围为 5～16V，它输出的最大负载电流可达 200mA；CMOS 型定时器型号为 7555（单）和 7556（双），其电源电压的使用范围为 3～18V，它输出的最大负载电流为 4mA。

5.4.1　555 定时器的电路结构及功能

1．555 定时器的电路结构

TTL 型 555 定时器的电路结构、逻辑符号和引脚排列如图 5-22 所示。它由 3 个分压电阻（均为 5kΩ），2 个电压比较器 C_1、C_2，RS 触发器（G_1、G_2），反相缓冲器 G_3 及放电管 VT 组成。整个芯片有 8 个引脚，各引脚名称如图 5-22（c）所示。

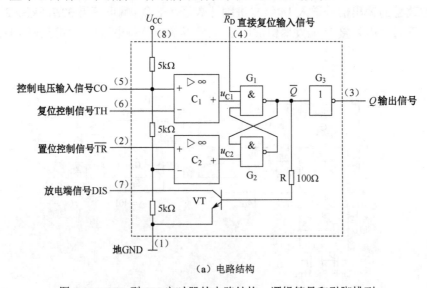

（a）电路结构

图 5-22　TTL 型 555 定时器的电路结构、逻辑符号和引脚排列

（b）逻辑符号　　　　　　　　　　　（c）引脚排列

图 5-22　TTL 型 555 定时器的电路结构、逻辑符号和引脚排列（续）

2．555 定时器的工作原理及功能

555 定时器电路中有由 3 个 5kΩ 电阻组成的分压器，当控制电压输入端 CO 悬空时，电压比较器 C_1 的同相输入端的参考电压为 $u_{I1+} = \frac{2}{3} U_{CC}$，$C_2$ 的反相输入端的参考电压为 $u_{I2-} = \frac{1}{3} U_{CC}$。当输入电压分别加到复位控制端 TH 和置位控制端 $\overline{TR}$ 时，这两个端口的电压将与 u_{I1+} 和 u_{I2-} 进行比较以决定 C_1、C_2 的输出，从而确定 RS 触发器及放电管 VT 的工作状态。表 5-2 是 555 定时器的功能表。

表 5-2　555 定时器的功能表

序号	输　入　信　号			比较输出信号		输　出　信　号	
	直接复位 $\overline{R}_D$	复位控制端电压 U_{TH}	置位控制端电压 $U_{\overline{TR}}$	u_{C1}	u_{C2}	Q	VT
1	0	×	×	×	×	0	导通
2	1	$> \frac{2}{3} U_{CC}$	$> \frac{1}{3} U_{CC}$	0	1	0	导通
3	1	$< \frac{2}{3} U_{CC}$	$< \frac{1}{3} U_{CC}$	1	0	1	截止
4	1	$< \frac{2}{3} U_{CC}$	$> \frac{1}{3} U_{CC}$	1	1	不变	不变

1）直接复位功能

当直接复位输入端 $\overline{R}_D$ 的信号为 0 时，不管其他输入端的状态如何，输出端 Q 的信号为 0，$\overline{Q}$ 端的信号为 1，放电管 VT 导通。当直接复位端悬空时，应使输入信号 $\overline{R}_D = 1$。

2）复位功能

当复位控制端 TH 的电压 $U_{TH} > \frac{2}{3} U_{CC}$、置位控制端 $\overline{TR}$ 的电压 $U_{\overline{TR}} > \frac{1}{3} U_{CC}$ 时，通过分析电压比较器的状态可得 $u_{C1} = 0$、$u_{C2} = 1$，RS 触发器为 0 态，定时器复位，$\overline{Q}$ 端的信号为 1，Q 端的信号为 0，放电管 VT 导通。

3）置位功能

当复位控制端 TH 的电压 $U_{TH} < \frac{2}{3} U_{CC}$、置位控制端 $\overline{TR}$ 的电压 $U_{\overline{TR}} < \frac{1}{3} U_{CC}$ 时，通过分析电压比较器的状态可得 $u_{C1} = 1$、$u_{C2} = 0$，RS 触发器为 1 态，定时器置位，$\overline{Q}$ 端的信号为 0，Q 端的信号为 1，放电管 VT 截止。

4）保持功能

当复位控制端 TH 的电压 $U_{TH} < \frac{2}{3} U_{CC}$，置位控制端 $\overline{TR}$ 的电压 $U_{\overline{TR}} > \frac{1}{3} U_{CC}$ 时，通过分

析电压比较器的状态可得 $u_{C1}=1$、$u_{C2}=1$，RS 触发器状态不变，定时器保持原状态。

如果在控制电压端 CO 外加一控制电压 u_S，则两个电压比较器的参考电压将变为 $u_{I1+}=u_S$，$u_{I2-}=\frac{1}{2}u_S$。

5.4.2　555 定时器应用举例

555 定时器外接少量元件可形成多谐振荡器、单稳态触发器和施密特触发器。

1. 用 555 定时器组成多谐振荡器

1）电路组成

由 555 定时器组成的多谐振荡器的电路如图 5-23（a）所示。R_1、R_2 和 C 为外接定时元件，定时器的复位控制端与置位控制端相连并被接到定时电容上，R_1 和 R_2 的接点与放电端相连，控制电压端通常外接 $0.01\mu F$ 电容。

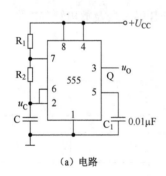
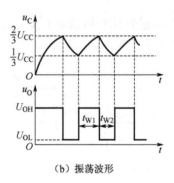

（a）电路　　　　　　　　　　　　　　　　（b）振荡波形

图 5-23　由 555 定时器组成的多谐振荡器

2）工作原理

在电路接通电源后，U_{CC} 通过 R_1、R_2 对电容 C 充电，使 u_C 上升。开始时 $u_C < \frac{1}{3}U_{CC}$，即复位控制端 TH 的电压 $U_{TH} < \frac{2}{3}U_{CC}$、置位控制端 $\overline{TR}$ 的电压 $U_{\overline{TR}} < \frac{1}{3}U_{CC}$，故输出信号 u_O 为 1，放电管截止。当 $\frac{1}{3}U_{CC} \leqslant u_C < \frac{2}{3}U_{CC}$ 时，复位控制端 TH 的电压 $U_{TH} < \frac{2}{3}U_{CC}$、置位控制端 $\overline{TR}$ 的电压 $U_{\overline{TR}} > \frac{1}{3}U_{CC}$，故输出信号 u_O 仍为 1。

当 $u_C \geqslant \frac{2}{3}U_{CC}$ 时，复位控制端 TH 的电压 $U_{TH} > \frac{2}{3}U_{CC}$、置位控制端 $\overline{TR}$ 的电压 $U_{\overline{TR}} > \frac{1}{3}U_{CC}$，则输出信号 u_O 变为 0，放电管导通。此时，电容 C 开始通过 R_2 和 VT 放电，使 u_C 按指数曲线下降。当 $\frac{2}{3}U_{CC} > u_C > \frac{1}{3}U_{CC}$ 时，复位控制端 TH 的电压 $U_{TH} < \frac{2}{3}U_{CC}$、置位控制端 $\overline{TR}$ 的电压 $U_{\overline{TR}} > \frac{1}{3}U_{CC}$，故输出信号 u_O 维持为 0。

当电容 C 继续放电，直到 $u_C \leq \frac{1}{3} U_{CC}$ 时，复位控制端 TH 的电压 $U_{TH} < \frac{2}{3} U_{CC}$、置位控制端 $\overline{TR}$ 的电压 $U_{\overline{TR}} < \frac{1}{3} U_{CC}$，输出信号 u_O 又变为 1，放电管截止，电容 C 停止放电并重新充电。如此反复，形成的振荡波形如图 5-23（b）所示。

图 5-23（b）中的 t_{W1} 是充电时间，t_{W2} 是放电时间，可通过下列公式进行估算：

$$t_{W1} \approx 0.7(R_1 + R_2)C \tag{5-11}$$

$$t_{W2} \approx 0.7 R_2 C \tag{5-12}$$

多谐振荡器的振荡周期 T 为

$$T = t_{W1} + t_{W2} \approx 0.7(R_1 + 2R_2)C \tag{5-13}$$

2. 用 555 定时器组成单稳态触发器

1）电路组成

由 555 定时器组成的单稳态触发器电路如图 5-24（a）所示。R 和 C 为外接定时元件，复位控制端与放电端相连并连接定时元件，置位控制端作为触发输入端。同样，控制电压端一般外接 0.01μF 的电容。

2）工作原理

当单稳态触发器无触发脉冲信号时，输入信号 u_I 为 1。电路在接通电源后有一个进入稳态的过程，即电源通过 R 向电容 C 充电，当电容上的电压 $u_C \geq \frac{2}{3} U_{CC}$ 时，复位控制端 TH 的电压 $U_{TH} > \frac{2}{3} U_{CC}$，而置位控制端 $\overline{TR}$ 的电压 $U_{\overline{TR}} > \frac{1}{3} U_{CC}$，则输出端 Q 的信号 u_O 为 0，放电管导通，电容上的电压 u_C 通过放电管放电，当 $u_C = 0$ 时，复位控制端 TH 的电压 $U_{TH} < \frac{2}{3} U_{CC}$，置位控制端 $\overline{TR}$ 的电压 $U_{\overline{TR}} = u_I > \frac{1}{3} U_{CC}$，则输出信号 u_O 不变（仍为 0），电路处于稳定状态，如图 5-24（b）所示。

当单稳态触发器有触发脉冲信号即 $u_I = 0 < \frac{1}{3} U_{CC}$ 时，由于置位控制端 $\overline{TR}$ 的电压 $U_{\overline{TR}} < \frac{1}{3} U_{CC}$，而且复位控制端 TH 的电压 $U_{TH} = 0 < \frac{2}{3} U_{CC}$，所以触发器的输出信号 u_O 由 0 变为 1，放电管由导通变为截止，放电端与地断开；直流电源通过电阻 R 向电容 C 充电，使电容两端的电压按指数规律从零开始增加，使电路进入暂稳态。经过一个脉冲宽度时间，负脉冲消失，输入端的信号 u_I 恢复为 1，即置位控制端 $\overline{TR}$ 的电压 $U_{\overline{TR}} > \frac{1}{3} U_{CC}$，由于电容两端的电压 $u_C < \frac{2}{3} U_{CC}$，而复位控制端 TH 的电压 $U_{TH} < \frac{2}{3} U_{CC}$，所以输出状态保持原状态（1）不变，放电管处于截止状态；当电容持续充电至电容两端的电压 $u_C \geq \frac{2}{3} U_{CC}$ 时，复位控制端 TH 的电压 $U_{TH} > \frac{2}{3} U_{CC}$，又有置位控制端 $\overline{TR}$ 的电压 $U_{\overline{TR}} > \frac{1}{3} U_{CC}$，使输出信号 u_O 由 1 翻转为 0，则电路的暂稳态结束，电路恢复稳态。这时，放电管导通，u_C 立即快速放电，使复位控制端

TH 的电压 $U_{TH} < \dfrac{2}{3} U_{CC}$，而置位控制端 $\overline{TR}$ 的电压 $U_{\overline{TR}} > \dfrac{1}{3} U_{CC}$，输出信号 u_O 保持为 0，电路处于稳态。

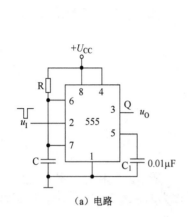
（a）电路

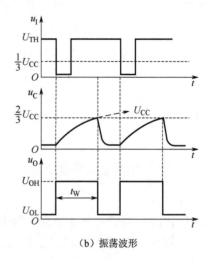
（b）振荡波形

图 5-24　由 555 定时器组成的单稳态触发器

如果触发脉冲继续输入该电路，那么上面所述的过程会重复发生，如图 5-24（b）所示。暂稳态持续的时间又称输出脉冲宽度，用 t_W 表示，可通过下式进行估算：

$$t_W \approx 1.1RC \tag{5-14}$$

当一个触发脉冲使单稳态触发器进入暂稳态以后，在随后的 t_W 时间内的其他触发脉冲对触发器就不起作用了，只有当触发器处于稳态时，输入的触发脉冲才会对触发器起作用。

3．用 555 定时器组成施密特触发器

1）电路组成

由 555 定时器组成的施密特触发器的电路如图 5-25（a）所示。将复位控制端与置位控制端相连作为输入端，并将 3 脚作为输出端。

2）工作原理

设输入信号为三角波电压信号，如图 5-25（b）所示。由电路可知，当 u_I 处于 $0 < u_I < \dfrac{1}{3} U_{CC}$ 的上升区间时，根据表 5-2 可知，输出信号 u_O=1（$u_I = U_{TH} = U_{\overline{TR}}$，$u_O$=Q）。

当 u_I 处于 $\dfrac{1}{3} U_{CC} < u_I < \dfrac{2}{3} U_{CC}$ 的上升区间时，根据表 5-2 可知，输出信号 u_O 仍保持原状态 1 不变。

当 $u_I \geqslant \dfrac{2}{3} U_{CC}$ 时，根据表 5-2 可知，输出信号 u_O 由 1 变为 0，此刻对应的 u_I 值称为复位电平或正向阈值电压 U_{T+}。

当 u_I 处于 $\dfrac{2}{3} U_{CC} > u_I > \dfrac{1}{3} U_{CC}$ 的下降区间时，根据表 5-2 可知，输出信号 u_O 保持原状态 0 不变。

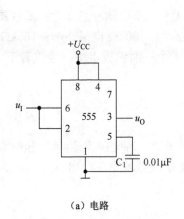
（a）电路

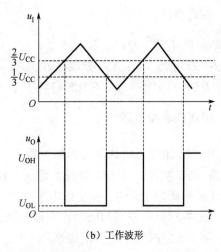
（b）工作波形

图 5-25　由 555 定时器组成施密特触发器

当 $u_I \leqslant \frac{1}{3} U_{CC}$ 时，根据表 5-2 可知，输出信号 u_O 又将由 0 变为 1，此时对应的 u_I 值称为置位电平或负向阈值电压 U_{T-}。

由以上分析可知，$U_{T+}=\frac{2}{3} U_{CC}$，$U_{T-}=\frac{1}{3} U_{CC}$，则回差电压为

$$U_H=U_{T+}-U_{T-}=\frac{1}{3} U_{CC}$$

若使控制端 CO 外接控制电压 U_{CO}，则正、负向阈值电压和回差电压均会相应改变为

$$U_{T+}=U_{CO}$$

$$U_{T-}=\frac{1}{2} U_{CO}$$

$$U_H=\frac{1}{2} U_{CO}$$

555 定时器成本低、功能强、使用灵活方便，是非常重要的集成电路元件，由它组成的各种应用电路变化无穷。

 技能性实训

实训 1　555 定时器的功能及应用

1．实训目的

（1）熟悉 555 定时器电路的结构及功能。
（2）会测试 555 定时器的逻辑功能。
（3）掌握用 555 定时器组成单稳态触发器、多谐振荡器和施密特触发器的方法。
（4）进一步熟悉脉冲波形的产生和整形电路的测量和调试方法。

2．实训器材

+5V 直流电源 1 台；双踪示波器 1 台；连续脉冲源 1 个；单次脉冲源 2 个；函数发生器 1 台；数字万用表 1 个；555 集成芯片 1 片；10kΩ 电阻 2 个，100kΩ 电阻 2 个；100kΩ 电位器 1 个；0.01μF 电容 3 个，0.1μF 电容 1 个，10μF 电容 1 个；面包板 1 块；导线若干。

3．实训内容及步骤

1）由 555 定时器组成单稳态触发器

按图 5-26 接线，用 555 定时器组成单稳态触发器，在输入端输入适当频率和脉宽的信号（保证信号周期 $T > t_W$，并使低电平时间小于 t_W），用示波器观察并绘出 u_I、u_C、u_O 的波形，并在图中标出各波形的周期、幅值和脉宽等参数。

2）由 555 定时器组成多谐振荡器

按图 5-27 接线，用 555 定时器组成多谐振荡器。首先将电位器 R_2 的阻值调到最大，接通电源后用示波器观察并绘出 u_C、u_O 的波形，计算出输出波形的占空比。然后调节电位器，改变 R_2 的阻值，再观察 u_C、u_O 波形的变化情况，分别测出当占空比为 0.25、0.5、0.75 时的 R_2 的大小。

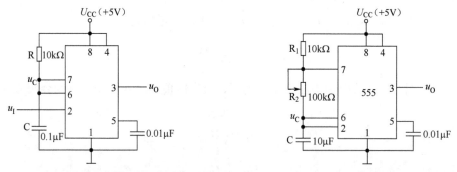

图 5-26　由 555 定时器组成的单稳态触发器测试电路　图 5-27　由 555 定时器组成的多谐振荡器测试电路

3）由 555 定时器组成施密特触发器

按图 5-28 接线，用 555 定时器组成施密特触发器，用函数发生器在输入端输入频率为 1kHz、幅值为 5V 的三角波（或正弦波），用示波器分别观察 u_I 和 u_O 波形，测量其周期和幅值，并求出阈值电压 U_{T+}、U_{T-} 和回差电压 U_H。

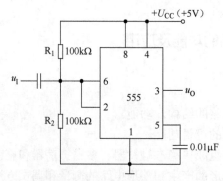

图 5-28　由 555 定时器组成的施密特触发器测试电路

4．实训报告

（1）绘出详细的实训电路，定量绘出观测到的波形。

（2）分析、总结实训结果。

实训 2　触摸式防盗报警电路的装配与调试

1．实训目的

（1）进一步熟悉555定时器的结构、原理及应用。

（2）会识别和检测 555 定时器。

（3）掌握触摸式防盗报警电路的连接特点，能够对电路中的相关参数进行合理测试，并能正确判断出电路的工作状态。

（4）掌握简单电路的装配方法，进一步熟练使用各种仪器仪表。

（5）进一步提高分析问题和解决问题的能力。

2．实训器材

直流稳压电源 1 个台；数字万用表 1 个；555 定时器、KD9561 各 1 片，晶体管 S9013 3 个，晶体管 3AX81 1 个；0.5W/8Ω 扬声器 1 个；1kΩ 电阻、270kΩ 电阻、4.7kΩ 电阻、1MΩ 电阻各 1 个；0.01μF 电容 2 个，100μF 电容 1 个；SS12D00 开关 2 个；金属片 1 个；面包板 1 块；导线若干。

3．实训内容及要求

触摸式防盗报警电路如图 5-29 所示。555 定时器与 R_1、C_1、C_2、C_3 组成单稳态触发器。在接通电源开关 S_1 后，断开 S_2，此时电路启动。当平时没人接触金属片 M 时，电路处于稳态，即 IC_1 的 3 脚输出低电平信号，报警电路不工作。一旦有人触及金属片 M，由于人体感应电动势会对 IC_1 的 2 脚输入一个负脉冲（实际为杂波脉冲），单稳态电路被触发并翻转进入暂稳态，所以 IC_1 的 3 脚的信号由原来的低电平跳变为高电平。该高电平信号经限流电阻 R_2 使晶体管 VT_1 导通，于是 VT_2 也饱和导通，语音集成电路 IC_2 因电源被接通而开始工作。IC_2 输出的音频信号经由晶体管 VT_3、VT_4 组成的互补放大器放大后使扬声器发出报警声。在单稳态电路被触发翻转的同时，电源开始通过 R_1 对 C_2 充电，约经 $t=1.1R_1C_2$ 时间后，单稳态电路自动恢复到稳定状态，3 脚输出低电平信号，报警器停止报警，处于待报警状态。

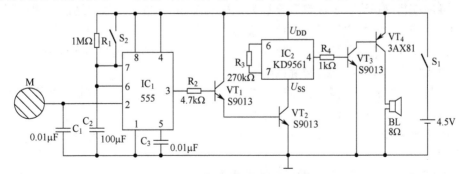

图 5-29　触摸式防盗报警电路

在安装电路前，应对数字集成电路进行检测，用 555 定时器组成的多谐振荡器对 555 定时器进行初步检测。检测电路如图 5-27 所示，若观察到的波形信号正常，则可判定 555 定时器正常。KD9561 是四音模拟语音集成电路，如图 5-30 所示。它有 4 种不同的模拟声音可选用，其模拟声音的种类由选声端 SEL$_1$ 和 SEL$_2$ 的电平高低决定。当 SEL$_1$ 和 SEL$_2$ 悬空时，电路发出警车声；当 SEL$_1$ 接电源、SEL$_2$ 悬空时，电路发出火警声；当 SEL$_1$ 接电源负极、SEL$_2$ 悬空时，电路发出救护车声；当 SEL$_2$ 接电源、SEL$_1$ 的连接情况任意时，电路发出机关枪声。

对 KD9561，可采用图 5-31 中的 KD9561 接线图进行检测。当 SEL$_1$ 和 SEL$_2$ 悬空时，电路发出警车声，这说明 KD9561 基本正常。改变 SEL$_1$ 和 SEL$_2$ 的接法，可检测其他声效功能。

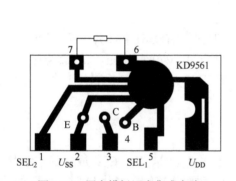

图 5-30　四音模拟语音集成电路

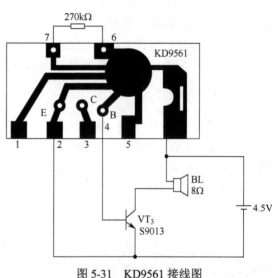

图 5-31　KD9561 接线图

4. 电路安装与调试

（1）将检测合格的元器件按照图 5-29 中的电路连接并安装在面包板或万能电路板上。

（2）在插接集成电路时，应先校准两排引脚，使之与底板上插孔对应，然后轻轻将集成电路插上，在确定引脚与插孔吻合后，再稍用力将其插紧，以免集成电路的引脚弯曲、折断或者接触不良。

（3）导线应粗细适当，一般选取直径为 0.6～0.8mm 的单股导线，通过使用不同色线来区分它们的不同用途，如电源线用红色、接地线用黑色。

（4）在连线时应避免导线过长，避免导线从集成电路上方跨越和多次重叠交错，以利于布线、更换元器件，以及检查并排除故障。

（5）电路的线路布置应整齐、美观、牢固。水平导线应尽量紧贴底板，竖直导线可沿边框四角敷设，导线转弯时弯曲半径不能过小。

（6）在完成电路安装后，应仔细检查电路的连接情况，确认电路连接无误后再在电路中接入电源。

（7）先闭合 S$_2$，再闭合 S$_1$，然后接通整机电源。

（8）断开 S_2，开启报警器，使报警器处于待报警状态。

（9）当用手触碰金属片 M 时，扬声器应发出报警声。M 可用钢片或铝片制成，在其中间钻一小孔，将其接到任何需要防护的金属部位。IC_2 的外围元器件只有一个振荡电阻 R_3，其取值可为 180～510 kΩ。R_3 的阻值越小，报警速度就越快；反之，报警速度就越慢。

（10）若接通电源后电路立即报警，则电路存在故障。用逻辑笔或数字万用表检测 IC_1 的 3 脚，若其信号为高电平，则故障在前级电路，即 555 定时器及其外围元器件损坏，此时通过进一步检测可找到故障元器件；若检测到 IC_1 的 3 脚的信号为低电平，则故障在后级电路，因为接通电源后电路立即报警，所以 IC_2 正常，显然故障原因是晶体管 VT_1 或 VT_2 击穿。因此，在接通电源后，IC_2 的 U_{SS} 端相当于接地，即通电后 IC_2 就开始工作。

如果故障现象为开启电源后电路不能报警，那么用手触摸金属片 M 的同时检测 IC_1 的 3 脚状态，若其状态为低电平，则说明前级部分电路异常，应检查前级电路，即检查 555 定时器电路及其外围元器件，否则，应检查后级电路，即检查 IC_2 和晶体管 VT_1～VT_4 是否正常。

5. 考评内容及评分标准

触摸式防盗报警电路的装配与调试的考评内容及评分标准如表 5-3 所示。

表 5-3　触摸式防盗报警电路的装配与调试的考评内容及评分标准

步骤	考评内容	评分标准	标准分	扣分及原因	得分
1	画出电路图，并分析其工作原理	（1）各元器件符号正确； （2）各元器件连接正确； （3）原理分析准确。 （错一处扣 5 分，扣完为止；教师辅导、学生自查）	20		
2	根据相关参数，对元器件质量进行判别	元器件质量和分类判断正确。 （错一处扣 5 分，扣完为止；学生自查、教师检查）	20		
3	根据电路图搭接电路，并利用直观法或使用数字万用表分析电路连接是否正确	（1）电路的连接符合工艺标准； （2）布局规范，走线美观； （3）无断路（脱焊）、短路等错误。 （错一处扣 5 分，扣完为止；同学互查、老师检查）	20		
4	确认电路连接无误后，进行通电测试	（1）操作过程正确； （2）电路工作状态正常。 （错一处扣 5 分，扣完为止；教师指导、同学互查）	25		
5	注意安全、规范操作，小组分工，保证质量，完成时间为 90min	（1）小组成员有明确分工； （2）在规定时间内完成该项目； （3）各项操作规范、安全。 （成员无分工扣 5 分，超时扣 10 分；教师指导、同学互查）	15		
	教师根据学生对触摸式防盗报警电路的相关理论知识和技能知识的掌握情况进行综合评定，并指出存在的问题，给出具体改进方案		100		

知识拓展

1. 由 555 定时器组成的全自动点火器

燃气炉全自动点火电路如图 5-32 所示。其中，R_P、R_1 组成火焰检测电路，555 定时器、C_3 和 R_3 组成多谐振荡器。当打开燃气炉的气阀开关时，与之联动的电源开关 S_1 自动闭合，振荡电路工作，U_1 的 3 脚输出连串的脉冲信号，经 R_4 限流后，该信号触发晶闸管 VTH，使其不断导通。这时 C_4 一边通过 VD_2、R_2 进行充电，一边又利用 VTH、L_1 放电。在变压器 T 的高压输出绕组 L_2 处可获得高于 10kV 的高压交流电。该高压通过放电针 B 向燃气炉的炉眼连续打火放电，点燃可燃性气体。当燃气炉点火后，R_1 因受火光照射而变为低阻值电阻，这使得 U_1 的直接清零端 4 脚处于低电平状态（小于 0.7V），振荡器停振，放电针无高压不再打火放电，电路处于等待状态。一旦炉火因故（如被溢出的锅水扑灭等）熄灭，R_1 就会因失去火光照射而变为高阻值电阻，U_1 的 4 脚会重新处于高电平状态，振荡器立即开始工作，放电针又放电打火，再次点燃炉火。在关闭可燃气体开关后，点火器电源也随之被切断。

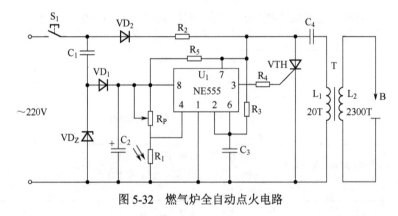

图 5-32　燃气炉全自动点火电路

在图 5-32 中，U_1 选用 NE555 时基电路，VTH 选用 MCR100 单向晶闸管，VD_1、VD_2 选用 1N4002 硅整流二极管，VD_Z 选用 2CW60 稳压二极管，C_2 选用 220μF/16V 电解电容器，C_3 选用 0.1μF 瓷介电容器，C_1 选用 0.47μF/400V 电容器，C_4 选用 0.22μF/400V 电容器，R_P 选用 220kΩ 电位器，R_1 选用暗阻大于 1MΩ、亮阻小于 10kΩ 的光敏电阻器，R_2 选用 47kΩ/0.5W 电阻器，R_3 选用 100kΩ 电阻器，R_4、R_5 选用 510Ω/0.25W 电阻器，T 选用脉冲变压器 U_{12}（磁芯），高压线圈 L_2 采用 12in（1in=0.0254m）电视机高压包，L_1 通过用 ϕ0.5mm 的漆包线在 U_{12} 上绕 20 圈制成，放电针 B 可通过对电炉子中的电阻丝进行改制并外套瓷管得到。

2. 数字脉搏测试仪

数字脉搏测试仪能在 1min 内测试并显示人体脉搏次数，其电路如图 5-33 所示。人体脉搏信号可被压电陶瓷片 B 转换成电压信号，CMOS CD4069 反相器 G_1 与 R_1 使电路在静态时在线性区工作，即反相器的电压传输特性中点具有高的放大倍数。电容 C_1 用于抑制高频自激振荡。R_2 与 C_2 组成微分电路，该电路可将由 G_1 放大的脉搏电压信号变为负的尖脉冲信号，

再用反相器 G_2 将信号整形为正的脉冲信号，并将其传输到二—十进制计数器 4518-1 中进行计数。

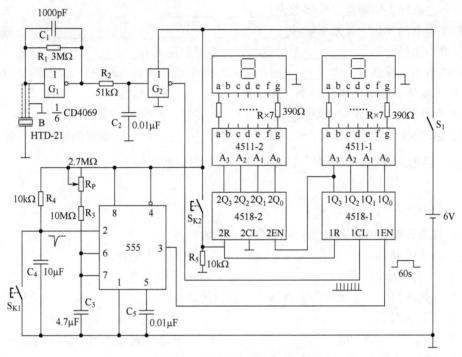

图 5-33　数字脉搏测试仪电路

60s 的定时信号是由 555 定时器、R_P、R_3 和 C_3 组成的单稳态触发器产生的。R_P 用于调节定时器输出的 60s 高电平脉宽信号。若按钮 S_{K1} 被按下，则负脉冲被施加于 2 号引脚，单稳态触发器被启动，3 号引脚的状态变为高电平，60s 过后，单稳态触发器翻转为稳定状态，3 号引脚的状态变为低电平。这样 4518-1 的 1EN 端在 60s 高电平信号的作用下可对 1CL 的脉搏信号进行计数。在计数时，$1Q_3$ 在信号的下跳沿（低位计数器中由 9 到 0 的下跳沿）会向高位进位。当 1EN 变为低电平状态时，停止计数，二位数码管显示出脉搏数字。电路总电源由 S_1 开关控制，按钮 S_{K2} 用于计数器清零复位。压电陶瓷片 B 通过屏蔽线与 G_1 连接，以免信号受到干扰。

 # 自我检测题

一、填空题

5.1　施密特触发器具有_____个阈值电压。

5.2　_____触发器能将缓慢变化的非矩形脉冲变换成边沿陡峭的矩形脉冲。

5.3　施密特触发器属于_____触发，其状态翻转不仅需要外加触发信号，而且状态维持也需要_____信号。

5.4　在数字系统中，施密特电路主要用于脉冲波形的_____、_____和_____。

5.5 某单稳态触发器在无外加触发信号时的输出信号为 0，在有外加触发信号时，其输出信号变为 1。因此，其稳态为_____，暂稳态为_____。

5.6 单稳态触发器最重要的参数为_____。

5.7 单稳态触发器主要用于脉冲_____、_____、_____等场合。

5.8 单稳态触发器有_____个稳定状态；多谐振荡器有_____个稳定状态。

5.9 调节多谐振荡器_____时的不同时间常数，可调节输出矩形波的占空比。

5.10 为实现高稳定度振荡频率，常采用_____多谐振荡器。

5.11 型号为 555 的定时器是_____产品，型号为 7555 的定时器是_____产品。

5.12 当555定时器输出低电平信号时，放电管_____；当其输出高电平信号时，放电管_____；当输入触发电压介于 $\frac{2}{3}U_{CC}$ 和 $\frac{1}{3}U_{CC}$ 之间时，放电管_____。

二、选择题

5.13 有关施密特触发器阈值电压个数的正确说法是（　　）。
（a）一个阈值电压　　　　　　　　　（b）两个阈值电压
（c）三个阈值电压　　　　　　　　　（d）不能确定

5.14 下列特性中，不属于施密特触发器特性的是（　　）。
（a）回差特性　　　　　　　　　　　（b）输出电压波形边沿陡峭
（c）双稳态触发功能　　　　　　　　（d）状态维持也需要外加触发信号

5.15 可以产生脉冲定时的电路是（　　）。
（a）多谐振荡器　　　　　　　　　　（b）单稳态触发器
（c）二进制计数器　　　　　　　　　（d）石英晶体多谐振荡器

5.16 多谐振荡器可产生（　　）。
（a）正弦波　　　　　　　　　　　　（b）矩形脉冲
（c）三角波　　　　　　　　　　　　（d）锯齿波

5.17 石英晶体多谐振荡器的突出优点是（　　）。
（a）速度高　　　　　　　　　　　　（b）电路简单
（c）振荡频率稳定　　　　　　　　　（d）输出波形边沿陡峭

5.18 下列有关石英晶体谐振频率的说法正确的是（　　）。
（a）只有一个谐振频率
（b）有两个相差很大的谐振频率
（c）有两个相差很小的谐振频率
（d）谐振频率可在较大范围内调节

5.19 下列集成电路中,（　）为双极型单 555 电路;（　）为单极型单 555 电路;（　）为双极型双 555 电路;（　）为单极型双 555 电路。
（a）555　　　　　　　　　　　　　（b）556
（c）7555　　　　　　　　　　　　　（d）7556

5.20 用 555 定时器组成施密特触发器，当输入控制端 CO 外接 10V 电压时，回差电压为（　　）。

（a）3.33 V　　　　　　　　　（b）5 V

（c）6.66 V　　　　　　　　　（d）10 V

5.21　能将正弦波变成同频率矩形波的触发器为（　　）。

（a）单稳态触发器　　　　　　（b）施密特触发器

（c）双稳态触发器　　　　　　（d）无稳态触发器

5.22　在鉴别脉冲信号的幅度时，应采用（　　）。

（a）单稳态触发器　　　　　　（b）施密特触发器

（c）双稳态触发器　　　　　　（d）无稳态触发器

5.23　下列电路中，无稳定状态的是（　　）；具有 1 个稳定状态的是（　　）；具有 2 个稳定状态的是（　　）。

（a）施密特触发器　　　　　　（b）单稳态触发器

（c）多谐振荡器　　　　　　　（d）555 定时器

 ## 思考题与习题

5.24　试分析单稳态触发器与基本 RS 触发器在工作原理上有何区别。

5.25　已知施密特触发器的输入波形如图 5-34 所示。其中，U_T=20V，电源电压 U_{CC}=18V，定时器的控制电压端 CO 通过电容接地，试画出施密特触发器的输出波形；如果定时器的 CO 端外接的控制电压 U_{CO}=16V，试画出施密特触发器的输出波形。

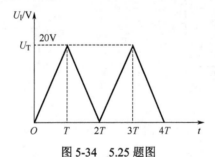

图 5-34　5.25 题图

5.26　图 5-35 是由 CMOS 与非门和反相器组成的微分型单稳态触发器。已知输入脉宽 t_{WI}=2μs，电源电压 U_{CC}=10V，U_{TH}=5V。

（1）分析电路工作原理，画出各点电压波形。

（2）估算输出脉冲宽度 t_{WO}。

（3）试分析当 $t_{WI}>t_{WO}$ 时，电路能否工作。

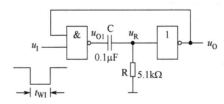

图 5-35　5.26 题图

5.27 图 5-36（a）是具有施密特触发功能的 TTL 与非门，在输入端 A、B 加入如图 5-36（b）所示的波形，试画出输出 u_O 的波形。

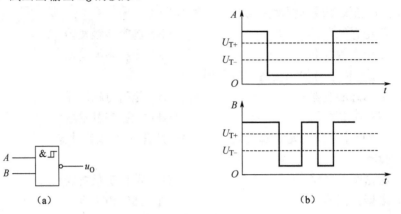

图 5-36　5.27 题图

5.28 555 定时器如图 5-37（a）所示，试根据如图 5-37（b）所示的输入波形确定输出波形，并说明该电路相当于什么元器件。

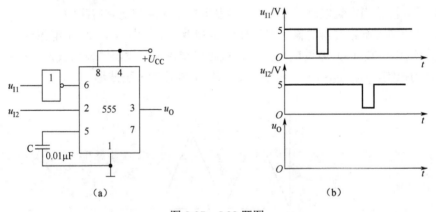

图 5-37　5.28 题图

5.29 555 定时器如图 5-38（a）所示，试根据如图 5-38（b）所示的输入波形确定输出波形。

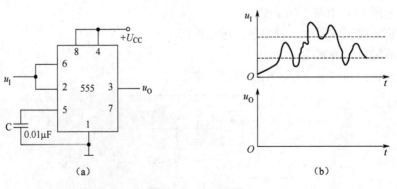

图 5-38　5.29 题图

5.30 555 定时器如图 5-39（a）所示，试根据如图 5-39（b）所示的输入波形确定输出波形。

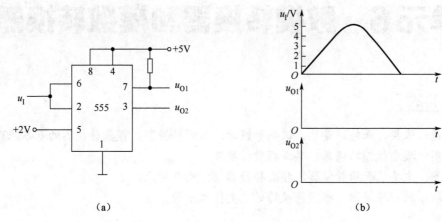

(a)　　　　　　　　　　　　　(b)

图 5-39　5.30 题图

单元 6　数模转换器和模数转换器

学习目的

要知道：采样、保持、量化、编码等概念；数模转换器、模数转换器的基本原理。
会使用：集成数模转换器、集成模数转换器。
要熟悉：主要的数模转换器、模数转换器的结构及特点。
要了解：数模转换器、模数转换器的主要技术参数。

 学习性工作任务

随着电子技术和数字计算机的迅速发展，人们可以将模拟信号转换成数字信号进行处理，也可以将数字信号转换成模拟信号进行控制。从模拟信号到数字信号的转换称为模数转换（又称 A/D 转换），能够完成 A/D 转换的电路称为模数转换器（又称 A/D 转换器，简称 ADC）；从数字信号到模拟信号的转换称为数模转换（又称 D/A 转换），能够完成数模转换的电路称为 D/A 转换器（又称 D/A 转换器，简称 DAC）。A/D 转换器和 D/A 转换器在计算机工业自动控制和自动检测系统中的应用极为广泛。

例如，在用计算机对生产过程进行实时控制时，首先要将有关的物理量经传感器变成电压、电流等电模拟量，再将电模拟量经 A/D 转换变成数字信号，并将其送入计算机进行处理。处理后的结果经 D/A 转换变成电压、电流等电模拟量，并由执行元件实行控制。这个过程的原理框图如图 6-1 所示，由此图可看出 A/D 转换器和 D/A 转换器的作用。

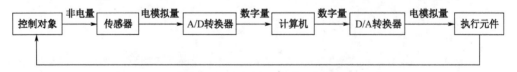

图 6-1　计算机对生产过程进行实时控制的原理框图

另外，A/D 转换器被广泛应用于制作数字式电压表、温度仪表及其他数字式检测仪表。在无线电通信、遥测、遥控等远距离的信息传输中，通过数字信号进行传输的方法具有保密性好和抗干扰能力强的特点。

任务 6.1　D/A 转换器的分析

6.1.1　D/A 转换器的基本工作原理

D/A 转换器用于将输入的二进制数字量转换为与该数字量成比例的电压或电流信号。其组成框图如图 6-2 所示。图中，数据锁存器用于暂时存放输入的数字量，这些数字量控制电子模拟开关，将参考电压源信号（U_{REF}）按位切换到电阻译码网络中，使其变成加权电流信号，然后 D/A 转换器利用求和运算放大器求和，并输出相应的模拟电压，完成 D/A 转换过程。

D/A 转换器的类型有权电阻网络 D/A 转换器、T 形电阻网络 D/A 转换器、倒 T 形电阻网络 D/A 转换器等。权电阻网络 D/A 转换器的电路结构简单，但在电阻网络中，各电阻阻值大小不一，难以保证精度，因此这种转换器很少被采用。T 形电阻网络 D/A 转换器的电路结构简单、速度高，其电阻网络由 R 和 $2R$ 两种阻值的电阻构成，故其精度较高。此电路不足之处是，在动态过程中，输出端有可能产生相当大的尖峰脉冲电压信号，即输出的模拟电压的瞬时值有可能比稳态值大很多，这会引起较大的动态误差。倒 T 形电阻网络 D/A 转换器具有结构简单、速度高、精度高的特点，而且它没有 T 形电阻网络 D/A 转换器在动态过程中出现尖峰脉冲电压信号的缺点。因此，倒 T 形电阻网络 D/A 转换器是目前转换速度较高且使用较多的一种 D/A 转换器。

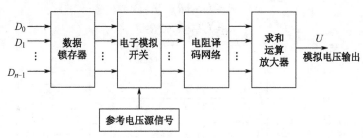

图 6-2　D/A 转换器的组成框图

6.1.2　D/A 转换器的主要参数

1．分辨率

分辨率是指 D/A 转换器对输出最小电压的分辨能力。它是输入数码中只有最低有效位为 1（其余位全为 0）时的输出电压与输入数码为全 1 时的输出满量程电压之比。因此分辨率可表示为 $\dfrac{1}{2^n-1}$（n 表示输入数码的位数）。D/A 转换器的位数越多，其分辨输出最小电压的能力越强，故有时也用输入数码的位数来表示分辨率，如输入数码为 10 位的 D/A 转换器的分辨率为 10 位。

2．转换精度

转换精度是指 D/A 转换器的实际输出模拟电压值与理论输出模拟电压值之差。显然，这个差值越小，电路的转换精度越高。

3．转换速度

转换速度是指 D/A 转换器从输入数字信号到输出模拟电压或电流信号并达到稳定值所用的时间。

4．线性度

理想 D/A 转换器输出的模拟电压值与输入的数值大小成正比，呈线性关系。但由于各种元件的非线性的原因，实际情况并非如前面所言。通常把输出结果偏离理想转换特性的最大偏差与满刻度输出之比定义为非线性误差。非线性误差越小，线性度就越好。

6.1.3 倒 T 形电阻网络 D/A 转换器

倒 T 形电阻网络 D/A 转换器如图 6-3 所示。它由基准电压 U_{REF}、倒 T 形电阻网络、$S_0 \sim$ S_3 电子模拟开关及求和运算放大器组成。

电子模拟开关 $S_0 \sim S_3$ 分别被输入电路的二进制变量 $D_0 \sim D_3$ 控制，随着 D 为 0 或 1，各开关分别处于图 6-3 中的 0 和 1 的位置。而无论开关处于何位置，其电位均为 0（求和运算放大器的同相端接地，反相端虚地），因此，从图 6-3 中的 A、B、C、D 各节点向里看，其对地的等效电阻的阻值均为 R，即

$$R_A = 2R // 2R = R$$
$$R_B = (R_A + R) // 2R = R$$
$$R_C = (R_B + R) // 2R = R$$
$$R_D = (R_C + R) // 2R = R$$

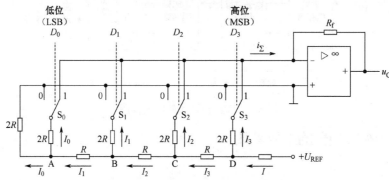

图 6-3 倒 T 形电阻网络 D/A 转换器

所以电路中的电流关系为

$$I = \frac{U_{REF}}{R}$$

$$I_3 = \frac{1}{2} I = \frac{1}{2} \frac{U_{REF}}{R}$$

$$I_2 = \frac{1}{4} I = \frac{1}{4} \frac{U_{REF}}{R}$$

$$I_1 = \frac{1}{8} I = \frac{1}{8} \frac{U_{REF}}{R}$$

$$I_0 = \frac{1}{16} I = \frac{1}{16} \frac{U_{REF}}{R}$$

流入求和运算放大器反相端的总电流在二进制变量 D 的控制下的表达式为

$$i_\Sigma = I_3 D_3 + I_2 D_2 + I_1 D_1 + I_0 D_0$$

$$= \frac{U_{REF}}{2R} D_3 + \frac{U_{REF}}{4R} D_2 + \frac{U_{REF}}{8R} D_1 + \frac{U_{REF}}{16R} D_0$$

$$= \frac{U_{REF}}{2^4 \times R} (2^3 \times D_3 + 2^2 \times D_2 + 2^1 \times D_1 + 2^0 \times D_0) \tag{6-1}$$

输出电压为

$$u_O = -i_\Sigma \cdot R_f$$

$$= -\frac{U_{REF}}{2^4 \times R}(2^3 \times D_3 + 2^2 \times D_2 + 2^1 \times D_1 + 2^0 \times D_0)R_f \qquad (6\text{-}2)$$

由式（6-2）可以看出，此电路完成了从数字量到模拟量的转换。倒 T 形电阻网络由于其各支路电流不随开关状态变化，并且有很高的转换速度，所以在 D/A 转换器中被广泛使用。

6.1.4　集成 D/A 转换器

常用集成 D/A 转换器有两类，一类的内部仅含有电阻网络和电子模拟开关两部分，它常用于一般的电子电路；另一类的内部除含有电阻网络和电子模拟开关外，还有数据锁存器，以及片选控制端和数据输入控制端，以便与微处理器进行连接，这类 D/A 转换器多用于微型计算机控制系统中。

1. 集成 D/A 转换器 AD7520

AD7520 为 10 位 CMOS 电流开关 R-2R 倒 T 形电阻网络 D/A 转换器，其内部电路如图 6-4 所示。该电路结构简单、功耗低、转换速度快、通用性强，其转换时间为 500ns，电源电压为 +5～+15V。

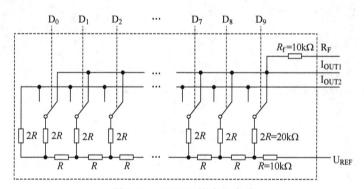

图 6-4　AD7520 的内部电路

AD7520 芯片内集成了 10 组倒 T 形电阻网络、CMOS 电子模拟开关和 1 个 10kΩ 的反馈电阻，而求和运算放大器和基准电压必须外接。图 6-5 为 AD7520 的引脚排列，$D_0 \sim D_9$ 端为 10 个二进制数码输入端，I_{OUT1} 端和 I_{OUT2} 端为电流输出端，R_F 端为反馈电阻引出端，U_{REF} 端为基准电压输入端。

电子模拟开关是一个受控于数字信号 D 的双向开关。图 6-6 为 CMOS 电子模拟开关，它由 9 个 MOS 场效应晶体管构成，其中 VT_1、VT_2、VT_3 组成电平转移电路，该电平转移电路使输入信号能与 TTL 电平兼容，$VT_4 \sim VT_7$ 组成 2 个反相器来推动 VT_8、VT_9 组成的模拟开关。

当输入信号 D_i 为高电平时，由 VT_4、VT_5 组成的反相器的输入信号为低电平，输出信号为高电平，该信号使由 VT_6、VT_7 组成的反相器的输出信号为低电平。所得输出信号可控制由 VT_8、VT_9 组成的模拟开关，使 VT_8 截止、VT_9 导通，并使开关 S_i 打到位置 "1"。

当输入信号 D_i 为低电平时，由 VT_4、VT_5 组成的反相器的输出信号为高电平，由 VT_6、VT_7 组成的反相器的输出信号为低电平，使 VT_8 导通、VT_9 截止，并使开关 S_i 打到位置 "0"。

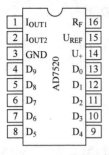

图 6-5　AD7520 的引脚排列

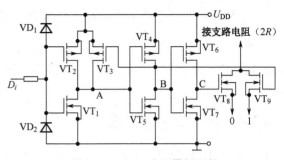

图 6-6　CMOS 电子模拟开关

2. 集成 D/A 转换器 DAC0832

DAC0832 是 8 位倒 T 形电阻网络 D/A 转换器，它可直接与微处理器相连。这种转换器采用双缓冲寄存器，这样可在输出模拟量的同时，采集下一个数字量，以提高转换速度。图 6-7 是 DAC0832 的引脚排列和逻辑框图。

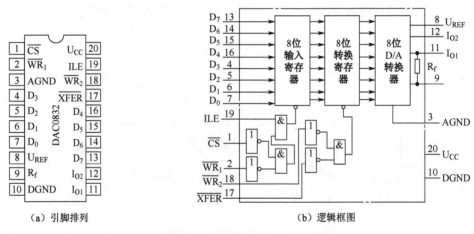

（a）引脚排列　　　　　　　　　　（b）逻辑框图

图 6-7　DAC0832 的引脚排列和逻辑框图

各引脚的功能如下：

$D_0 \sim D_7$：8 位数字量输入端，其中 D_0 为最低位的输入端（LSB），D_7 为最高位的输入端（MSB）。

I_{O1}：D/A 8 位转换输出电流 1 端，当 D/A 转换器的 8 位转换寄存器中的信号全都为 1 时，I_{O1} 端输出的数值为最大；当 D/A 转换器的 8 位转换寄存器中的信号全部为 0 时，I_{O1} 端输出的数值最小。

I_{O2}：输出电流 2 端，I_{O1} 与 I_{O2} 端输出的数值之和为常数。

Rf：芯片内的反馈电阻，可作为外接运算放大器的反馈电阻。

U_{REF}：基准电压输入端，一般电压值为 -10～+10V。

U_{CC}：电源电压输入端，一般电压值为 5～15V。

DGND：数字电路接地端。

AGND：模拟电路接地端，通常与 DGND 相连。

$\overline{CS}$：片选信号输入端（低电平有效），与 ILE 共同作用，可以对 $\overline{WR}_1$ 端输入的信号进行控制。

ILE：输入寄存器的锁存端（高电平有效）。当 ILE 端输入的信号为 1 且 $\overline{CS}$ 和 $\overline{WR}_1$ 端输入的信号均为低电平时，8 位输入寄存器允许输入数据。当 ILE 端输入的信号为 0 时，8 位输入寄存器锁存数据。

$\overline{WR}_1$：写信号 1 端（低电平有效），用来将输入数据送入 8 位转换寄存器中，当 $\overline{WR}_1$ 端输入的信号为 1 时，输入寄存器的数据被锁定；当 $\overline{CS}$ 端输入的信号为 0、ILE 端输入的信号为 1 时，在 $\overline{WR}_1$ 端输入的信号为有效电平的情况下，数字信号才能被写入。

$\overline{WR}_2$：写信号 2 端（低电平有效），与 $\overline{XFER}$ 组合工作，当 $\overline{WR}_2$ 和 $\overline{XFER}$ 端输入的信号均为低电平时，输入寄存器中的 8 位数据被传送至 8 位转换寄存器中；当 $\overline{WR}_2$ 端输入的信号为 1 时，8 位转换寄存器锁存数据。

$\overline{XFER}$：传递控制信号端（低电平有效），用来控制 $\overline{WR}_2$ 选通 8 位转换寄存器。

任务 6.2   A/D 转换器的分析

6.2.1   A/D 转换的基本步骤

A/D 转换器的任务是将模拟信号转换为数字信号。模拟信号在时间和幅度上都是连续变化的，若要将它转换成在时间和幅度上都离散的数字信号，则必须经过采样、保持、量化、编码 4 个步骤。

1. 采样和保持

采样（又称抽样或取样）是将时间上连续变化的模拟信号转换为时间上离散的模拟信号（即一系列等间隔的脉冲）。

为了不失真地用采样后的输出模拟信号 u_O 来表示输入模拟信号 u_I，采样频率 f_S 必须满足 $f_S \geqslant 2f_{max}$（此式也可用于表达采样定理）。其中，f_{max} 为输入模拟信号 u_I 的上限频率（最高次谐波分量的频率）。模拟信号经采样后变为一系列的断续脉冲信号。采样脉冲宽度一般是很小的，而 A/D 转换器将采样信号转换成数字信号需要一定的时间，这就需要使这个断续的脉冲信号保持一定时间以便进行转换。图 6-8 是一种常见的采样—保持电路，它由采样开关、保持电容和运算放大器组成。

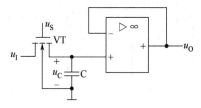

图 6-8   采样—保持电路

在如图 6-8 所示的电路中，场效应晶体管作为模拟开关，输入模拟信号 u_I 的波形如图 6-9（a）所示，采样脉冲 u_S 的波形如图 6-9（b）所示，采样周期为 T_S，采样时间为 t_W。

在采样脉冲 u_S 到来的时间 t_W 内，开关接通，输入模拟信号 u_I 使电容 C 充电，当电容 C 的充电时间常数 $t_C \ll t_W$ 时，C 上的电压在时间 t_W 内跟随 u_I 变化。当这一个采样脉冲结束后，开关断开，因为 C 的漏电流很小且运算放大器的输入阻抗很高，所以 C 上的电压可保持不变到下一个采样脉冲到来。由运算放大器组成的跟随器具有缓冲作用，它可以减小负载对保持电容的影响。在输入一连串的采样脉冲后，输出电压 u_O 的波形如图 6-9（c）所示。

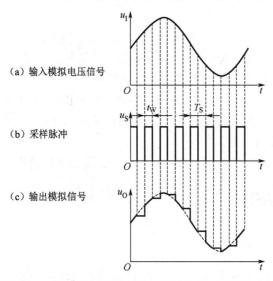

图 6-9 采样—保持电路的输入模拟信号、采样脉冲和输出模拟信号的波形

2．量化和编码

输入的模拟信号经过采样—保持，可转换为阶梯形模拟信号。阶梯幅度的变化也会有无限个数值，很难用数字量表示出来，因此必须将阶梯形模拟信号的幅度等分成 n 级，在每级上规定一个基准电平，然后将阶梯电平分别归并到最邻近的基准电平上。这种分级归并、近似取整的过程称为量化。量化中的基准电平称为量化电平，经采样—保持后未量化的电平值 U_o 与量化电平 U_q 之差称为量化误差 δ，即 $\delta = U_o - U_q$。量化的方法一般有两种，即只舍不入法和有舍有入法（或称四舍五入法）。用二进制数码表示各个量化电平的过程称为编码。图 6-10 为两种不同的量化编码方法。

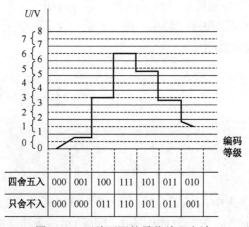

四舍五入	000	001	100	111	101	011	010
只舍不入	000	000	011	110	101	011	001

图 6-10 两种不同的量化编码方法

6.2.2 A/D 转换器的主要参数

1. 分辨率

A/D 转换器的分辨率指 A/D 转换器对输入模拟信号的分辨能力，常以输出二进制数码的位数 n 来表示。

$$分辨率 = \frac{1}{2^n} U_{FSR}$$

式中，U_{FSR} 是输入的满量程模拟电压。

因此，A/D 转换器的分辨率为 A/D 转换器可以分辨的最小模拟电压。显然，A/D 转换器输入二进制数码的位数越多，它可分辨的最小模拟电压的值越小，它的分辨率就越高。

2. 转换速度

A/D 转换器的转换速度指 A/D 转换器完成一次转换所需的时间，即从接收转换控制信号到输出端得到稳定的数字信号所经历的时间。转换时间越短，说明转换速度越高。双积分型 A/D 转换器的转换速度最低，它完成一次转换需几百毫秒；逐次逼近型 A/D 转换器的转换速度较高，它完成一次转换需几十微秒；并联型 A/D 转换器的转换速度最高，它完一次转换仅需几十纳秒。

3. 相对精度

A/D 转换器的相对精度指 A/D 转换器实际输出的数字量与理论输出的数字量之间的差值，通常用最低有效位的倍数来表示。

6.2.3 A/D 转换器的类型

A/D 转换器可分为直接 A/D 转换器和间接 A/D 转换器两大类。在直接 A/D 转换器中，输入模拟信号直接被转换成相应的数字信号。该类 A/D 转换器有逐次逼近型 A/D 转换器和并行比较型 A/D 转换器等类型，其特点是工作速度高、转换精度容易保证、校准比较方便。在间接 A/D 转换器中，输入模拟信号先被转换成某种中间变量（如时间、频率等），然后中间变量再被转换为最后的数字信号。该类转换器有单积分型 A/D 转换器、双积分型 A/D 转换器等类型，其特点是转换速度较低、转换精度较高、抗干扰能力强。

1. 双积分型 A/D 转换器

双积分型 A/D 转换器是一种间接 A/D 转换器。图 6-11（a）为双积分型 A/D 转换器的原理电路。它由积分器、比较器、二进制数计数器（简称计数器）、逻辑控制电路等组成。其工作原理如下。

在 A/D 转换前，逻辑控制电路对计数器清零，并将开关 S_2 合上，使电容 C 放完电后，再将 S_2 断开。

1）第一次积分

在开关 S_1 接通 u_I 后，由运算放大器 A、电阻 R 和电容 C 组成的积分器对输入采样电路（也可省略）的模拟电压 u_I 进行积分。由于 $u_I>0$，所以在积分期间，其输出电压 $u_O<0$。比

较器 C 的输出电压 $u_C > 0$，该信号使计数脉冲 CP 通过与非门 G 进入计数器，计数器由此开始计数。第一次积分时间 T_1 是固定不变的，它以 $n+1$ 位二进制数计数器中只有最高位信号 $Q_n = 1$ 时第一次积分阶段结束的标志。

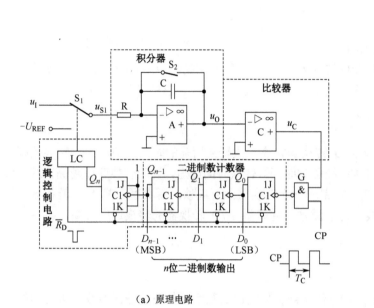

（a）原理电路　　　　　　　　　　（b）工作波形

图 6-11　双积分型 A/D 转换器

现设置数脉冲 CP 的周期为 T_C，因此可知第一次积分时间

$$T_1 = 2^n T_C \tag{6-3}$$

积分器的输出电压为

$$u_O(t_1) = -\frac{1}{C}\int_0^{T_1}\frac{u_I}{R}\,\mathrm{d}t = -\frac{T_1}{RC}u_I = -\frac{2^n T_C}{RC}u_I \tag{6-4}$$

由式（6-4）可知，由于 T_1 为不变的固定值，所以经过第一次积分，$u_O(t_1)$ 值与 u_I 成正比，u_I 和 u_O 的波形如图 6-11（b）所示。

2）第二次积分

当 $Q_n = 1$ 时，通过逻辑控制电路使开关 S_1 接通基准电压 $-U_{REF}$，要求基准电压极性总是与被转换的模拟电压极性相反。因此在第二次积分过程中，积分器在电容加有初始电压 $u_O(t_1)$ 的基础上进行反向积分，而计数器在最高位 $Q_n = 1$、最低位 $Q_n = 0$ 的情况下开始计数。当电容上的电压达到 0 时，$u_O \geqslant 0$，这时比较器的输出电压 $u_C = 0$，与非门 G 被封锁，计数器停止计数，如图 6-11（b）所示的 t_2 时刻。当时间在 $t_1 \sim t_2$ 时，计数器的计数值为 N。故有

$$u_O(t_2) = -\frac{1}{C}\int_{t_1}^{t_2}\frac{-U_{REF}}{R}\,\mathrm{d}t + u_O(t_1) = 0$$

而 $T_2 = t_2 - t_1 = N T_C$，将式（6-4）代入上式有

$$\frac{NT_C}{RC}U_{REF}-\frac{2^n T_C}{RC}u_I=0$$

因而得到

$$N=\frac{2^n}{U_{REF}}u_I \tag{6-5}$$

由上述过程可知，在第二次积分期间，由于 U_{REF} 不变，所以积分斜率不变。由图 6-11（b）可知，使 u_O 达到零值所需的时间 T_2 与 u_I 成正比，当输入电压较小（u_I'）时，相应地，$u_O'(t_1)$ 减小，T_2 也将缩短，如图 6-11（b）中的虚线所示。

双积分型 A/D 转换器的主要优点是工作性能稳定、抗干扰能力强、转换精度高。它的缺点是转换速度慢。由于双积分型 A/D 转换器的优点突出，所以它在对转换速度要求不高的场合中应用得很广。

2．逐次逼近型 A/D 转换器

逐次逼近型 A/D 转换器的结构框图如图 6-12 所示，该类转换器的结构包括 4 个部分，即比较器、D/A 转换器、逐次逼近寄存器（简称"寄存器"）和控制逻辑电路。其工作原理是将大小不同的参考电压与输入模拟电压逐步进行比较，并以相应的二进制代码表示比较结果。

转换前应先将寄存器清零。在转换开始后，控制逻辑电路使寄存器的最高位为 1，使其输出 100⋯0。这个数码被 D/A 转换器转换成相应的模拟电压 u_O，然后模拟电压被送到比较器中与输入 u_I 进行比较。若 $u_O > u_I$，说明寄存器的输出数码过大，则应将最高位的 1 变成 0，同时使次高位为 1；若 $u_O \leq u_I$，说明寄存器的输出数码还不够大，则应将这一位的 1 保留，依此类推，将下一位的 1 进行比较，直到最低位为止。比较结束后，寄存器的状态就是转化后的数字输出，该比较过程与用天平称量一个物体的重量的操作相同，只不过在用天平称重时使用的砝码重量依次减半。

逐次逼近型 A/D 转换器的数码位数越多，其转换结果越精确，转换时间也越长。n 位逐次逼近型 A/D 转换器完成一次转换至少需要 $n+1$ 个 CP 脉冲。

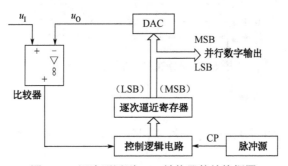

图 6-12　逐次逼近型 A/D 转换器的结构框图

6.2.4　集成 A/D 转换器

1．ADC0804

ADC0804 是逐次逼近型单通道 CMOS 8 位 A/D 转换器，其转换时间小于 100μs，电源电压为 +5V，输入信号、输出信号都和 TTL 电路兼容，输入信号的电压范围为 0～+5V，内部含有时钟电路。图 6-13 为其引脚排列。

图 6-13　ADC0804 的引脚排列

在图 6-13 中，$\overline{\text{CS}}$、$\overline{\text{RD}}$、$\overline{\text{WR}}$ 是控制输入端，CLKI 和 CLKR 是时钟电路引出端，$\overline{\text{INTR}}$ 是中断输出端，$U_{\text{IN+}}$ 和 $U_{\text{IN-}}$ 为模拟电压输入端，AGND 和 DGND 分别为模拟接地端和数字接地端。$U_{\text{REF}}/2$ 为参考电压输入端，该端口的电压值对应输入电压的 $\frac{1}{2}$，如果此引脚悬空，那么其电压由内部的分压电路设置为 $\frac{U_{\text{CC}}}{2}$，此时对应的输入电压范围为 $0\sim+U_{\text{CC}}$。

图 6-14 是 ADC0804 的典型应用电路。图中 4 脚和 19 脚外接 RC 电路，并与内部时钟电路共同形成电路时钟源，其时钟频率为

$$f=\frac{1}{1.1}RC$$

其对应的转换时间约为 100μs。

　　该电路的工作过程是：计算机给出片选信号（$\overline{\text{CS}}$）及写信号（$\overline{\text{WR}}$），使 A/D 转换器启动，当数据转换完成后，转换器的 $\overline{\text{INTR}}$ 端向计算机发出低电平中断信号，计算机接收后发出读信号（$\overline{\text{RD}}$），转换后的数据便出现在数据端 $D_0\sim D_7$ 上。

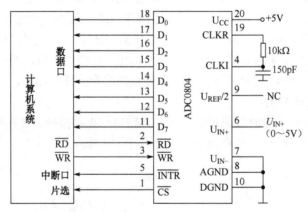

图 6-14　ADC0804 的典型应用电路

2. A/D 转换芯片 MC14433

MC14433 芯片是一个低功耗 $3\frac{1}{2}$ 位的双积分型 A/D 转换器。所谓 $3\frac{1}{2}$ 位，是指输出的十进制数的最高位仅有 0 和 1 两种状态，故称此位为 $\frac{1}{2}$ 位。MC14433 的电路框图如图 6-15 所示。

　　MC14433 主要由模拟电路和数字电路两部分组成。它具有外接元件少、输入阻抗高、功耗低、电源电压范围宽、精度高等特点，并具有自动校零和自动极性转换的功能，使用时该芯片外接两个电阻和两个电容即可构成一个完整的 A/D 转换器。

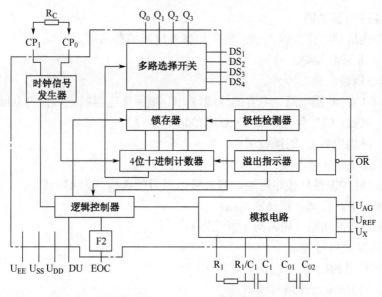

图 6-15　MC14433 的电路框图

　　MC14433 的逻辑电路包括时钟信号发生器、4 位十进制计数器、多路选择开关、逻辑控制器、极性检测器和溢出指示器等。时钟信号由芯片内部的反相器、电容及外接电阻 R_C 组成。R_C 的阻值通常可取 750kΩ、470kΩ、360kΩ 等典型值，相应的时钟频率 f_0 依次为 50kHz、66kHz、100kHz。当采用外部时钟频率时，逻辑电路不接 R_C。4 位十进制计数器的计数范围为 0～1999。锁存器用来存放 A/D 转换的结果。

　　MC14433 的输出信号为 BCD 码，4 位十进制数按时间顺序从输出端 Q_0～Q_3 输出，DS_1～DS_4 是多路选择开关的选通信号端，即位选通信号端。当某一个位选通信号端的信号为高电平时，相应的位被选通，此刻输出端 Q_0～Q_3 输出的 BCD 码与该位数据相对应。

　　MC14433 具有自动调零、自动极性转换等功能，它可测量正或负的电压值。在使用 MC14433 时，调试过程十分简单，而且它能与微处理器或其他数字系统兼容，可以被广泛应用于数字万用表、数字温度计、数字量具及遥测、遥控系统。

　　MC14433 的引脚排列如图 6-16 所示。

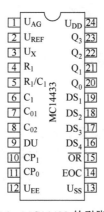

图 6-16　MC14433 的引脚排列

1）MC14433 引脚功能

U_{AG}：模拟接地端，作为输入模拟电压和参考电压的参考端。

U_{REF}：参考电压输入端。

U_X：被测电压输入端。

R_1、R_1/C_1、C_1：外接电阻、电容的接线端。C_1 端所接电容的电容值为 0.1μF，R_1 端所接电阻的阻值为 470kΩ（2V 量程）或 27kΩ（200mV 量程）。

C_{01}、C_{02}：补偿电容 C_0 的接线端。

DU：实时显示控制输入端。

CP_1、CP_0：时钟振荡外接电阻端，其外接电阻阻值典型值为 470kΩ。

U_{EE}：电路的电源负端，接-5V 电压。

U_{SS}：电源公共接地端（通常与 1 脚连接）。

EOC：转换结束信号端。

$\overline{OR}$：溢出信号输出端。

$DS_1 \sim DS_4$：输出位选通信号端。

$Q_0 \sim Q_3$：转换结果的 BCD 码输出端。

U_{DD}：正电源输入端，接+5V 电压。

2）主要特性

（1）分辨率：$3\frac{1}{2}$ 位。

（2）精度：±（读数的 0.05%倍+1 个数位）。

（3）量程：1.999V 和 199.9mV 两挡（对应参考电压分别为 2V 和 200mV）。

（4）转换速率：3~25 次/s。

（5）输入阻抗：≥1000MΩ。

（6）时钟频率：30~300kHz。

（7）电源电压范围：-4.5~-8V/4.5~8V。

（8）模拟电压输入通道数为 1。

技能性实训

实训1 D/A 转换器的功能测试

1. 实训目的

（1）熟悉 D/A 转换原理、转换方式及特点。

（2）了解 D/A 转换集成芯片的结构、功能测试方法及应用。

（3）熟悉 D/A 转换集成芯片 DAC0832 的性能，学习其使用方法。

2. 实训器材

+5V、+15V、-15V 直流电源各 1 台；双踪示波器 1 台；数字万用表 1 个；逻辑电平开

关 10 个；集成芯片 μA741、DAC0832 各 1 片；10kΩ 电位器、1kΩ 电位器各 1 个；面包板 1
块；导线若干。

3．实训内容及步骤

（1）按图 6-17 所示的电路接线，检查无误后，接通电源。

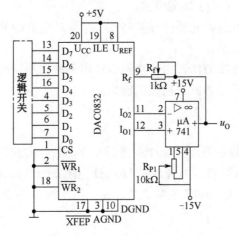

图 6-17　DAC0832 测试电路图

（2）将输入数据开关均接 0，即输入数据为 00000000，并调节运算放大器的调零电位器，使输出电压 $u_O=0$。

（3）按表 6-1 提供的输入数字量（由输入数据开关控制），逐次测量输出电压 u_O，并将其填入表 6-1 中。

表 6-1　输出电压

输入数字量								输出电压/V	
D_7	D_6	D_5	D_4	D_3	D_2	D_1	D_0	实测值	理论值
0	0	0	0	0	0	0	0		
0	0	0	0	0	0	0	1		
0	0	0	0	0	0	1	1		
0	0	0	0	0	1	1	1		
0	0	0	0	1	1	1	1		
0	0	0	1	1	1	1	1		
0	0	1	1	1	1	1	1		
0	1	1	1	1	1	1	1		
1	1	1	1	1	1	1	1		

4．实训报告

（1）总结实训目的、实训电路搭建情况。

（2）总结 DAC0832 的转换结果，并与理论值进行比较。

实训 2　数字电压表制作与调试

1．实训目的

（1）进一步熟悉 A/D 转换器的作用、构成及工作原理。

（2）会识别和检测 MC14433 集成电路。

（3）掌握数字电压表电路中元件的连接特点，能够对电路中的相关参数进行合理测试，并能正确判断电路的工作状态。

（4）掌握简单电路的连接方法，进一步熟练使用各种仪器仪表。

（5）进一步提高分析问题和解决问题的能力。

2．实训器材

直流稳压电源 1 台；数字万用表 1 个；集成电路芯片 MC14433、MC1413、MC1403、CC4511 各 1 片，LED 显示器 BC201 4 块；470 kΩ 电阻 2 个、100kΩ 电阻 7 个、200Ω 电阻 2 个；1 kΩ 电位器 1 个；0.1μF/60V 电容 2 个；面包板 1 块；导线若干。

3．实训内容及要求

数字电压表电路主要由 A/D 转换器、锁存/译码驱动器、发光数码管等组成。数字电压表电路如图 6-18 所示。其中，MC14433 可实现 A/D 转换，将输入的模拟信号转换成数字信号；MC1403 为基准电压源电路，可提供基准电压作为 A/D 转换器的参考电压；CC4511 为译码驱动电路，可将二—十进制 BCD 码转换成显示信号，并驱动显示器的 7 个发光段，使发光管显示字形；MC1413 为 7 组达林顿反相驱动电路，$DS_1 \sim DS_4$ 端的信号经 MC14433 缓冲后驱动各位数码管的阴极；LED 显示器将译码器输出的 7 段信号进行数字显示，A/D 转换结果可由此读出。

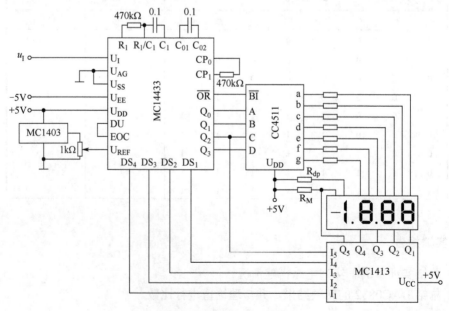

图 6-18　数字电压表电路

　　MC1403 的输出端接 MC14433 的输入端 U_{REF}，为 MC14433 提供精准的参考电压，被测输入电压 u_1 信号通过 MC14433 进行 A/D 转换，MC14433 将转换后的数字信号采用多路调制方式输出为 BCD 码并在译码后输入 4 个 LED 显示器。LED 显示器的 a～g 分别并联在一起，MC1413 的 4 个输出端 Q_1～Q_4 分别接 4 个 LED 显示器的阴极，为其提供导电通路。MC1413 接收 MC14433 的 DS_1～DS_4 端的选通脉冲信号，使输出端 Q_1～Q_4 轮流处于低电平状态，从而控制 4 个 LED 显示器轮流工作，实现扫描显示。

　　处于工作状态的 3 个 LED 显示器分别用于显示输入电压的十位、个位、小数点后一位。由于电压表只需要显示 3 个十进制数字，所以只要使用 MC14433 上的 DS_1 端、DS_2 端、DS_3 端就能满足要求，不需要使用 DS_4 端，小数点直接由+5V 电源供电。

　　电压极性符号"−"由 MC14433 的 Q_2 端控制。当负电压输入电路时，Q_2 端的信号为 0，"−"通过 R_M 点亮；当正电压输入电路时，Q_2 端的信号为 1，"−"熄灭。

　　小数点由电源通过电阻 R_{dp} 供电点亮。当电源电压为+5V 时，R_M、R_{dp} 和 7 个限流电阻的阻值为 270～390Ω。

　　当参考电压 U_{REF} 分别为 2V 和 200mV 时，输入被测模拟电压的范围分别为 0～1.99V 和 0～199.9mV。MC14433 被测电压输入端的最大输入电压不可超过 1.999V，否则须经过分压才能输入。应在被测电压输入端前设一电阻来对输入信号进行分压和限流，使输入电压变为原来的 1/10，与 2V 参考电压匹配。

4．电路安装与调试

　　（1）将检测合格的器材按照图 6-18 所示的电路连接，并将其安装在面包板或万能电路板上。

　　（2）在插接集成电路时，应先校准两排引脚，使之与底板上的插孔对应，然后轻轻将电路插上，在确定引脚与插孔吻合后，再稍用力将其插紧，以免集成电路的引脚弯曲、折断或者接触不良。

　　（3）导线应粗细适当，一般选取直径为 0.6～0.8mm 的单股导线，通过使用不同色线来区分它们的不同用途，如电源线用红色，接地线用黑色。

　　（4）在连线时应避免导线过长、避免导线从集成电路上方跨越和多次重叠交错，这样有利于布线、更换元件及检查并排除故障。

　　（5）电路的线路布置应整齐、美观、牢固。水平导线应尽量紧贴底板，竖直导线可沿边框四角敷设，导线转弯时弯曲半径不能过小。

　　（6）当电路安装完毕后，要仔细检查电路的连接情况，确认电路连接无误后再接入电源。

　　（7）接通 MC1403 基准电源，检查其输出电压是否为 2.5V，调整 1kΩ 电位器，使其输出电压为 2V。

　　（8）将输入端接地，接通+5V 和−5V 电源（先接好地线），显示器将显示"000"，否则，应检测电源的正负电压。用示波器测量观察 DS_1～DS_4 端和 Q_0～Q_3 端的信号波形，以判断故障所在位置。

　　（9）用电阻、电位器组成一个简单的输入电压调节电路，调节电位器，3 位数码将相应发生变化，此时再进行精调。

（10）测量输入电压，调节电位器，使 $u_I = 1V$，这时被调电路的电压指示值不一定显示"1.000"，应调整基准电压源，使指示值与标准电压表的误差尽可能地小。

（11）改变输入电压 u_I 的极性，使 $u_I = -1V$，检查"−"是否显示，并按（10）中的方法校准显示值。

（12）在 $0\sim+1.999V$ 和 $-1.999\sim0V$ 的量程内再一次仔细调整（应调整基准电源电压，使全部量程内的误差均尽可能地小）。

至此，一个测量范围在 ±1.999 之间的 $3\frac{1}{2}$ 位数字直流电压表调试成功。

5. 考评内容及评分标准

数字电压表制作与调试的考评内容及评分标准如表 6-2 所示。

表 6-2　数字电压表制作与调试的考评内容及评分标准

步骤	考评内容	评分标准	标准分	扣分及原因	得分
1	画出电路图，并分析其工作原理	（1）符号正确； （2）连接正确； （3）原理分析准确。 （错一处扣5分，扣完为止，教师辅导、学生自查）	20		
2	根据相关参数，对器材质量进行判别	质量和分类判断正确。 （错一处扣5分，扣完为止；学生自查、教师检查）	20		
3	根据电路图搭接电路，并利用直观法或使用数字万用表分析电路连接是否正确	（1）电路的连接符合工艺标准； （2）布局规范，走线美观； （3）无断路（脱焊）、短路等错误。 （错一处扣5分，扣完为止，同学互查、老师检查）	20		
4	确认电路连接无误后，进行通电测试	（1）操作过程正确； （2）工作状态正常。 （错一处扣5分，扣完为止，教师指导、同学互查）	25		
5	注意安全、规范操作，小组分工，保证质量，完成时间为90min	（1）小组成员有明确分工； （2）在规定时间内完成该项目； （3）各项操作规范、安全。 （成员无分工扣5分，超时扣10分；教师指导、同学互查）	15		
	教师根据学生对数字电压表电路的相关理论知识和技能知识的掌握情况进行综合评定，并指出存在的问题，给出具体改进方案		100		

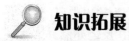

知识拓展

锯齿波发生器

在电子工程、通信工程、自动控制、遥控控制、测量仪器、仪表和计算机等技术领域，经常需要用到锯齿波发生器。由于集成电路发展迅速，如今用集成电路可很方便地组成锯齿波发生器，其波形质量、幅度和频率稳定性、可调性都能达到较高的性能指标。

锯齿波是常用的基本测试信号，它在实际中的应用十分广泛。以 DAC0832 为核心的锯齿波发生器的电路如图 6-19 所示。两片 74LS161 组成 8 位二进制计数器，随着计数脉冲的增加，计数器的输出信号在 00000000 到 11111111 之间变化。计数器在计满 11111111 后，又从 00000000 开始计数。

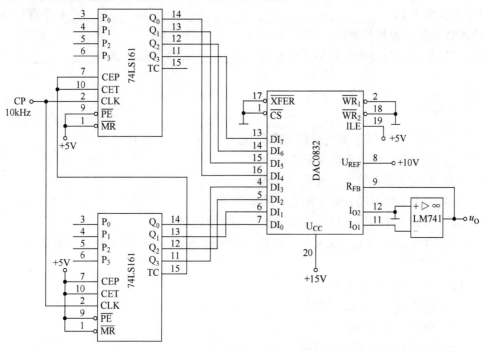

图 6-19　以 DAC0832 为核心的锯齿波发生器的电路

DAC0832 将计数器输出的 8 位二进制信号转换为模拟电压，它的两个缓冲器在电路中都接成直通状态。当计数器的输出信号的各位全为 1 时，输出电压 $u_O=U_{max}$；当下一个计数脉冲到达时，计数器的输出信号的各位全为 0，输出电压 $u_O=0$。显然，计数器的输出信号为 00000000～11111111，D/A 转换器有 $2^8=256$ 个输出模拟电压。用示波器观察到的输出锯齿波波形如图 6-20 所示。

输出锯齿波的频率 f_0 和计数脉冲频率 f_{CP} 的关系为 $f_0=f_{CP}/256$。因为每隔 256 个 CP 脉冲，计数器从 00000000 到 11111111 变化一次，输出模拟电压从 0 到

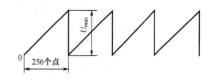

图 6-20　用示波器观察到的
输出锯齿波波形

$U_{\max}$ 变化一次。

外接的运算放大器 LM741 将经 DAC0832 转换得到的输出电流转换为输出电压,输出电压与参考电压 U_{REF} 成正比。当 U_{REF} 增大时,锯齿波的幅度也随之增大,反之亦然。

 # 自我检测题

一、填空题

6.1 将数字信号转换为相应的模拟信号称为_____转换。

6.2 将模拟信号转换为相应的数字信号称为_____转换。

6.3 D/A 转换器分辨率的定义为_____与_____之比。

6.4 D/A 转换器按转换方式可分为_____、_____和_____等。

6.5 A/D 转换器由_____、_____、_____和_____4 个部分组成,这也是 A/D 转换的过程步骤。

6.6 A/D 转换器按转换信号形式可分为_____A/D 型转换器和_____A/D 型转换器。

二、选择题

6.7 下列有关 D/A 转换器的采样频率的说法中,(　　　) 是正确的。

（a）应大于模拟输入信号频率

（b）应大于模拟输入信号频率两倍

（c）应大于模拟输入信号频谱中的最高频率

（d）应大于模拟输入信号频谱中最高频率的两倍

6.8 下列类型的 A/D 转换器中,转换速度最快的是 (　　　);抗干扰能力强的是 (　　　);转换速度最慢的是 (　　　)。

（a）并行比较型 A/D 转换器

（b）逐次逼近型 A/D 转换器

（c）双积分型 A/D 转换器

（d）V-F 变换型 A/D 转换器

6.9 下列类型的 A/D 转换器中,(　　　) 属于直接 A/D 转换器。

（a）逐次逼近型 A/D 转换器

（b）单积分型 A/D 转换器

（c）双积分型 A/D 转换器

（d）V-F 变换型 A/D 转换器

6.10 下列类型的 A/D 转换器中,(　　　) 属于间接 A/D 转换器。

（a）并行比较型 A/D 转换器　　　　　　（b）反馈比较型 A/D 转换器

（c）双积分型 A/D 转换器　　　　　　　（d）逐次逼近型 A/D 转换器

思考题与习题

6.11　根据日常生活中的经验，试列举 2～3 种应用了 A/D 转换器和 D/A 转换器的电子产品。

6.12　在 8 位倒 T 形电阻网络 D/A 转换器中，已知 U_{REF}=10V，试分别求出当输入数字量为 10011000 和 01111101 时的输出模拟电压 U_O。

6.13　有一个 8 位 D/A 转换器，其满值输出电压为 10V，试求在下列输入情况下的输出电压值：

（1）各位全为 1；

（2）仅最高位为 1；

（3）仅最低位为 1。

6.14　已知某 D/A 转换器的最小分辨电压为 5mV，最大满值输出电压为 10V，试求该转换器的输入数字量的位数和基准电压。

6.15　某 12 位 A/D 转换器的满值输入电压为 16V，试计算其分辨率。

6.16　一个 8 位逐次逼近型 A/D 转换器的满量程输入电压为 10V，其时钟脉冲频率为 2.5MHz，试求：

（1）转换时间是多少？

（2）当 U_I=3.4V 时，输出数字量是多少？

（3）当 U_I=8.3V 时，输出数字量是多少？

单元 7   半导体存储器和
可编程逻辑器件

学习目的

要知道：存储器、ROM、RAM 和 PLD 的概念及分类。
要了解：ROM 和 RAM 的电路结构；PAL、GAL 的结构。
会使用：各类 PLD。

学习性工作任务

任务 7.1   了解存储器

存储器是数字系统中用于存储大量二进制信息的器件，它可以用来存放各种程序、数据和资料。半导体存储器按照不同的存取方式分为只读存储器（ROM）和随机存储器（RAM）。对于不同的存储器，它们的存储容量不同，功能也有一定的差异。

7.1.1   只读存储器（ROM）

ROM 用于存储不可随时更改的固定信息，当信息经一定方法写入（存入）存储器后，就只能读出信息而不能随时写入新信息，信息可长期保存。ROM 靠电路物理结构存储数据，故断电后信息仍能保存，不会丢失。ROM 可分为掩膜 ROM、可编程 ROM、可擦除可编程 ROM。

1. 掩膜 ROM

对于掩膜 ROM，在制造过程中把信息存放在此存储器中，在使用过程中不再重新写入信息，需要时读出信息即可。掩膜 ROM 只允许外界读取已存储的信息，而不允许外界改变已存内容，并且在断电后不丢失其中的存储内容，故它又称固定只读存储器。掩膜 ROM 主要由地址译码器、存储矩阵和输出缓冲器 3 部分组成，如图 7-1 所示。

存储矩阵中的每个存储单元中固定存放着的若干位二进制数码，称为"字"。为了读取不同存储单元中存储的字，为各单元编上代码，将该代码称为"地址"。在输入不同地址时，就能在存储器输出端读出相应的字，即"地址"与"字"有固定的对应关系。如图 7-1 所示，该存储器有 2^n 个存储单元，每个单元可以存放一个字，一共可以存放 2^n 个字；每个字有 m

位,存储器的容量为 $2^n \times m$。在掩膜 ROM 中,地址译码器实现了地址输入变量的与运算,存储矩阵实现了字线信号的或运算,即实现了各个输出逻辑函数。因此,掩膜 ROM 实际上是由与阵列和或阵列组成的电路,与阵列相当于地址译码器,或阵列相当于存储矩阵。

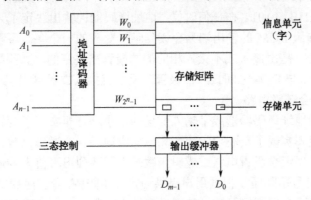

图 7-1 掩膜 ROM 框图

掩膜 ROM 的存储体可以由二极管、晶体管和 MOS 场效应晶体管组成。二极管矩阵掩膜 ROM 的结构如图 7-2 所示,图中 W_0、W_1、W_2、W_3 是字线信号,D_0、D_1、D_2、D_3 是位线信号,ROM 的容量为字线信号位数×位线信号位数,因此图 7-2 中的 ROM 的容量为 4×4=16,即该存储器有 16 个存储单元。

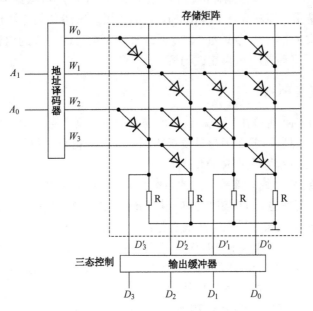

图 7-2 二极管矩阵掩膜 ROM 的结构

1)如何读字

当地址码 A_1A_0 为 00 时,译码输出使字线 W_0 的信号为高电平,与其相连的二极管都导通,高电平信号被送到位线上,于是 D_3 端、D_0 端得到高电平信号,而 W_0 和 D_1、D_2 三个端口之间没有接二极管,故 D_1 端、D_2 端的信号是低电平信号。这样,在 $D_3D_2D_1D_0$ 端可读到一个字 1001,它就是该矩阵第一行的字输出。在同一时刻,由于字线 W_1、W_2、W_3 的信号都是低电平，与它们相连的二极管都不导通，所以读字结果不受影响。

当地址码 A_1A_0 为 01 时，字线 W_1 的信号为高电平，在位线输出端 $D_3D_2D_1D_0$ 读到字 0111，对应矩阵第 2 行的字输出。同理，当地址码为 10 和 11 时，在输出端将读到矩阵第 3、4 行的字输出，分别为 1110、0101。在任何时候，地址译码器的输出决定了只有一条字线的信号是高电平，所以在掩膜 ROM 的输出端只会读到唯一对应的一个字。可看出，在对应的存储单元内存入 1 还是 0，是由接入或不接入相应的二极管来决定的。如果要在第 0 个字的第 1 位存入 0，就不在 W_0 与 D_3 端之间接入二极管；反之就接入二极管。

2）如何实现组合逻辑电路

掩膜 ROM 中的地址译码器形成了输入变量的最小项，即实现了逻辑变量的与运算；掩膜 ROM 中的存储矩阵实现了最小项的或运算，即实现了各个逻辑函数。

用掩膜 ROM 实现组合逻辑电路或逻辑函数时，需要列出真值表或最小项表达式，然后画出掩膜 ROM 的符号矩阵图。根据用户提供的符号矩阵图，就可生产所需的掩膜 ROM。利用掩膜 ROM 不仅可实现逻辑函数（特别是多输出函数），而且可以实现组合逻辑电路。

2．可编程 ROM

厂家制造掩膜 ROM 时借助金属掩膜工艺完成了编程，所以掩膜 ROM 被制造好以后，其内容是不可改变的。而可编程 ROM（PROM）则不一样，它不是由厂家而是由用户自行编程的。在 PROM 出厂时，其存储体的内容为全 0 或全 1，用户可根据需要将某些内容改写，也就是编程。对于常用的双极型工艺 PROM，人们采用烧毁熔丝的方法使晶体管由导通变为截止，从而使存储器的部分内容变为"0"，而未被烧断熔丝的地方的内容为"1"。PROM 只能进行一次编程，写好后就不可再更改内容。

3．可擦除可编程 ROM

可擦除可编程 ROM 也是由用户将自己所需要的信息写入存储单元内。与 PROM 不同的是，如果要重新改变信息，那么用户只要擦除原先存入的信息，再行重写，即可达到目的。故这种存储器称为可擦除可编程 ROM。

可用紫外线（或 X 射线）擦除信息的可编程 ROM 简称 EPROM，这是早期对可擦除可编程 ROM 的通称，现在也称 UVEPROM。由于改写 EPROM 中信息时必须把芯片放在专用设备上进行，因此耗时较长，又不能在线进行，使用起来很不方便。后来出现了采用电信号擦除信息的可编程 ROM，称为 E^2PROM，它可进行在线擦除和编程。由于器件内部具有由 5V 电压产生 21V 电压的转变电路和编程电压形成电路，因此 E^2PROM 在擦除信息和编程时不需要使用专用设备，而且擦除速度较快。

快闪存储器是新一代的用电信号擦除信息的可编程 ROM。它具有结构简单、编程可靠、擦除快捷的特性，而且它的集成度很高，又能在线进行电擦除。但是它不能像 E^2PROM 那样按字节擦除，只能全片擦除。

快闪存储器还具有成本低、使用方便等优点，它可取代大容量的 EPROM 和 E^2PROM，不少笔记本电脑已使用这种存储器。这种存储器的使用还可以扩大到数字音响、数码相机、移动电话、掌上电脑、GPS、计算机硬盘和移动硬盘及 U 盘等设备。其存储容量逐年提高，从几十兆字节、几十吉字节至几百吉字节，甚至可达 1000GB。

7.1.2   随机存储器（RAM）

RAM 是一种被广泛用于存储数据和程序的半导体存储器，它使用方便，可随时进行数据的读（从 RAM 中调用数据）、写（向 RAM 中存储数据）操作，故 RAM 又称读/写存储器。一旦断电，RAM 中所存的内容立即丢失。

1．RAM 的基本结构

RAM 的基本结构由存储矩阵、地址译码器和输入输出控制电路 3 个部分组成，如图 7-3 所示。

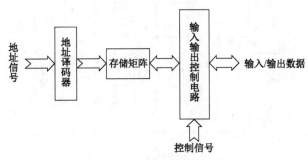

图 7-3   RAM 的基本结构

1）存储矩阵

存储矩阵是由许多存储单元组成的阵列。每个存储单元可存放 1 位二进制数。存储器中所存数据通常以字为单位，1 个字含有若干个存储单元，即含有若干位，其位数也称为字长。存储器的容量通常以字数和字长的乘积来表示。例如，1024×4 表示存储器有 1024 个字，每个字 4 位，共有 4096 个存储单元（容量）。

2）地址译码器

地址译码器可将外部输入的地址信号进行译码，找到对应的存储单元。通常根据存储单元所排列的矩阵形式，地址译码器可被分成行地址译码器和列地址译码器。行地址译码器将输入地址信号的若干位译成对应字线上的有效信号，在存储矩阵中选中一行存储单元；列地址译码器将输入地址信号的若干位译成对应输出线上的有效信号，从字线选中的存储单元中再选 1 位或 n 位，使这些被选中的单元电路和输入输出控制电路接通，再通过输入输出控制电路对这些单元进行读/写操作。

3）输入输出控制电路

输入输出控制电路也称读写控制电路，是数据读取和写入的指令控制电路，它和输入输出缓冲器共同完成对数据的读写操作。

2．RAM 的存储单元

RAM 可根据存储单元结构分为双极型 RAM、MOS 型 RAM（NMOS 型 RAM 和 CMOS 型 RAM）。双极型 RAM 速度快，但功耗大、集成度不高。大容量的 RAM 一般都为 MOS 型 RAM。MOS 型 RAM 根据基本存储单元的不同分为静态 RAM（SRAM）和动态 RAM（DRAM）两种。

1）SRAM

图 7-4 为由 MOS 场效应晶体管触发器组成的存储单元，其中的 MOS 场效应晶体管为 NMOS。由 VT_1、VT_2，VT_3、VT_4 组成的两个反相器交叉耦合组成基本 RS 触发器，该触发器为基本存储单元；VT_5、VT_6 为门控管，由行地址译码器的输出字线 X 控制其导通或截止；VT_7、VT_8 也是门控管，由列地址译码器输出的列选信息 Y 控制其导通或截止，它们也是数据存入或读出的控制通路。

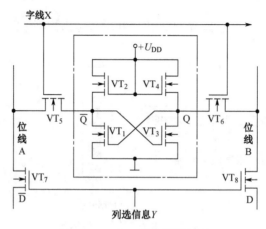

图 7-4　NMOS 静态存储单元

在进行读写操作时，字线上的信号 $X=1$，列选信息 $Y=1$，VT_5、VT_6、VT_7、VT_8 均导通，触发器的状态与位线上的数据一致。

当 $X=0$ 时，VT_5、VT_6 截止，触发器的输出端与位线断开，触发器保持状态不变。

当 $Y=0$ 时，VT_7、VT_8 截止，触发器不进行读写操作。

SRAM 一般用于数据存储器小于 64 KB 的小系统或作为大系统的高速缓冲存储器，有时还用于需要用电池作为后备电源进行数据保护的系统中。

2）DRAM

图 7-5 是用一个 NMOS 场效应晶体管组成的 DRAM 基本存储单元。分布电容 C_S 用于存储二进制信息，数据 1 和 0 是以电容上有无电荷来区分的。NMOS 场效应晶体管 VT 是读写控制门，它用来控制信息的进出。字线控制该单元的读写，位线控制数据的输入或输出。

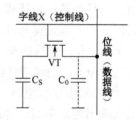

图 7-5　单管 DRAM 的基本存储单元

在进行读写操作时，字线上的信号 $X=1$，使电容 C_S 与位线相连。在写入数据时，数据通过位线存入 C_S 中，写 1 充电，写 0 放电。在读出数据时，数据从 C_S 传至位线。

DRAM 利用电容上的电荷来存储一个数据位。由于电容电荷会泄漏，所以为了保证信息不丢失，DRAM 需要不断地进行周期性的刷新。DRAM 存储单元所用的 NMOS 场效应晶体管少，因此 DRAM 集成度高、功耗低，常用于存储器大于 64KB 的大系统中。

任务 7.2　了解可编程逻辑器件

任何复杂的数字系统都可以由大量的通用型器件（数字集成块）组成，但相关的设计工作复杂、调试维修困难、设计周期长、功耗大、成本高、可靠性差。可编程逻辑器件（PLD）能够很好地解决这个问题，PLD 及其软件的出现使数字系统设计工作变得非常容易，并使复杂的数字系统的设计过程可以很快地完成。PLD 的优点是集成度高、可靠性高、性价比高，并且能提高设计速度。

7.2.1　PLD 简介

1．PLD 的基本结构

任何一个组合逻辑函数均有相应的与或表达式，其电路都可用与门和或门来搭接，以实现逻辑函数的逻辑功能。这是在组合逻辑电路中讨论的问题。与之相似的是，PLD 作为专用集成逻辑器件，其基本结构是由与逻辑阵列和或逻辑阵列组成的。图 7-6 是 PLD 的基本结构框图。其中，与阵列含多个多输入与门，或阵列含多个多输入或门，输入电路可产生输入变量的原变量和反变量，输出电路通过三态门控制数据直接输出或反馈到输入端。在实际使用中，PLD 可通过编程来选择使用几个门及每个门都用哪些输入端以实现所需要的逻辑功能。这相当于用门电路实现逻辑功能时的选件及接线。

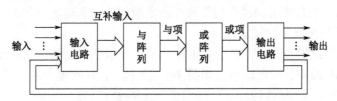

图 7-6　PLD 门阵列的基本结构框图

2．PLD 的表示方法

PLD 阵列庞大，它有自己的独特的表示方法，该方法可使芯片的内部配置和逻辑图之间建立对应关系。

1）连接方式

PLD 门阵列交叉点的连接方式分为固定连接单元、可编程连接单元和断开连接单元，如图 7-7 所示。

（a）固定连接单元　　　（b）可编程连接单元　　　（c）断开连接单元

图 7-7　PLD 门阵列交叉点的连接方式

2）逻辑门的表示方式

PLD 逻辑门的表示方式如图 7-8 所示。图 7-8（a）表示与门，其逻辑表达式为 $Y_1=ABC$；图 7-8（b）表示或门，其逻辑表达式为 $Y_2=A+B+C$；图 7-8（c）是互补输出缓冲器；图 7-8（d）

是三态输出缓冲器。

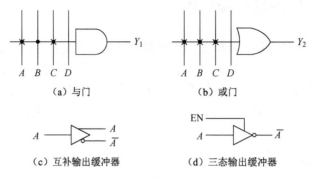

（a）与门　　　　　　　　　　（b）或门

（c）互补输出缓冲器　　　　　　（d）三态输出缓冲器

图 7-8　PLD 逻辑门的表示方式

3．PLD 的分类

PLD 按集成度的高低分为两大类，一类是简单 PLD，其芯片集成度较低，如可编程阵列逻辑（PAL）器件（一般称为 PAL）和通用阵列逻辑（GAL）器件（一般称为 AL）等；另一类是复杂 PLD，也称高密度 PLD，这种 PLD 的芯片集成度较高，如现场可编程门阵列（FPGA）器件等。

7.2.2　PAL

如图 7-9 所示，PAL 由可编程与门阵列、固定或门阵列和输出电路 3 大部分组成，制作可编程与门阵列采用熔丝编程技术。

用 PAL 来实现逻辑函数时，每个输出是若干个乘积之和，乘积项的数目（即与门的个数）固定不变。PAL 编程前的内部结构如图 7-9（a）所示，它的每个输出都包含 4 个乘积项，若用它来实现下列 4 个逻辑函数，即 $L_0=ABC+\overline{A}B+\overline{B}\ \overline{C}$、$L_1=\overline{A}B+A\overline{C}$、$L_2=AB\overline{C}+\overline{B}\ C$、$L_3=\overline{B}\ C+B\overline{C}$，则编程后的 PAL 的内部结构如图 7-9（b）所示。

7.2.3　GAL

PAL 采用熔丝编程的方法，所以它只能一次性编程。一旦编程出现错误，它就会变为废品。PAL 有多种输出结构形式，这使得它的器件增多，也不便于用户使用。而 GAL 就很好地克服了 PAL 的不足。GAL 采用了 E^2CMOS 新工艺，因此它具有可重复编程等功能，而且 GAL 能进行电路设计仿真，大大地缩短了电路的设计周期。它还采用了电子标签和逻辑宏单元（OLMC）等新技术。GAL 能够完成 PAL 的所有输出功能，而且它的输出信号可以组合成不同的状态。

根据 GAL 或门阵列的结构，可将 GAL 分为两大类，一类是与门阵列可编程、或门阵列固定连接的 GAL，如 GAL16V8、GAL20V8 等；另一类是与门阵列、或门阵列都可编程的 GAL，如 GAL39V18 等。

GAL 可以通过设置结构来控制字，能灵活地设置字的输出方式，其输出使能信号也有多项选择，所以使用起来非常灵活。GAL 可反复编程，具有仿真功能。它的可测试性好，并且具有加密的功能，保护了知识产权。因此，GAL 曾被认为是最理想的器件。

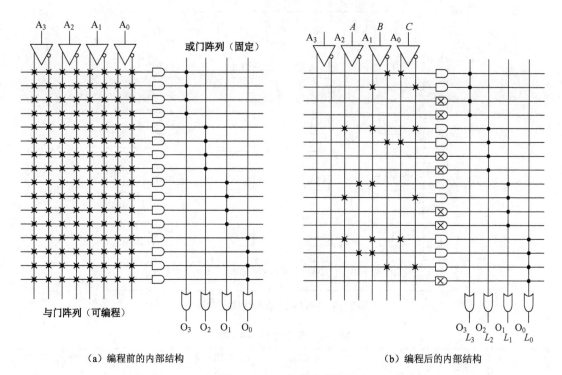

（a）编程前的内部结构　　　　　　　　（b）编程后的内部结构

图 7-9　PAL 的基本结构

 **知识拓展**

现场可编程门阵列（FPGA）

FPGA 与前面所述的可编程逻辑器件相比，其结构不受与、或阵列限制，也不受触发器和 I/O 端的数量限制，它可以组成任何复杂的逻辑电路，尤其是多级逻辑功能电路。由于 FPGA 的内部可编程逻辑模块的排列形式与前述可编程器件门阵列中单元的排列形式相似，所以它沿用了门阵列的名称。FPGA 属于高密度 PLD，其集成度为 3 万门/片以上，最大可达 8M 门/片。

图 7-10 为 FPGA 的基本结构示意图。FPGA 由可编程的输入/输出模块（IOB）、可编程逻辑模块（CLB）等组成。组成可编程逻辑模块（CLB）的基础单元是逻辑单元（LC），在 Virtex-II 和 Spartan-3 系列中，CLB 含有 8 个 LC，而每个 LC 中有一个 LUT（Look-Up Table，通过查表实现逻辑函数，为 4 位地址码-1 位输出的 16×1 的 SRAM）。这样的 LC 可实现 4 位地址码的逻辑运算，通过查表对照输出其运算结果。FPGA 也可作为存储器或移位寄存器使用。另外，一个 LC 中还含有进位及控制逻辑的器件和一个 D 触发器。

通过编程可将 IOB 引脚的功能分别定义为输入、输出和双向传输功能。

IR 含有局部、通用、I/O、专用和全局布线资源，可承担不同的连线任务。

目前 FPGA 发展极为迅速，早期的 XC2000、XC3000、XC4000 等系列由于密度较低、成本高、工作电压高、功耗大等原因已被淘汰或即将被淘汰，并被高性能产品替代。

表 7-1 列出了单片门数最小和最大的两种 FPGA 产品的各种容量作为参考。

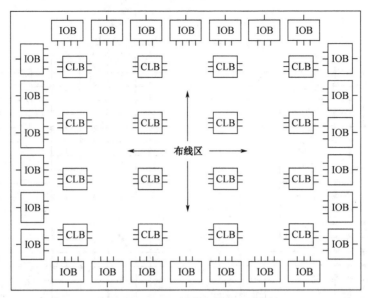

图 7-10　FPGA 的基本结构示意图

表 7-1　典型的 FPGA 容量

系列	型号	系统门数	LC数量	CLB阵列	分散在 CLB 中的 RAM/bit	RAM 块容量/bit	乘法器块数	可用引脚数
Spartan-II	XC2S30	30000	972	12×18	13824	24 K	−	92
Virtex-II	XC2V8000	8M	93184	112×104	1456K	3024 K	168	1108

　　尽管 FPGA 的使用较为灵活，但它仍有不足之处，一是其信号传输延迟时间不确定，这是由于每个信号传输途径不一样，限制了其工作速度；二是其编程数据存储器为静态 RAM 结构，故断电后数据会立即丢失。为此，FPGA 必须配备保存编程数据的 EPROM，在每次通电工作时，必须将数据重新输入到 SRAM 中。这也造成了 FPGA 的保密性较差和使用不便。

 自我检测题

一、填空题

7.1　存储器是一种能存储＿＿＿＿＿＿＿＿的器件。

7.2　半导体存储器按其使用功能可分为＿＿＿＿＿＿存储器和＿＿＿＿＿＿存储器。

7.3　ROM 用来存放固定不变的＿＿＿＿进制信息，在日常工作中，只能＿＿＿＿＿存储信息，而不能＿＿＿＿＿存储信息。当失去电源时，其信息不会＿＿＿＿＿。

7.4　ROM 主要由＿＿＿＿＿＿、＿＿＿＿＿＿和＿＿＿＿＿＿组成。

7.5　按存储信息的方式，RAM 可以分成＿＿＿＿＿RAM 和＿＿＿＿＿＿RAM。

7.6　RAM 中的信息随时可按指定地址进行＿＿＿＿＿或＿＿＿＿＿，但当失去电源后，它存储的信息将会全部＿＿＿＿＿＿。

7.7　可编程逻辑器件主要由＿＿＿＿＿＿、＿＿＿＿＿＿、＿＿＿＿＿＿和＿＿＿＿＿＿

组成。

二、选择题

7.8　下列英文字母缩写符号中，可编程逻辑器件为（　　　）；可编程阵列逻辑器件为
（　　）；通用阵列逻辑器件为（　　）。

　　（a）PLC　　　　　　　（b）PLD　　　　　　（c）GAL　　　　　　（d）PAL

7.9　下列可编程逻辑器件中，具有 OLMC 功能的是（　　　）。

　　（a）PROM　　　　　　（b）PLA　　　　　　（c）PAL　　　　　　（d）GAL

思考题与习题

7.10　ROM 和 RAM 有何区别？

7.11　用 ROM 实现 1 位全减器。

7.12　一个存储器的地址线有 12 根，为 $A_0 \sim A_{11}$，数据线有 5 根，为 $D_0 \sim D_4$，它的存储
容量为多大？

7.13　PLD 有哪几个组成部分？它们各有什么作用？

单元 8　综合实训

实训 1　交通信号控制系统的设计、安装与调试

1. 实训目的

（1）学习数字电路中移位寄存器、计数器、D 触发器、译码驱动器、接收发送器、缓冲器、时基电路、LED 显示器、反相器、CP 时钟脉冲源等单元电路的综合运用。

（2）熟悉交通信号控制系统的工作原理。

（3）了解简单数字系统实训、调试及故障排除方法。

2. 设计交通信号控制系统时需要考虑的因素

十字路口的交通信号控制系统平面布置如图 8-1 所示。在设计该系统时，需要考虑的因素如下。

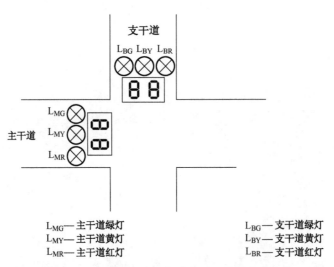

L_{MG}——主干道绿灯　　　　　　　　　L_{BG}——支干道绿灯
L_{MY}——主干道黄灯　　　　　　　　　L_{BY}——支干道黄灯
L_{MR}——主干道红灯　　　　　　　　　L_{BR}——支干道红灯

图 8-1　十字路口的交通信号控制系统平面布置图

（1）主干道和支干道各有红、黄、绿三色信号灯。信号灯在正常工作时有四种可能的状态，而且四种状态必须按如图 8-2 所示的工作流程自动转换。

（2）因为主干道的车辆多，故放行时间应比较长，设计放行时间为 48s；支干道的车辆少，放行时间比较短，设计放行时间为 24s。要求在每次绿灯变红之前，黄灯亮 4s；此时，另一干道的红灯状态不变，黄灯亮时为闪烁状态。

（3）主干道和支干道均设有倒计时数字显示，这可作为时间提示，以便让行人和车辆直观地掌握通行时间。数字显示变化的情况与信号灯的状态是同步的。

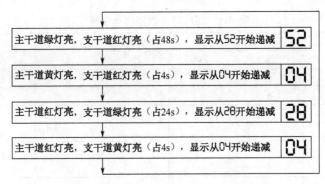

图 8-2 信号灯正常工作的工作流程图

为保证十字路口的交通的安全畅通,该系统一般通过自动控制的交通信号灯来指挥车辆的通行。红灯亮表示禁止通行,黄灯亮表示警示,绿灯亮表示允许通行。近几年来,该系统在灯光控制的基础上又增设了数字显示作为时间提示,这便于行人更直观准确地把握时间,以利于人车通行。

3. 交通信号控制系统

十字路口交通信号控制系统电路框图如图 8-3 所示,其逻辑电路如图 8-4 所示。

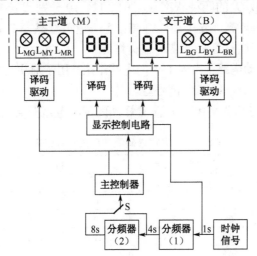

图 8-3 十字路口交通信号控制系统电路框图

(1)时钟信号源:由 NE555 时基电路组成,用于产生 1Hz 的标准秒信号。

(2)分频器:由两片 74LS74 组成。第一片 74LS74 对 1Hz 的秒信号进行四分频,获得周期为 4s 的信号,另一片 74LS74 对 4s 的信号进行二分频,获得周期为 8s 的信号。周期为 4s、8s 的信号被分时送到主控制器的时钟信号输入端,用于控制信号灯处在不同状态的时间。

(3)主控制器及信号灯的译码驱动电路:

① 主控制器:由一片 74LS164(MSI 八位并行输出串行移位寄存器)组成,为十四进制扭环形计数器,是整个电路的核心,用于定时控制两个方向的红、黄、绿信号灯的亮与灭,同时控制数字显示电路进行有序的工作。

扭环形计数器的真值表如表 8-1 所示。

表 8-1 扭环形计数器的真值表

输入 CP 顺序	计数器的状态						
	Q_0	Q_1	Q_2	Q_3	Q_4	Q_5	Q_6
0	0	0	0	0	0	0	0
1	1	0	0	0	0	0	0
2	1	1	0	0	0	0	0
3	1	1	1	0	0	0	0
4	1	1	1	1	0	0	0
5	1	1	1	1	1	0	0
6	1	1	1	1	1	1	0
7	1	1	1	1	1	1	1
8	0	1	1	1	1	1	1
9	0	0	1	1	1	1	1
10	0	0	0	1	1	1	1
11	0	0	0	0	1	1	1
12	0	0	0	0	0	1	1
13	0	0	0	0	0	0	1
14	0	0	0	0	0	0	0

令扭环形计数器中 Q_5Q_6 的四种状态 00、01、11、10 分别代表主干道和支干道交通灯的四种工作状态：主干道绿灯亮、支干道红灯亮；主干道黄灯亮、支干道红灯亮；主干道红灯亮、支干道绿灯亮；主干道红灯亮、支干道黄灯亮。

② 信号灯的译码驱动电路：由若干个门电路组成，用于对主控制器中 Q_5Q_6 的四种状态进行译码并直接驱动红、黄、绿三色信号灯。

③ 令灯亮为"1"、灯灭为"0"，则信号灯译码驱动电路的真值表如表 8-2 所示。

表 8-2 信号灯译码驱动电路的真值表

主控制器状态		主干道信号灯状态			支干道信号灯状态		
Q_5	Q_6	L_{MG}	L_{MY}	L_{MR}	L_{BG}	L_{BY}	L_{BR}
0	0	1	0	0	0	0	1
1	0	0	1	0	0	0	1
1	1	0	0	1	1	0	0
0	1	0	0	1	0	1	0

由此真值表可得出各信号灯的逻辑表达式为

$$\begin{cases} L_{MG} = \overline{Q}_5\overline{Q}_6 \\ L_{MY} = Q_5\overline{Q}_6 \\ L_{MR} = Q_6 \end{cases}, \quad \begin{cases} L_{BG} = Q_5Q_6 \\ L_{BY} = \overline{Q}_5Q_6 \\ L_{BR} = \overline{Q}_6 \end{cases}$$

由于黄灯要闪烁，所以将信号灯的信号 L_{MY}、L_{BY} 与 1s 的标准秒信号 CP 相"与"，可得

$$\begin{cases} L_{MY'} = L_{MY}CP \\ L_{BY'} = L_{BY}CP \end{cases}$$

根据主控制器及信号灯译码驱动电路的工作原理，可以得到主干道和支干道信号灯工作的时序图，如图 8-5 所示。

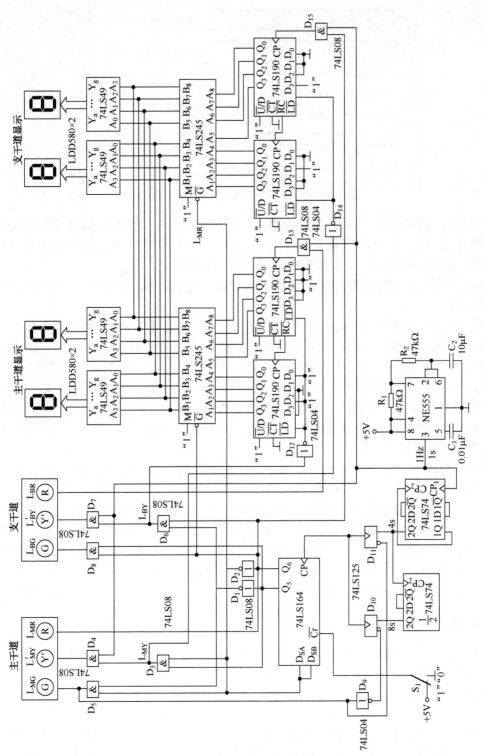

图 8-4　交通信号控制系统逻辑电路

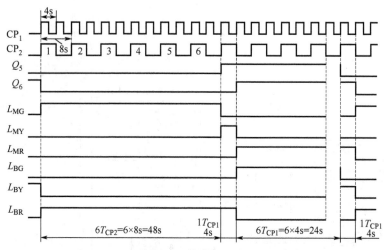

图 8-5　主干道和支干道信号灯工作的时序图

因为主干道要放行 48s，所以当 Q_5Q_6=00 时，将周期为 8s 的时钟信号 CP₂ 送入扭环形计数器的 CP 端；又因为支干道要放行 24s，黄灯亮 4s，所以当 Q_5Q_6 处于 10、11、01 三种状态时，将周期为 4s 的时基信号 CP 送入扭环形计数器的 CP 端。

（4）数字显示控制电路：由四片 74LS190 组成的两个减法计数器构成，用于控制倒计时数字显示。

当主干道的绿灯亮、支干道的红灯亮时，对应主干道的两片 74LS190 组成的五十二进制减法计数器开始工作。从数字"52"开始，每来一个秒脉冲，显示数字减 1，当减到"0"时，主干道的红灯亮，支干道的绿灯亮。同时，主干道的五十二进制减法计数器停止计数，对应支干道的两片 74LS190 组成的二十八进制减法计数器开始工作，从数字"28"开始，每来一个秒脉冲，显示数字减 1。计数器在减法计数前的初始值是利用另一条道路上的黄灯信号对 74LS190 的 LD 端进行控制得到的。当黄灯亮时，减法计数器置入初值；当黄灯灭而红灯亮时，减法计数器开始进行减计数。

（5）显示电路部分：由两片 74LS245 和四片 74LS49 集成芯片及四块 LED 七段显示器 LDD580 组成，用于显示倒计时数字。

主干道、支干道的减法计数器是分时工作的，而任意时刻下两个方向的显示数字均为相同的数字。采用两片 74LS245（八总线三态接收/发送器）就可以实现这个功能。当主干道的减法计数器计数时，与主干道对应的 74LS245 工作，将主干道的计数器的工作状态同时送到两个方向的译码显示电路中。反之，当支干道的减法计数器开始计数时，与支干道对应的 74LS245 开始工作，将支干道计数器的工作状态同时送到两个方向的译码显示电路中。

4. 整机电路的工作过程

当电路接通电源后，电路随机处于四种工作状态中的某一状态。电路可通过清零开关 S₁ 使信号灯处在"主干道绿灯亮、支干道红灯亮"的工作状态，并使显示数字为"52"；此时，周期为 8s 的时钟信号 CP₂ 被送到主控制器 74LS164 的 CP 端，经过 6 个脉冲即 48s 的时间，信号灯自动转换到"主干道黄灯亮、支干道红灯亮"的工作状态，显示数字经过 48s 后减到"4"；此时，周期为 4s 的时钟信号 CP₁ 被送到主控制器 74LS164 的 CP 端，经过 1 个 CP 脉冲即 4s 的时间，信号灯自动转换到"主干道红灯亮、支干道绿灯亮"的状态，显示数字预置为"28"；此时，周期为 4s 的时钟信号 CP_1 继续被送到 74LS164 的 CP 端，经过 6 个脉冲即 24s 的时间，信号灯自动转换到"主干道红灯亮、支干道黄灯亮"状态，显示数字经过 24s 后减到"4"；此时，周期为 4s 的时钟信号 CP_1 被送到 74LS164 的 CP 端，经过 1 个脉冲即 4s 的时间，信号灯自动转换到"主干道绿灯亮、支干道红灯亮"状态，显示数字预置为"52"，下一个周期开始。由此可见，信号灯会在四种状态之间自动转换，数字显示也会随着信号灯状态的变化自动进行变化。

5．整机电路的安装与调试

交通信号控制电路所用元器件的名称、型号及数量如表 8-3 所示。只要安装无误，该电路通电后即可正常工作。

表 8-3　交通信号控制电路所用元器件的名称、型号及数量

序　号	名　　称	型　号	数　量
1	八位并行输出串行移位寄存器	74LS164	1 个
2	十进制同步加/减计数器	74LS190	4 个
3	双上升沿 D 触发器	74LS74	2 个
4	四线—七段译码/驱动器	74LS49	4 个
5	八总线接收/发送器	74LS245	2 个
6	四总线缓冲器	74LS125	1 个
7	时基电路	NE555	1 个
8	LED 七段显示器	LDD580	4 个
9	六反相器	74LS04	3 个
10	二输入四与门	74LS08	若干
11	二输入四或门	74LS32	1 个
12	电阻、电容		若干

该电路只实现了交通信号灯的自动控制，但是其交通指挥功能尚不完善，因此还可以对其加上一些控制功能：

（1）手动控制。在某些特殊情况下，往往需要使信号灯处在某一特定的状态不变，所以要对该电路增加手动控制功能。该功能可利用电子数字逻辑实验箱上的开关 S_2 来实现，当开关接高电平时，周期为 4s、8s 的时钟信号轮流输入 74LS164 的 CP 端，实现自动控制。当开关接低电平时，单脉冲输入 74LS164 的 CP 端，每输入一个单脉冲，74LS164 右移一位，直到达到所需的状态。

（2）夜间控制。夜间的车辆比较少，为节约能源、保障安全，要求信号灯在夜间工作时只有黄灯闪烁，数字显示系统关闭。

（3）任意改变主干道、支干道的放行时间。例如，可以设置主干道的放行时间为 60s，支干道的放行时间为 30s，黄灯闪烁的时间为 5s。改变分频器的分频系数就可实现这个功能。使 1Hz 的标准秒信号通过一个上升沿触发五分频器，可得到一个周期为 5s 的信号，再使该信号经过二分频变为周期为 10s 的信号，并将周期为 5s 和 10s 的信号轮流送入 74LS164 的 CP 端即可。其中，五分频器可利用 74LS290 来实现。

6．实训报告

谈谈自己在装配、焊接与调试交通信号控制系统过程中的体会。

实训 2　数字电子钟的设计、安装与调试

1．实训目的

（1）学习数字电路中脉冲信号发生器、分频器、计数器、译码显示电路和校时电路等单元电路的综合应用。

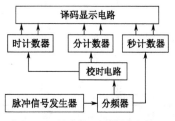

图 8-6　数字电子钟系统框图

（2）熟悉数字电子钟的工作原理。

（3）了解简单数字系统实训、调试及故障排除方法。

2．数字电子钟系统框图及逻辑电路

图 8-6 为数字电子钟系统框图，该系统由脉冲信号发生器、分频器、计数器、译码显示电路和校时电路组成。图 8-7 为数字电子钟的逻辑电路原理图。

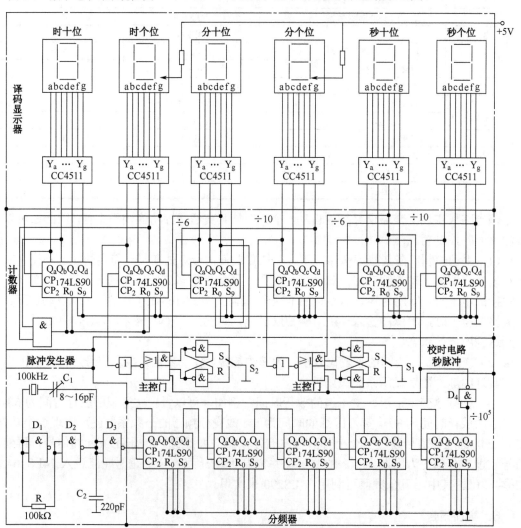

图 8-7　数字电子钟的逻辑电路原理图

（1）脉冲信号发生器：石英晶体振荡器的振荡频率稳定，它产生的信号频率为 100kHz，该信号发生器通过整形缓冲级 D_3 输出矩形波信号。

（2）分频器：石英晶体振荡器产生的信号频率很高，若要得到 1Hz 的秒脉冲信号，则需要进行分频。图 8-7 中的电路采用了 5 个中规模计数器 74LS90，它们串联起来组成了 10^5 分频器。每块 74LS90 的输出脉冲信号为输入信号的十分频，100kHz 的输入脉冲信号通过 5 级分频正好获得秒脉冲信号。此时，将得到的秒脉冲信号送到计数器的时钟脉冲 CP 端进行计数。

首先，将 74LS90 连成十进制计数器（共需 5 块），再把第一级的 CP_1 端接脉冲发生器的输出端，并将第一级的 Q_d 端接第二级的 CP_1 端，将第二级的 Q_d 端接第三级的 CP_1 端，依此类推，第五级的 Q_d 端的输出信号就是秒脉冲信号。

（3）计数器：秒计数器是用 2 个 74LS90 计数器组成的六十进制计数器，如图 8-8 所示。分计数器也是用 2 个 74LS90 计数器组成的六十进制计数器。时计数器是用 2 个 74LS90 计数器组成的二十四进制计数器，如图 8-9 所示。当秒脉冲信号经秒计数器累计达到 60 时，秒计数器向分计数器送出一个分脉冲信号。分脉冲信号再经分计数器累计达到 60，此时分计数器向时计数器送出一个时脉冲信号。当时脉冲信号再经时计数器累计达到 24 时，电路复位归零。

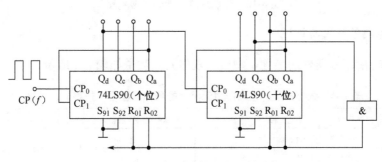

图 8-8　74LS90 组成的六十进制计数器

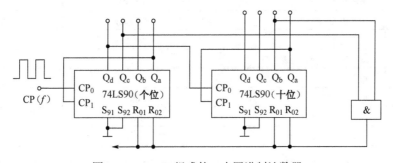

图 8-9　74LS90 组成的二十四进制计数器

（4）译码显示电路：时计数器、分计数器、秒计数器的个位与十位分别对应 1 个七段显示译码器 CC4511 和半导体数码管，以便随时显示时、分、秒的数值。

（5）校时电路：图 8-7 的电路中有两个快速校时电路，它是由基本 RS 触发器和与或非门组成的控制电路。当电子钟正常工作时，开关 S_1、S_2 合到 S 端，基本 RS 触发器置 "1"，分、时脉冲信号可以通过控制门电路，而秒脉冲信号不能通过控制门电路。当开关 S_1、S_2 置于 R 端时，基本 RS 触发器置 "0"，封锁控制门，使正常的计时信号不能通过控制门，而秒脉冲信号则可以通过控制门电路，使分、时计数器变成了秒计数器，实现了快速校准。

该电路还可以附加一些功能，如进行定时控制、增加整点报时功能等。整点报时功能的参考电路如图 8-10 所示。当分计数器和秒计数器计到 59min50s 时，此电路便自动驱动音响电路，使音响电路在 10s 内自动发出 5 次鸣叫声，每隔 1s 叫一次，每次叫声持续 1s，并且前 4 声的音调低，最后 1 声的音调高，此时计数器的指示为整点（"0"分"0"秒）。音响电路采用射极跟随器推动扬声器发声的原理。晶体管的基极串联一个 1kΩ 限流电阻是为了防止电流过大烧坏扬声器。晶体管选用高频小功率管，如 9013 等。报时所需的 1kHz 及 500Hz 音频信号分别取自前面的多级分频电路。

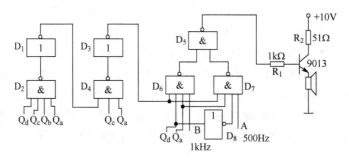

图 8-10　整点报时功能的参考电路

3. 整机电路的安装与调试

数字电子钟所用元器件的名称、型号（规格）及数量如表 8-4 所示。

表 8-4　数字电子钟电路所用元器件的名称、型号（规格）及数量

序　号	名　称	型号（规格）	数　量
1	二—五—十进制计数器	74LS90	11 个
2	七段显示译码器	CC4511	6 个
3	半导体共阴极数码管	BS202	6 个
4	四 2 输入与非门	74LS00	2 个
5	六反相器	74LS04	1 个
6	双二路 2-2 输入与或非门	74LS51	1 个
7	电阻	680kΩ	2 个
8	电阻	100kΩ	1 个
9	石英晶体振荡器	1MHz	1 个
10	电容、可变电容	220pF、8～16pF	各 1 个

将数字电子钟的各个元器件按照电路安装并焊接好，检查电路连接，确认其连接无误后，对其通电进行调试。调试可按照下列步骤进行。

（1）用数字频率计测量石英晶体振荡器的输出频率，用示波器观察波形。

（2）将 1MHz 信号分别送入分频器的各级输入端，用示波器检查分频器是否能正常工作；若分频器能正常工作，则分频器的输出端会输出秒信号。

（3）将秒信号送入秒计数器，检查秒计数器是否按 60 进位；若秒计数器正常，则可按同样的办法检查分计数器和时计数器；若秒计数器不能正常工作，则其电路连接可能有问题，

需要检查电路或更换集成块。

（4）各计数器在工作前应先清零。若计数器能正常工作但显示有误，则说明译码器的电路可能有问题，或者计数器的输出端 Q_a、Q_b、Q_c、Q_d 可能有损坏。

（5）在安装调试完毕后，将时间校对正确，该电路就可以准确地显示时间。

4．实训报告

（1）总结数字电子钟的整个调试过程；

（2）分析调试中发现的问题及故障排除方法。

附录 常用数字集成电路引脚排列图

14	13	12	11	10	9	8

双列直插式（俯视图）

1	2	3	4	5	6	7

14	13	12	11	10	9	8
U$_{CC}$	4Y	4B	4A	3Y	3B	3A

74LS01（OC）

1Y	1B	1A	2Y	2B	2A	GND
1	2	3	4	5	6	7

74LS01（OC）四 2 输入与非门

14	13	12	11	10	9	8
U$_{CC}$	4A	4B	4Y	3A	3B	3Y

74LS00

1A	1B	1Y	2A	2B	2Y	GND
1	2	3	4	5	6	7

74LS00 四 2 输入与非门

14	13	12	11	10	9	8
U$_{CC}$	4Y	4B	4A	3Y	3B	3A

74LS02

1Y	1B	1A	2Y	2B	2A	GND
1	2	3	4	5	6	7

74LS02 四 2 输入或非门

14	13	12	11	10	9	8
U$_{CC}$	4A	4B	4Y	3A	3B	3Y

74LS08/09（OC）

1A	1B	1Y	2A	2B	2Y	GND
1	2	3	4	5	6	7

74LS08/09（OC）四 2 输入与非门

14	13	12	11	10	9	8
U$_{CC}$	6A	6Y	5A	5Y	4A	4Y

74LS04/05（OC）

1A	1Y	2A	2Y	3A	3Y	GND
1	2	3	4	5	6	7

74LS04/05（OC）六反相器

14	13	12	11	10	9	8
U$_{CC}$	1C	1Y	3C	3B	3A	3Y

74LS10/12（OC）

1A	1B	2A	2B	2C	2Y	GND
1	2	3	4	5	6	7

74LS10/12（OC）三 3 输入与非门

14	13	12	11	10	9	8
U$_{CC}$	1C	1Y	3C	3B	3A	3Y

74LS11/15（OC）

1A	1B	2A	2B	2C	2Y	GND
1	2	3	4	5	6	7

74LS11/15(OC)三 3 输入与非门

14	13	12	11	10	9	8
U$_{CC}$	2D	2C	NC	2B	2A	2Y

74LS20/22（OC）/40

1A	1B	NC	1C	1D	1Y	GND
1	2	3	4	5	6	7

74LS20/22（OC）/40（功率）

14	13	12	11	10	9	8
U$_{CC}$	1C	1Y	3C	3B	3A	3Y

74LS27

1A	1B	1Y	2A	2B	2Y	GND
1	2	3	4	5	6	7

74LS27 三 3 输入或非门

14	13	12	11	10	9	8
U_{CC}	NC	H	G	NC	NC	Y

74LS30

A	B	C	D	E	F	GND
1	2	3	4	5	6	7

74LS30 8 输入与非门

14	13	12	11	10	9	8
U_{CC}	4A	4B	4Y	3A	3B	3Y

74LS32

1A	1B	1Y	2A	2B	2Y	GND
1	2	3	4	5	6	7

74LS32 四 2 输入或非门

14	13	12	11	10	9	8
U_{CC}	1C	1B	1F	1E	1D	1Y

74LS51

1A	2A	2B	2C	2D	2Y	GND
1	2	3	4	5	6	7

74LS51 双与或非门

14	13	12	11	10	9	8
U_{CC}	J	I	H	G	F	NC

74LS54

A	B	C	D	E	Y	GND
1	2	3	4	5	6	7

74LS54 与或非门

14	13	12	11	10	9	8
U_{CC}	H	G	F	E	NC	Y

74LS55

A	B	C	D	NC	NC	GND
1	2	3	4	5	6	7

74LS55 与或非门

14	13	12	11	10	9	8
U_{CC}	H	G	F	K	J	Y

74LS64

I	A	B	C	D	E	GND
1	2	3	4	5	6	7

74LS64 与或非门

14	13	12	11	10	9	8
U_{CC}	$2\overline{R}$	2D	2CP	$2\overline{S}$	2Q	$2\overline{Q}$

74LS74

$1\overline{R}$	1D	1CP	$1\overline{S}$	1Q	$1\overline{Q}$	GND
1	2	3	4	5	6	7

74LS74 双 D 触发器

14	13	12	11	10	9	8
U_{CC}	4A	4B	4Y	3A	3B	3Y

74LS86/136 （OC）

1A	1B	1Y	2A	2B	2Y	GND
1	2	3	4	5	6	7

74LS86/136 四 2 输入异或门

14	13	12	11	10	9	8
CP_0	NC	Q_0	Q_3	GND	Q_1	Q_2

74LS90

CP_1	R_{0A}	R_{0B}	NC	U_{CC}	S_{9A}	S_{9B}
1	2	3	4	5	6	7

74LS90 异步二—五—十进制计数器

14	13	12	11	10	9	8
CP_0	NC	Q_0	Q_3	GND	Q_1	Q_2

74LS93

CP_1	R_{0A}	R_{0B}	NC	U_{CC}	NC	NC
1	2	3	4	5	6	7

74LS93 异步二—八—十六进制计数器

14	13	12	11	10	9	8
U_{CC}	NC	NC	R_{ext}	C_{ext}	R_{int}	NC

74LS121

$\overline{Q}$	NC	$\overline{A}_1$	$\overline{A}_2$	B	Q	GND
1	2	3	4	5	6	7

74LS121 单稳态触发器

14	13	12	11	10	9	8
U_{CC}	R_{ext}	NC	C_{ext}	NC	R_{int}	Q

74LS122

$\overline{A}_1$	$\overline{A}_2$	B_1	B_2	$\overline{CR}$	$\overline{Q}$	GND
1	2	3	4	5	6	7

74LS122 单稳态触发器

14	13	12	11	10	9	8
U_{CC}	4EN	4A	4Y	3EN	3A	3Y

74LS126

1EN	1A	1Y	2EN	2A	2Y	GND
1	2	3	4	5	6	7

74LS126 四总线缓冲器

14	13	12	11	10	9	8
U_{CC}	4A	4B	4Y	3A	3B	3Y

74LS132

1A	1B	1Y	2A	2B	2Y	GND
1	2	3	4	5	6	7

74LS132 四 2 输入与非施密特触发器

14	13	12	11	10	9	8
U_{CC}	R_{0A}	Q_{0B}	CP_1	CP_0	Q_0	Q_3

74LS290

S_{9A}	NC	S_{9B}	Q_2	Q_1	NC	GND
1	2	3	4	5	6	7

74LS290 异步二—五进制计数器

14	13	12	11	10	9	8
U_{CC}	$\overline{CP}$	MR	Q_0	Q_1	Q_2	Q_3

74LS393

$\overline{CP}$	MR	Q_0	Q_1	Q_2	Q_3	GND
1	2	3	4	5	6	7

74LS393 双 4 位二进制加法计数器

14	13	12	11	10	9	8
U_{DD}	4A	4B	4Y	3A	3B	3Y

CC4001

1A	1B	1Y	2A	2B	2Y	U_{SS}
1	2	3	4	5	6	7

CC4001 四 2 输入或非门

14	13	12	11	10	9	8
U_{DD}	4A	4B	4Y	3A	3B	3Y

CC4011

1A	1B	1Y	2A	2B	2Y	GND
1	2	3	4	5	6	7

CC4011 四 2 输入与非门

14	13	12	11	10	9	8
U_{DD}	2Y	2D	2C	2B	2A	NC

CC4012

1Y	1A	1B	1C	1D	NC	U_{SS}
1	2	3	4	5	6	7

CC4012 双 4 输入与非门

14	13	12	11	10	9	8
U_{DD}	2Q	$2\overline{Q}$	2CP	2R	2D	2S

CC4013

1Q	$1\overline{Q}$	1CP	1R	1D	1S	U_{SS}
1	2	3	4	5	6	7

CC4013 双 D 触发器

14	13	12	11	10	9	8
U_{DD}	4A	4B	4Y	3A	3B	3Y

CC4030/CC4070

1A	1B	1Y	2A	2B	2Y	U_{SS}
1	2	3	4	5	6	7

CC4030/CC4070 四 2 输入异或门

14	13	12	11	10	9	8
U_{DD}	6A	6Y	5A	5Y	4A	4Y

CC4069/CC40106

1A	1Y	2A	2Y	3A	3Y	U_{SS}
1	2	3	4	5	6	7

CC4069/CC40106 六反相器

14	13	12	11	10	9	8
U_{DD}	4A	4B	4Y	3A	3B	3Y

CC4071

1A	1B	1Y	2A	2B	2Y	U_{SS}
1	2	3	4	5	6	7

CC4071 四 2 输入或门

14	13	12	11	10	9	8
U_{DD}	4A	4B	4Y	3A	3B	3Y

CC4081

1A	1B	1Y	2A	2B	2Y	U_{SS}
1	2	3	4	5	6	7

CC4081 四 2 输入与门

14	13	12	11	10	9	8
U_{DD}	2Y	2D	2C	2B	2A	NC

CC4082

1Y	1A	1B	1C	1D	NC	U_{SS}
1	2	3	4	5	6	7

CC4082 双 4 输入与门

14	13	12	11	10	9	8
U_{DD}	4A	4B	4Y	3A	3B	3Y

CC4093

1A	1B	1Y	2A	2B	2Y	U_{SS}
1	2	3	4	5	6	7

CC4093 四 2 输入与非门

16	15	14	13	12	11	10	9
U_{CC}	A_0	A_1	A_2	A_3	$\overline{Y}_9$	$\overline{Y}_8$	$\overline{Y}_7$

74LS42

$\overline{Y}_0$	$\overline{Y}_1$	$\overline{Y}_2$	$\overline{Y}_3$	$\overline{Y}_4$	$\overline{Y}_5$	$\overline{Y}_6$	GND
1	2	3	4	5	6	7	8

74LS42 4 线—10 线 8421BCD 码译码器

16	15	14	13	12	11	10	9
U_{CC}	f	g	a	b	c	d	e

74LS47/48/248/249

B	C	$\overline{RBO}$	I_B/$\overline{LT}$	RBI	D	A	GND
1	2	3	4	5	6	7	8

74LS47/48/248/249 七段显示译码器

16	15	14	13	12	11	10	9
1Q	2Q	2$\overline{Q}$	CP_{12}	GND	3$\overline{Q}$	3Q	4Q

74LS75

1Q	1D	2D	CP_{34}	U_{CC}	3D	4Q	4$\overline{Q}$
1	2	3	4	5	6	7	8

74LS75 四 D 锁存器

16	15	14	13	12	11	10	9
1K	1Q	1$\overline{Q}$	GND	2K	2Q	2$\overline{Q}$	2J

74LS76

1CP	1$\overline{S}$	1$\overline{R}$	1J	U_{CC}	2CP	2$\overline{S}$	2$\overline{R}$
1	2	3	4	5	6	7	8

74LS76 双 JK 触发器

16	15	14	13	12	11	10	9
B_4	S_4	C_4	C_0	GND	B_1	A_1	S_1

74LS83

A_4	S_3	A_3	B_3	U_{CC}	S_2	B_2	A_2
1	2	3	4	5	6	7	8

74LS83 4 位二进制全加器

16	15	14	13	12	11	10	9
U_{CC}	A_3	B_2	A_2	A_1	B_1	A_0	B_0

74LS85

B_3	A<B	A=B	A>B	A>B	A=B	A<B	GND
1	2	3	4	5	6	7	8

74LS85 4 位大小比较器

16	15	14	13	12	11	10	9
U_{CC}	2$\overline{R}$	2J	2K	2CP	2$\overline{S}$	2Q	2$\overline{Q}$

74LS109

1$\overline{R}$	1J	1K	1CP	1$\overline{S}$	1Q	1$\overline{Q}$	GND
1	2	3	4	5	6	7	8

74LS109 双 JK 触发器

16	15	14	13	12	11	10	9
U_{CC}	2K	2$\overline{S}_d$	2$\overline{R}_d$	2J	2CP	2$\overline{Q}$	2Q

74LS111

1K	1$\overline{S}_d$	1$\overline{R}_d$	1J	1CP	1$\overline{Q}$	1Q	GND
1	2	3	4	5	6	7	8

74LS111 双 JK 主从触发器

16	15	14	13	12	11	10	9
U_{CC}	1$\overline{R}$	2$\overline{R}$	2CP	2K	2J	2$\overline{S}$	2Q

74LS112

1CP	1K	1J	1$\overline{S}$	1Q	1$\overline{Q}$	2$\overline{Q}$	GND
1	2	3	4	5	6	7	8

74LS112 双 JK 触发器

16	15	14	13	12	11	10	9
U_{CC}	1R_{ext}	1C_{ext}	1Q	2$\overline{Q}$	2$\overline{CR}$	2B	2$\overline{A}$

74LS123/221

1A	1B	1$\overline{CR}$	1$\overline{Q}$	2Q	2C_{ext}	2R_{ext}	GND
1	2	3	4	5	6	7	8

74LS123/221 双单稳态触发器

74LS133

16	15	14	13	12	11	10	9
U_{CC}	M	L	K	J	I	H	Y

74LS133

A	B	C	D	E	F	G	GND
1	2	3	4	5	6	7	8

74LS133 13 输入与非门

74LS138

16	15	14	13	12	11	10	9
U_{CC}	$\overline{Y}_0$	$\overline{Y}_1$	$\overline{Y}_2$	$\overline{Y}_3$	$\overline{Y}_4$	$\overline{Y}_5$	$\overline{Y}_6$

74LS138

A_0	A_1	A_2	$\overline{S}_3$	$\overline{S}_2$	S_1	$\overline{Y}_7$	GND
1	2	3	4	5	6	7	8

74LS138 3 线—8 线译码器

74LS139

16	15	14	13	12	11	10	9
U_{CC}	$2\overline{G}$	$2A_0$	$2A_1$	$2\overline{Y}_0$	$2\overline{Y}_1$	$2\overline{Y}_2$	$2\overline{Y}_3$

74LS139

$1\overline{G}$	$1A_0$	$1A_2$	$1\overline{Y}_0$	$1\overline{Y}_1$	$1\overline{Y}_2$	$1\overline{Y}_3$	GND
1	2	3	4	5	6	7	8

74LS139 双 2 线—4 线泽码器

74LS147

16	15	14	13	12	11	10	9
U_{CC}	NC	$\overline{Y}_3$	$\overline{I}_3$	$\overline{I}_2$	$\overline{I}_1$	$\overline{I}_0$	$\overline{Y}_0$

74LS147

$\overline{I}_4$	$\overline{I}_5$	$\overline{I}_6$	$\overline{I}_7$	$\overline{I}_8$	$\overline{Y}_2$	$\overline{Y}_1$	GND
1	2	3	4	5	6	7	8

74LS147 10 线—3 线优先编码器

74LS148

16	15	14	13	12	11	10	9
U_{CC}	$\overline{Y}_S$	$\overline{Y}_{EX}$	$\overline{I}_3$	$\overline{I}_2$	$\overline{I}_1$	$\overline{I}_0$	$\overline{Y}_0$

74LS148

$\overline{I}_4$	$\overline{I}_5$	$\overline{I}_6$	$\overline{I}_7$	$\overline{ST}$	$\overline{Y}_2$	$\overline{Y}_1$	GND
1	2	3	4	5	6	7	8

74LS148 8 线—3 线优先编码器

74LS151

16	15	14	13	12	11	10	9
U_{CC}	D_4	D_5	D_6	D_7	A_0	A_1	A_2

74LS151

D_3	D_2	D_1	D_0	Y	$\overline{Y}$	$\overline{G}$	GND
1	2	3	4	5	6	7	8

74LS151 8 选 1 数据选择器

74LS153

16	15	14	13	12	11	10	9
U_{CC}	$2\overline{S}$	A_0	$2D_3$	$2D_2$	$2D_1$	$2D_0$	$2Y$

74LS153

$1\overline{S}$	A_1	$1D_3$	$1D_2$	$1D_1$	$1D_0$	$1Y$	GND
1	2	3	4	5	6	7	8

74LS153 双 4 选 1 数据选择器

74LS155/156

16	15	14	13	12	11	10	9
U_{CC}	$2\overline{D}$	$2\overline{S}$	A_0	$2Y_3$	$2Y_2$	$2Y_1$	$2Y_0$

74LS155/156

$1D$	$1\overline{S}$	A_1	$1Y_3$	$1Y_2$	$1Y_1$	$1Y_0$	GND
1	2	3	4	5	6	7	8

74LS155/156 双 2 线—4 线译码器/分配器

74LS157

16	15	14	13	12	11	10	9
U_{CC}	$\overline{S}4$	D_0	$4D_1$	$4Y$	$3D_0$	$3D_1$	$3Y$

74LS157

A_0	$1D_0$	$1D_1$	$1Y$	$2D_0$	$2D_1$	$2Y$	GND
1	2	3	4	5	6	7	8

74LS157 四 2 选 1 数据选择器

74LS160/161/162/163

16	15	14	13	12	11	10	9
U_{CC}	CO	Q_0	Q_1	Q_2	Q_3	CT_T	$\overline{LD}$

74LS160/161/162/163

$\overline{CR}$	CP	D_0	D_1	D_2	D_3	CT_P	GND
1	2	3	4	5	6	7	8

74LS160/161/162/163 同步计数器

74LS174

16	15	14	13	12	11	10	9
U_{CC}	6D	6Q	5D	5Q	4D	4Q	CP

74LS174

$\overline{R}$	1Q	1D	2D	2Q	3D	3Q	GND
1	2	3	4	5	6	7	8

74LS174 六 D 触发器

74LS175

16	15	14	13	12	11	10	9
U_{CC}	4Q	$4\overline{Q}$	4D	3D	$3\overline{Q}$	3Q	CP

74LS175

R	1Q	$1\overline{Q}$	1D	2D	$2\overline{Q}$	2Q	GND
1	2	3	4	5	6	7	8

74LS175 四 D 触发器

74LS190

Top pins (16–9): U_{CC}　D_0　CP　$\overline{RC}$　CO　$\overline{LD}$ /BO　D_2　D_3

Bottom pins (1–8): D_1　Q_1　Q_0　$\overline{CT}$　$\overline{U}$/D Q_2　Q_3　GND

74LS190 同步可逆十进制计数器

74LS192/193

Top pins (16–9): U_{CC}　D_0　CR　BO　CO　$\overline{LD}$　D_2　D_3

Bottom pins (1–8): D_1　Q_1　Q_0　CP-　CP+ Q_2　Q_3　GND

74LS192/193 同步可逆计数器

74LS194

Top pins (16–9): U_{CC}　Q_0　Q_1　Q_2　Q_3　CP　M_1　M_0

Bottom pins (1–8): $\overline{CR}$　D_{SR}　D_0　D_1　D_2　D_3　D_{SL} GND

74LS194 4 位双向移位寄存器

74LS283

Top pins (16–9): U_{CC}　B_2　A_2　S_2　A_3　B_3　S_3　C_3

Bottom pins (1–8): S_1　B_1　A_1　S_0　A_0　B_0　C_1　GND

74LS283 先行进位加法器

CC4027

Top pins (16–9): U_{DD}　1Q　1$\overline{Q}$　1CP　1R　1K　1J　1S

Bottom pins (1–8): 2Q　2$\overline{Q}$　2CP　2R　2K　2J　2S　U_{SS}

CC4027 双 JK 主从触发器

CC40160 /161/162/163

Top pins (16–9): U_{DD}　CO　Q_0　Q_1　Q_2　Q_3　CT_1　$\overline{LD}$

Bottom pins (1–8): $\overline{CR}$　CP　D_0　D_1　D_2　D_3　CT_P U_{SS}

CC40160/161/162/163 同步计数器

CC40192/40193

Top pins (16–9): U_{DD}　D_0　CR　$\overline{BO}$　$\overline{CO}$　$\overline{LD}$　D_2　D_3

Bottom pins (1–8): D_1　Q_1　Q_0　CP-　CP+ Q_2　Q_3　U_{SS}

CC40192/40193/可逆计数器

CC4511

Top pins (16–9): U_{DD}　f　g　a　b　c　d　e

Bottom pins (1–8): B　C　$\overline{LT}$　$\overline{I_B}$　LE　D　A　U_{SS}

CC 4511 七段显示译码器

CC4518

Top pins (16–9): U_{DD}　2R　$2Q_3$　$2Q_2$　$2Q_1$　$2Q_0$　2NE　2CP

Bottom pins (1–8): 1CP 1NE $1Q_0$ $1Q_1$ $1Q_2$ $1Q_3$　1R　U_{SS}

CC4518 双 BCD 码同步加法计数器

CC14528/4098

Top pins (16–9): U_{DD}　$2C_{ext}$　$2R_{ext}$　$2\overline{CR}$　2B　2A　2Q　$2\overline{Q}$

Bottom pins (1–8): $1C_{ext}$　$1R_{ext}$　$1\overline{CR}$　1B　$1\overline{A}$　1Q　$1\overline{Q}$　U_{SS}

CC 14528/4098 双可重触发单稳（带清零端）

CC14539

Top pins (16–9): U_{DD}　$2\overline{S}$　A_0　$2D_3$　$2D_2$　$2D_1$ $2D_0$　2Y

Bottom pins (1–8): $1\overline{S}$　A_1　$1D_3$ $1D_2$ $1D_1$ $1D_0$ 1Y　U_{SS}

CC14539 双 4 选 1 数据选择器

CC14547

Top pins (16–9): U_{DD}　f　g　a　b　c　d　e

Bottom pins (1–8): B　C　NC　I_B　NC　D　A　U_{SS}

CC14547 高电平有效驱动显示译码器

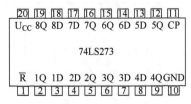

74LS273 八 D 触发器

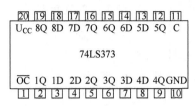

74LS373 八 D 锁存器（三态输出）

555 集成定时器

μA741 运算放大器

DAC0832 D/A 转换器

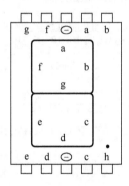

共阴型半导体数码管

参 考 文 献

[1] 阎石. 数字电子技术基础[M]. 4 版. 北京：高等教育出版社，1998.

[2] 周良权，方向乔. 数字电子技术基础[M]. 第 4 版. 北京：高等教育出版社，2014.

[3] 孙津平. 数字电子技术[M]. 2 版. 西安：西安电子科技大学出版社，2005.

[4] 张志良. 数字电子技术基础[M]. 北京：机械工业出版社，2007.

[5] 郝波. 数字电子技术[M]. 西安：西安电子科技大学出版社，2004.

[6] 刘淑英. 数字电子技术及应用[M]. 北京：机械工业出版社，2007.

[7] 牛百齐，张邦凤. 数字电子技术基础[M]. 2 版. 北京：机械工业出版社，2017.

[8] 王成安，毕秀梅. 数字电子技术及应用[M]. 北京：机械工业出版社，2009.

[9] 张惠荣，王国贞. 模拟电子技术项目式教程[M]. 2 版. 北京：机械工业出版社，2019.

[10] 沈任元. 常用电子元器件简明手册[M]. 北京：机械工业出版社，2004.

[11] 朱祥贤. 数字电子技术项目式教程[M]. 北京：机械工业出版社，2014.